现代农业产业技术体系建设专项资助

玉米水分需求与高效利用

刘战东　刘祖贵　等著

黄河水利出版社

·郑州·

内 容 提 要

本书对玉米水分需求及高效用水技术的相关国内外研究现状进行了简单的阐述,通过试验研究分析了我国玉米需水量的空间分布特征,提出了不同生态区的适宜水分控制指标及基于遥感多光谱的玉米植株水分诊断方法,阐明了玉米对旱涝胁迫的响应规律,建立了滴灌、喷灌条件下的水肥一体化施用技术,探讨了雨水高效利用的耕作栽培技术模式。本书主要内容包括玉米需水特征与适宜水分控制指标、玉米植株水分监测与诊断技术、玉米生理对水分胁迫的响应、玉米高效节水灌溉技术、玉米雨水高效利用技术等。

本书可供广大从事玉米种植栽培、农田水利、灌溉排水、节水农业和灌区管理等相关专业的科技人员参考。

图书在版编目(CIP)数据

玉米水分需求与高效利用/刘战东等著. —郑州:黄河水利出版社,2022.6

ISBN 978-7-5509-3315-6

Ⅰ.①玉… Ⅱ.①刘… Ⅲ.①玉米-土壤水-研究 Ⅳ.①S513

中国版本图书馆 CIP 数据核字(2022)第 104747 号

组稿编辑:王路平　电话:0371-66022212　E-mail:hhslwlp@163.com
陈俊克　66026749　hhslcjk@163.com

出 版 社:黄河水利出版社
网址:www.yrcp.com
地址:河南省郑州市顺河路黄委会综合楼 14 层　邮政编码:450003

发行单位:黄河水利出版社
发行部电话:0371-66026940、66020550、66028024、66022620(传真)
E-mail:hhslcbs@126.com

承印单位:河南新华印刷集团有限公司

开本:787 mm×1 092 mm　1/16

印张:13

字数:300 千字

版次:2022 年 6 月第 1 版　印次:2022 年 6 月第 1 次印刷

定价:90.00 元

前言

玉米是我国第一大粮食作物，种植面积和产量占有份额均在50%以上。玉米分布广，适应性强，增产潜力大，经济价值高，既可以用于口粮直接食用，同时是重要的饲料和深加工原料，在我国国民经济发展中占有重要地位。但是，由于受季风气候影响，我国玉米种植区降水量季节分布不均，旱、涝灾害发生频率高，持续时间长，波及范围广，导致玉米减产幅度较大。为了防御玉米旱涝灾害、保障玉米稳产高产，目前各地正在实施"藏粮于地、藏粮于技"农业科技振兴计划，大力推进粮食生产能力建设，只有持续开展玉米的需水特征及高效用水技术研究才能保持作物可持续生产，并改善农田生态环境，提高水、肥利用效率，这对促进玉米的绿色增产增效、保障粮食安全具有重要的指导和实践意义。

本书密切结合我国玉米生产中存在的实际问题，对玉米的需水特征及节水高效用水技术进行了较为系统的研究。全书共分七章，介绍了玉米现代产业技术体系"水分生理与节水栽培"团队在"十三五"期间的部分试验研究成果，主要内容包括：第一章概述，在充分调研和查阅文献的基础上，主要介绍了研究背景与意义、国内外研究进展。第二章玉米需水特征与适宜水分控制指标，基于全国气象站点的长系列历史气象数据及过去的研究基础，系统分析了不同生态区不同水文年玉米需水量的空间分布特征，并与玉米体系试验站协作开展了不同生态区密植高产玉米的土壤墒情动态监测，提出了不同监测点玉米高产的适宜水分控制指标与节水高产灌溉制度。第三章玉米植株水分监测与诊断技术，基于红外测温及遥感多光谱确定了指导玉米灌溉的作物水分胁迫指数阈值指标及玉米植株水分监测与诊断技术。第四章玉米生理对水分胁迫的响应，探索了不同生育期不同程度的旱涝胁迫对玉米生长发育、生理特性及产量构成的影响，初步明确了玉米生理生态对水分胁迫的响应。第五章玉米高效节水灌溉技术，构建了密植高产玉米滴灌、喷灌条件下的水肥一体化施用技术与操作要点。第六章玉米雨水高效利用技术，初步探明了夏玉米降雨利用过程及其模拟、降雨入渗特征及土壤水再分布规律，提出了雨水高效利用的全膜双垄沟种植施肥模式及密植高产的垄沟种植栽培技术。第七章主要结论与展望，对试验研究结果进行了简要的总结，并根据相关研究中存在的问题，指明了今后应深入开展的研究重点与方向。

本书在编写过程中得到国家玉米产业技术体系栽培功能研究室多位岗位专家和玉米体系试验站多位站长的支持与帮助，在此表示衷心的感谢！"水分生理与节水栽培"团队中成员刘战东、刘祖贵、秦安振、赵犇、宁东峰、马守田、李鹏慧参与本书相关章节的撰写工作。另外，参加本书课题研究的还有国家玉米产业技术体系综合试验站的常建智、陈志辉、郭良海、黄吉美、洪德峰、孔晓民、梁晓玲、柳家友、龙永昌、马宝新、孟繁盛、钱春荣、宋炜、王磊、王秀全、王延波、杨华、张建、张中东、郑洪建(排名不分先后)。在此,谨向为本书的完成提供支持和帮助的单位、所有研究人员和参考文献的作者表示衷心感谢!

由于作者水平有限,书中难免存在不妥之处,敬请读者批评指正。

作　者

2022 年 3 月

目　录

目 录

第一章 概 述

第一节 研究背景及意义

玉米是我国重要的粮食作物、饲料和工业原料作物。由于高光合效率和管理方便,玉米已成为我国第一大粮食作物,其种植范围遍布全国,主要集中在东北、华北和西南地区,大致形成一个从东北到西南的斜长形玉米栽培带。国家统计局数据显示,2019 年全国玉米播种面积 4 128.4 万 hm^2,单位面积产量 6 316 kg/hm^2,玉米总产量为 26 077 万 t,玉米贡献了中国谷物产量的 40%。因此,玉米在保障我国粮食安全方面发挥着至关重要的作用。然而,全国玉米种植区 70%以上都遭受不同程度的干旱威胁,导致玉米产量减少 20%~30%,玉米总产量损失高达 1 500 万 t,即使在雨水资源丰富的南方或西南地区,也因降水分布不均,季节性干旱时常发生,对当地玉米的生产造成严重影响。因此,灌溉是保障玉米高产、稳产的关键管理措施,随着区域水资源供需矛盾的不断加剧,高标准农田的建设以及高效节水灌溉技术的研究与推广已成为当前农业发展的重要问题。

玉米是对水分较敏感且需水量较大的作物。研究明确不同生态区域玉米正常生长所需水量,可为研究区域农业需水预测和节水潜力分析提供科学方法和依据,并提出合理的灌溉定额及节水灌溉制度,从而在一定程度上解决我国水资源短缺的现状。玉米在不同品种及不同生育期方面对土壤水分的要求存在差异,研究玉米不同生育期的适宜水分控制指标可为不同节水灌溉方式的运用提供科学合理的灌溉指标,同时,探索玉米水分生理对旱涝胁迫的响应规律可为旱涝致灾损失的评估以及玉米高产的农田水分管理提供依据。在科学的指导作物灌溉方面,往往采用土壤水分下限指标来确定作物合理的灌溉时间及灌水量。随着计算机技术、遥感技术的发展,以多光谱和红外温度感知技术为基础建立的作物水分胁迫监测指数得到了广泛的应用,为区域土壤墒情及作物水分状况的监测提供了重要手段。随着无人机遥感技术的发展,通过无人机平台搭载高光谱相机能够获得小区域尺度上的作物冠层光谱图像信息,以高时效性、高分辨率、成本低等优势为作物氮素、作物水分的监测与诊断,土壤盐分、病虫害和作物产量的评估提供了新视角。

我国玉米农田的灌溉主要以漫灌、畦灌为主。农户对灌溉时间和灌溉量的确定依赖经验,无法根据田间作物的实时监测来制定合理的灌溉制度,灌溉水利用系数较低。随着水资源短缺状况的加剧及社会经济条件的增强,节水高效的喷灌技术及滴灌技术发展很快,高标准农田的建设突飞猛进。喷灌和滴灌可为作物提供准确、及时的水肥施用,减少作物对水的需求及水分的渗漏损失,降低耕作成本和化肥用量,减少养分淋失,提高了作物产量和水肥利用效率。针对不同玉米生态区研究适宜的滴灌及喷灌水肥一体化技术可为玉米的节水增产增效提供科学合理的水、肥管理方案,并为智慧灌溉的运用提供玉米高产的水肥管理配方。

在西北的黄土高原、东北部分地区以及绝大部分的南方及西南区,玉米生产严重依赖季节性降水,由于降水分布不均、土壤水分过度消耗、缺乏灌溉条件,多年来玉米产量不稳、产量增长率一直停滞不前。根据区域特点采用合理的耕作模式,如免耕覆盖保墒、垄沟集雨种植、全膜双垄沟播等可高效收集雨水、抑蒸保墒、保持农田水土、缓解地表径流,优化了土壤-作物-大气水生态过程,为作物生长发育创造适宜的生长微环境,增产和提高水分利用效率(WUE)的作用明显。研究玉米不同降雨级别下作物冠层的雨水截留特征、土壤蒸发及土壤水再分布规律对确定降雨有效利用程度、制定合理的节水灌溉制度等都具有重要的指导和实践意义。

由于水分是玉米生产的主要限制因素,通过采取节水灌溉技术与农艺综合管理措施提高农业用水利用率是保障区域粮食生产和生态安全的重中之重。目前,虽然许多学者对玉米的需水量与需水量规律、土壤墒情监测与适宜水分控制指标、区域土壤墒情与作物水分诊断、玉米对水分胁迫的响应、滴灌及喷灌水肥一体化技术、降雨有效利用以及合理耕作集雨保墒栽培模式都进行过研究,但是由于品种更换、地点以及环境条件下的变化,相关的研究必须深化,并进行集成,才能满足不同生态区玉米高产稳产以及绿色增效的生产需求,保持作物可持续生产,改善农田生态环境,提高水肥利用效率,这对保障粮食安全、促进玉米的科学高效生产具有重要的指导和实践意义。

第二节　国内外研究进展

一、玉米需水特征与适宜水分控制指标

(一)玉米需水特征

作物需水量是指土壤水分充足、作物正常生长发育状况下,消耗于作物蒸腾和土壤棵间蒸发的总水量。作物需水量是农业用水量的重要组成部分,是制订灌溉用水计划、区域水资源优化配置及可持续利用的重要依据,对于高效利用水资源、合理安排农业灌溉额度、提高粮食产量等有着重要的指导意义。通过参考作物需水量计算作物实际需水量的方法,主要包括布莱尼-克雷多公式、水汽扩散法公式、波文比-能量平衡法和 Penman-Monteith 公式法等。其中,Penman-Monteith 公式法作为联合国粮食及农业组织(FAO)推荐的方法,该方法考虑了影响蒸散的大气物理特性和植物生理机制,具有很好的物理基础,被国内外学者广泛应用。直接测定作物需水量的方法有水量平衡法、蒸渗仪法、波文比和涡度相关法等。国内有关学者对玉米的需水量进行过较多的研究,如郭伟等分析了气候变化条件下黄土高原地区玉米、冬小麦等作物的需水量变化;陈博等分析了华北平原近 50 年冬小麦-夏玉米需水量的变化规律,结果表明冬小麦-夏玉米生育期需水量呈下降趋势;王志成等分析了阿克苏河灌区作物需水量对气候变化的敏感性,发现其灌区多年平均作物需水量呈显著上升趋势,除气候变化外,种植结构的改变也是重要因素。冯禹等运用双作物系数法计算了黄土高原东部地区旱作玉米田 2011~2012 年的蒸散量。双作物系数法分别考虑了土壤蒸发及植株蒸腾的影响,计算结果更接近实际状况,但由于需要运用参数较多,计算过程相对烦琐,限制了其广泛使用。

作物需水量时空分布规律的研究方法主要有空间插值法、主成分分析法、回归分析法和地理加权回归法等。大多数学者采用FAO推荐的Penman-Monteith公式法和作物系数法对区域尺度下不同作物的需水量时空变化开展了大量研究,探讨研究区不同水文年份作物灌溉需水量的时空分布特性。从作物需水量的年际变化看,近50年河北省夏玉米需水量呈现以10年20.8 mm的速度下降的趋势,整体浮动在274~451 mm;河北省各地区夏玉米需水量不尽相同,总体呈现从黄骅和邯郸向南宫、邢台一带逐渐减少的趋势。山东夏玉米多年平均灌溉需水量空间分布总体呈"西南少、东北多,由西南向东北递增"的变化趋势,1968~2016年夏玉米多年平均作物需水量平均值为335.66 mm。1960~2016年沈阳地区春玉米全生育期需水量为479.4~514.0 mm,区域平均值为493.9 mm,呈现北部多、南部少的特点,高值区分布在北部康平、法库一带;近50年辽西北春玉米全生育期的需水量变化整体呈不显著下降趋势,变化幅度为454~579 mm;在空间上,呈现自东南向西北逐渐递增的规律。黑龙江省1959~2015年玉米需水量平均值为383 mm,自西向东总体呈先减小后增大的分布趋势,除9月外,全生育期及各月需水量均呈减小趋势。1967~2017年甘肃省玉米全生育期平均需水量为545.95 mm,51年来玉米需水量整体上没有明显的变化趋势,属于正常波动。地理信息系统(GIS)的发展,为管理、分析和展示区域尺度作物需水量提供了技术平台,学者们开始通过GIS来建立作物空间需水模型。在对历史数据的分析研究基础上建立数学模型,进行作物需水量预测,预测方法主要包括时间序列法、结构分析法及系统方法。不同建模方法的预测精度存在一定的差异,需要根据各地的条件进行筛选,选择适宜的作物需水量预测模型。

随着科学技术的发展,计算机技术、地理信息系统、遥感技术、遥控技术发展迅猛,需水量计算方法得到了不同程度的改进,如涡度相关法和仪器加工技术的发展,促使作物需水量的计算精度有所提高。卫星遥感技术具有很好的区域性与时效性,借助遥感技术可使传统的作物系数测定方法在不同时空尺度上得以扩展,遥感图像能够提供作物蒸散量ET的空间分布测量,但是运用遥感方法测定作物需水量目前还处于探索阶段,精度还未能达到实际要求。在估算作物需水量中,作物系数K_c是一个重要的因素,它受作物种类、数量、密度、高度和水分胁迫等因素的影响,必须对其进行校正才能估算实际蒸散量ET。同地点玉米需水量的差异往往是由品种、播种时间、生长周期、自身生长差异及气象条件等因素造成的。因此,随着玉米品种的更替、栽培措施、气象条件及灌溉方式的变化,有必要研究玉米的需水量与需水规律,为合理节水灌溉制度的制定、水资源的优化配置以及节水灌溉方式的选择提供基础数据与理论支撑。

(二)玉米适宜水分控制指标

农作物生长的水分主要是靠根系直接从土壤中吸取的,土壤水分的不足会影响农作物的正常发育。土壤水分适宜下限指标是土壤供给作物可利用水分的临界值,当土壤水分低于此值时会对作物的生长发育及产量造成明显影响,其决定着作物灌水的开始时间和灌水量,对制定灌溉制度具有重要的现实指导意义。常用的土壤水分指标是根据土壤水分平衡原理和水分消退模式计算各个生长时段的土壤含水量,并以作物不同生长状态下(正常、缺水、干旱等)土壤水分的试验数据作为判定指标,预测农业干旱是否发生。研究表明,目前一般认为当土壤相对含水量小于40%时,作物受旱严重;当土壤相对含水量为40%~60%时，作物呈现旱象；60%~80%时为作物生长适宜含水量。土壤含水量指标利用农田水量平衡方程，方便建立起土壤-大气-植物三者之间的水分交换关系或土壤水分预测预报模型。研究表明，春玉米在苗期、拔节期、抽雄期、灌浆期、成熟期的适宜土壤水分控制下限分别为田间持水量的65%、70%、70%、70%、65%时，其产量和水分生产效率（WPE）较高；控制性分根区交替灌溉条件下，玉米苗期适宜水分下限为田间持水量的65%左右。张喜英等指出小麦和玉米不同生育期的田间栽培灌溉下限存在差别，小麦越冬前、返青起身、拔节、孕穗开花、灌浆前和成熟期的灌溉下限土壤水分分别为土壤田间持水量的60%、55%、65%、60%、60%和55%；玉米苗期、拔节、抽穗吐丝、灌浆-成熟灌溉下限分别为田间持水量的55%、65%~70%、65%和60%。康绍忠等的研究表明，从既提高产量又提高水分利用效率的双重目的出发，苗期土壤含水量为50%~60%田间持水量、拔节期土壤含水量为60%~70%田间持水量是玉米最佳的调亏灌溉方案。侯琼等（2015）的研究结果表明，对于土壤水分下限和相应的土层，玉米播种-三叶期分别为田间持水量的70%和0~20 cm，三叶-七叶期分别为田间持水量的55%和0~30 cm，七叶-拔节期分别为田间持水量的60%和0~50 cm，拔节-抽雄期分别为田间持水量的70%和0~70 cm，抽雄-抽雄后20 d分别为田间持水量的75%和0~100 cm，抽雄后20 d-乳熟期分别为田间持水量的65%和0~100 cm，乳熟-成熟期则分别为田间持水量的60%和0~70 cm。土壤水分状况也可以用土壤吸力（或土壤水势）来表示。Zhang Tibin等（2021）的研究表明，土壤基质势阈值-30 kPa的滴灌条件下，玉米产量提高15%，净利润提高23%，用水量减少57%，建议在研究区优先考虑土壤基质势阈值-30 kPa的滴灌代替畦灌进行玉米生产。

确定作物的适宜水分控制指标若用土壤相对含水量表示，土壤田间持水量是重要的参数，不同的土壤类型，其土壤田间持水量存在差异。不同的地点及土壤类型需要测定当地的土壤田间持水量才能确定当地作物不同生育期的适宜水分控制下限指标。当然，不同作物对土壤水分的敏感性不同，即使同一作物，不同生育期对水分的敏感性也不同，因此适宜的水分控制下限指标因农作物不同及不同的发育时期而有所差异。作物各发育阶段因根系发育程度的差异对不同土层水分亏缺反映不同，土壤水分下限指标在应用时通常考虑计划湿润深度，根系分布深度不完全等同于根系吸收和利用土层深度，确定作物各生长阶段土壤适宜湿润深度对节水灌溉管理同样重要。因此，通过试验研究确定玉米高产适宜的土壤水分控制指标及土壤计划层湿润深度对智慧灌溉控制指标的选择以及高效节水灌溉技术的应用具有重要的意义。

二、玉米植株水分监测与诊断技术

（一）基于水分胁迫指数的玉米植株水分诊断

作物水分亏缺指数WDI采用地表混合温度信息，引入植被覆盖度变量，成功地扩展了这种以冠层温度为基础的作物缺水指标在低植被覆盖下的应用及其遥感信息源。作物冠层温度与其能量的吸收和释放过程有关，作物蒸腾过程的耗热将降低其冠层温度值；水分供应充足的农田冠层温度值低于缺水时冠层温度值。因此，农田冠层温度可以作为作物旱情和作物水分状况诊断指标。一般采取的形式有农田冠层温度的变异幅度、与供水充足对照区的冠层温度差和冠层-空气温度差。随着红外测温技术及遥感技术的发展，可以采取高空卫星测温形式、无人机和地面多光谱测量获得冠层温度指标,从而加速作物水分胁迫指数的发展和应用。

目前,应用最为广泛的是作物水分胁迫指数(crop water stress index,CWSI)模型,建立方法主要为1981年Idso等提出的经验法和Jackson等提出的理论法。相比于理论法,经验法更为简易,只需监测冠层温度(T_c)、空气温度(T_a)以及相对湿度(RH)即可计算CWSI,因此得到了更为广泛的应用。国内外许多研究人员成功地将CWSI经验模型应用到农田作物水分胁迫状况监测。孙道宗等通过观测冬季和春季塑料大棚中不同灌溉条件下茶树的T_c、T_a建立了CWSI经验模型,得出了反映茶树水分状况的关系曲线。高洪燕等基于经验法得到了番茄CWSI模型,结合近红外、可见光波段信息实现了多信息融合的番茄冠层水分诊断。崔晓等基于经验法探讨并建立了适合华北平原夏玉米水分状况监测的CWSI模型。Radin等基于经验法建立了针对美国科罗拉多州北部的向日葵CWSI模型,并分析了CWSI与叶面积指数、叶水势等的相关性。Irmak等基于经验法建立的CWSI模型可以有效地监测及量化地中海半干旱条件下玉米的水分胁迫状况。张建军等利用作物水分亏缺指数表征夏玉米干旱的指标,分析了安徽夏玉米生长季内干旱频率的时空分布特征。张艳红以作物水分亏缺指数为干旱识别指标分析了其在农业干旱监测中的适用性,认为该指标能较好地反映作物水分亏缺与农业干旱情况;黄晚华依据玉米的水分亏缺指数分析了湖南省玉米季节性干旱发生频率的时空特征。通常,作物遭受的干旱胁迫程度随着CWSI的增加而加剧。CWSI值为0~0.3表示作物水分充足,而CWSI值为0.3~0.6表示作物受到水分胁迫。实际上,在当前缺水的背景下,充分灌溉可能很困难,而亏缺灌溉可能是节约用水和实现稳产的有效途径。这意味着亏缺灌溉的CWSI阈值可能高于充分灌溉时获得的经验值。在美国大平原,CWSI值为0.4时,在亏缺灌溉的情况下,春玉米的水分利用效率从2.3 kg/m^3增加到2.5 kg/m^3。然而,在北美的另一项研究中,玉米产量在CWSI限值为0.4时显著下降,而大豆获得最大产量(GY)的最佳阈值为0.2。袁国富等(2002)通过红外测温仪研究作物冠层温度,诊断作物水分胁迫,分析作物水分胁迫指数理论模型与叶水势、气孔阻力、最大净光合速率和土壤含水量的关系。结果表明,上述指标能较好地反映作物水分胁迫的特点,与理论模型有较好的相关性。一些研究认为,冠层空气温差为0 ℃是作物缺水的极限值。梅旭荣等(2019)认为,-1~0 ℃冠层空气温差可作为冬小麦抽穗至灌浆期灌溉决策的参考指标。陈四龙等(2005)认为,将冬小麦冠层与空气的温差保持在0~4 ℃可以获得冬小麦产量的最佳值,0.4的CWSI是反映冬小麦水分胁迫发生的关键指标(或阈值)。史宝成(2006)认为,适宜水分条件下冬小麦冠层空气温差阈值为$-1.5\ ℃<\Delta T<1.3\ ℃$,冬小麦旺盛生长期平均水分胁迫指数与籽粒产量呈非线性关系。当CWSI为0.18~0.23时,认为是冬小麦的最佳供水标准。由于冠层温度受当地环境条件(如气温、风速、辐射等)影响较大,因此不同研究者的试验结果存在一定的差异,为此限制作物水分胁迫指数在农田灌溉管理中的实际应用。

在华北平原,常见的精准灌溉方式包括喷灌和滴灌。然而,由于作物之间行距、株高和种植密度的差异,这些技术不太适合冬小麦-夏玉米种植制度。由于中心支轴灌溉系统(center pivot irrigation system, CPIS)对不同作物的适应性,它适用于小麦和玉米的机械化作业。精确诊断作物水分胁迫是精确灌溉的基础。截至目前,大多数研究都集中在基于土壤水分平衡或土壤水势的诊断方法。然而,低空间分辨率限制了上述方法的应用。与土壤湿度测量相比,基于遥感测定冠层温度(T_c)提出的作物水分胁迫指数可作为一种替代方法。如今,红外温度计(IRT)的快速发展使得 T_c 的测量比以前容易得多。此外,与土壤水分监测相比,IRT 提供了一种非破坏性和高分辨率的解决方案。它们可以在移动灌溉系统上部署,包括 CPIS。然而,除非结合其他气象参数,否则不能单独采用 T_c 来指导灌溉。最常见的基于 T_c 的指数是作物水分胁迫指数(CWSI)和冠气温差(T_c-T_a),但这些指数通常因区域而变化,并受各种因素的影响,包括灌溉技术、作物种类和品种。与传统灌溉相比,中心支轴灌溉系统非常适合安装红外温度传感器,对作物冠层温度及水分胁迫状况进行无损监测。中心支轴灌溉技术改变了冬小麦-夏玉米的水分利用方式。在这种灌溉模式下,CWSI 临界阈值是多少?因此,有必要进一步探讨中心支轴灌溉技术下冬小麦-夏玉米不同生育期冠层空气温差和作物水分胁迫指数的临界阈值。本书利用红外测温技术,提取作物的冠层温度,旨在利用温度信息探索其与作物水分亏缺指数的关系,提高诊断作物缺水状况的精度,与天气预报信息融合,将水分亏缺分布转换为农田尺度灌溉处方,为智慧农业的实施提供理论基础。

(二)基于光谱特征的玉米植株水分诊断

随着遥感传感器的发展,用不同的传感器获取的不同波段光谱数据,计算各种能直接或间接反映干旱情况的物理指标,已形成了很多种方法。我国目前采用的比较接近实用的方法有热惯量法、作物缺水指数法、归一化植被指数距平法、供水植被指数法以及用微波遥感法测定土壤水的方法。与卫星不同,无人机可以在天气限制范围内随时运行。卫星有固定的飞行路径,无人机的机动性更强,地点选择适应性更强。安装在无人机上重量轻的传感器,如 RGB 相机、多光谱相机和热红外相机,可以用来采集高分辨率的图像。采集时空分辨率较高的实时图像以及相对较低操作成本,使得无人机成为测绘和监测作物 ET、作物长势、作物氮素营养诊断及作物水分状况的理想平台。诊断光谱数据常用的建模方法有逐步回归(stepwise regression, SR)法 、偏最小二乘回归(partial least squares regression,PLSR)法、主成分法、多元自适应回归法、神经网络法等。

以无人机为代表的近地遥感高通量表型平台凭借机动灵活、成本低、空间覆盖广等特点成为田间表型信息获取的重要手段。农业无人机不仅能非破坏性和及时地采集数据,而且能捕捉到现场尺度变化的独特优势,可监测中小区域作物长势、土壤养分、病虫害、土壤水分、作物水分等信息。近年来,无人机搭载多光谱、高光谱和热传感器已被广泛应用来获取高光谱和空间解析度,并被用于特定地点的作物管理,这为农业提供了可靠和有效的遥感信息来源。为了探索利用无人机遥感平台反演作物生物物理参数的准确性,开展了许多研究。多光谱数据已被用于评估叶绿素含量和植物氮含量,并确定了它们的波长为 500~800 nm。基于地面非成像高光谱技术,Zhao 等(2018)对夏玉米可见光至近红外光的冠层光谱反射率进行综合分析,利用任意两波段组成的归一化光谱指数和比率光谱指数对氮素营养指数进行估算,采用减量精细采样法确定最佳光谱指数,结果发现对氮素营养指数(nitrogen nutrition index,NNI)最敏感的光谱带位于 710 nm 和 512 nm,估测 NNI 的最佳光谱指数为两者构成的归一化光谱指数。魏鹏飞等选取 15 个植被指数,运用逐步回归分析法获得不同生育期估算玉米氮素营养的最佳模型。秦占飞等利用无人机高光谱影像 738 nm 和 522 nm 波段反射率构建的比值植被指数能够准确评估水稻叶片氮素含量。刘昌华等采用 ASD Field Spec3 野外便携式高光谱仪，基于 10 种光谱预处理，结合偏最小二乘回归、反向传播神经网络和随机森林 3 种模型对冬小麦氮素营养进行研究。结果表明，随机森林算法结合卷积平滑算法建立模型精度最佳；利用无人机多光谱影像，基于冬小麦关键生育期的光谱指数，可实现冬小麦氮素营养指数的有效估算。

通过分析作物冠层光谱参数与植株氮含量、地上部生物量和氮素营养指数的相关性，筛选出对三者均敏感的光谱参数，结合多元线性逐步回归、偏最小二乘回归和随机森林回归建立抽穗期冬小麦 NNI 估测模型，任意两波段光谱指数对氮素营养指数更为敏感，与氮素营养指数均达到了极显著性相关；基于差值光谱指数和红边归一化指数的单个光谱参数构建的模型具有粗略估算氮素营养指数的能力，相对预测偏差分别为 1.53 和 1.56；基于随机森林回归构建的多变量冬小麦氮素营养指数估算模型具有极好的预测能力。基于无人机高光谱的冠层光谱参数可以用来进行小区域范围内的冬小麦氮素营养指数遥感填图，为冬小麦氮素营养诊断、产量和品质监测及后期田间管理提供科学依据。此外，因为可见光以及近红外光谱波段具有丰富的光谱信息，通过光谱变换和筛选敏感光谱变量等方法对模型进行研究分析的方式也被用于土壤盐渍化监测。宁娟等（2017）通过可见光-近红外光谱结合实测土壤盐分数据进行土壤含盐量建模，有效获取了土壤含盐量的空间分异规律；Fan 等利用多光谱数据对黄河三角洲的土壤含盐量进行反演，发现在不同盐分水平下所构建的模型预测精度存在差异。现有研究大多是基于用可见光和近红外光谱数据进行土壤盐分的反演或监测，而没有考虑其他光谱波段的应用。

卫星遥感存在重访周期、云层影响和成本等方面的不足，农业无人机飞行成本低且影像分辨率高，适合农田尺度数据采集，但无人机影像具有重叠度高和数据量大的特点，因此对拼接算法的运行速度和自动化程度要求高，使用频率域和空间域拼接算法拼接多张无人机影像存在效率低、费时等缺点。商用无人机技术的另一个缺点是电池续航时间短，每一次飞行时间从 20 min 到 1 h 不等，因此只能覆盖非常有限的区域。此外，有的无人机不能在大风或大雨中使用。目前，利用无人机高光谱遥感作为工具诊断作物水分状况方面的研究很少，因此很有必要在黄淮夏玉米区利用高光谱遥感作为工具，建立一项快速无损的植株水分诊断技术，以期为夏玉米水分状况的实时精确诊断提供一条操作性较强的新途径，有助于推动夏玉米水分管理向数字化和定量化方向发展。

三、玉米生理对水分胁迫的响应

（一）玉米生理对干旱胁迫的响应

随着气候变暖，干旱发生程度及频率的增加，大量研究表明，干旱是造成玉米减产的重要原因之一，但不同生育期干旱，其减产程度及其原因也不尽相同。当作物受到水分胁迫时，首先在生长性状上表现出来，如叶片萎蔫、植株生长缓慢等可看到的变化，与此同时植株体内也发生着生理反应。不同生育期的土壤干旱对玉米的株高伸长、叶片扩展和干物重的增长均有抑制作用。玉米在受到水分胁迫影响时会严重影响其株高、叶面积以及干物质量的积累。干旱胁迫时植株的根冠比随干旱程度增加而增大，而偏湿时根冠比最小；干旱胁迫条件下的根数比正常供水条件下偏多，表明在干旱胁迫下玉米根系以增多根系数量来提高其抗旱能力。研究表明,作物在受到水分胁迫时叶片气孔导度(G_s)下降、蒸腾速率(T_r)降低、光合速率(P_n)减小、叶水势降低,细胞液浓度、冠气温差、水分胁迫指数增加,从而导致同化作用减弱、果穗性状变差、产量降低。叶绿素荧光参数对各种胁迫因子十分敏感,因而越来越多地将其作为鉴定植物抗逆性的理想指标。水分胁迫增加叶片初始荧光(F_0),降低最大光化学效率(F_v/F_m)和潜在活力(F_v/F_0),变化幅度与胁迫程度正相关;光化学猝灭系数(qP)和光量子产量(Yield)也随着干旱胁迫的加强而降低。水分胁迫导致玉米叶片整体光合速率、蒸腾速率和气孔导度下降以及光合速率日变化的峰值提前;水分胁迫后的玉米叶片蒸腾速率、光合速率和气孔导度为适应干旱缺水均较对照显著下降。干旱胁迫下玉米叶片的光饱和点和光补偿点均下降,而光补偿点的下降幅度较大;干旱胁迫下玉米光合势的变化与净光合速率的变化具有相同的趋势,但光合势下降幅度相对较小。光合速率和光合势的下降必然导致光合同化物质生产能力的下降,光合产物减少,进而影响玉米的生长发育及最终产量。

许多研究结果分析表明,玉米受干旱胁迫的影响程度因受旱轻重、持续时间以及生育进程的不同而不同,持续时间越长,受旱越重,影响越大。在玉米整个发育期,不同生育时期干旱胁迫对玉米生长发育以及产量形成影响有所差异,而各个生育期内发生水分胁迫均会导致减产。苗期干旱,植株生长缓慢,叶片发黄,茎秆细小,即使后期雨水调和,也不能形成粗壮茎秆孕育大穗。喇叭口期干旱,雌穗发育缓慢,形成半截穗,穗上部退化。严重时,雌穗发育受阻,败育,形成空穗植株。抽雄前期干旱,雄穗抽出推迟,造成授粉不良,形成花籽粒。研究结果表明,干旱胁迫对玉米产量的危害顺序为开花期干旱>孕穗期干旱>灌浆期干旱。与对照相比,孕穗期干旱胁迫在一定程度上影响了雌穗分化而使果穗粒数有所减少,结果使产量减少36.9%。开花期干旱胁迫造成花期不遇或授粉不良而使穗粒数大大减少,导致减产64.8%。灌浆期干旱胁迫往往使部分籽粒干瘪和引起籽粒充实度不好,百粒重下降,结果产量下降30.2%。孟凡超等的研究结果表明,抽雄吐丝期干旱胁迫减产最严重,拔节期次之,苗期减产最少,与对照相比分别减产22.3%、15.1%和5.6%。

干旱胁迫也影响玉米籽粒品质,水分胁迫程度越大,蛋白质、脂肪以及淀粉下降程度越大。在干旱胁迫下,籽粒粗淀粉、粗脂肪、粗蛋白和赖氨酸含量分别比正常供水的处理下降1.59%、1.70%、9.42%和0.03%。超氧化物歧化酶(SOD)、过氧化物酶(POD)和过氧化氢酶(CAT)等保护酶系统活性变化及膜脂过氧化作用已被广泛作为植物在干旱胁迫等逆境下受损的生理反应研究指标。刘永辉的研究表明,干旱胁迫下夏玉米生育进程中保护酶SOD、POD和CAT活性基本呈现一致下降的趋势,膜脂过氧化作用增强,从而引发细胞内膜系统直接受损,可能是干旱逆境下作物主要的生理反应。各生育阶段因受旱时间和强度的不同,三个保护酶活性下降及膜脂过氧化产物丙二醛(MDA)积累均表现不同,随干旱胁迫的推进,短时期内对某些保护酶有一定的激发效应,即在玉米大喇叭口期SOD和POD的活性有所增加,但此效应维持不长,其后骤降。也有一些研究结果表明,玉米在水分胁迫初期SOD、CAT、POD活性升高,但随着水分胁迫时间延长和强度增加,SOD、CAT以及POD活性则出现不同程度的下降。受旱时间越长,受旱程度越重,则保护酶活性越低,MDA积累越多。随着干旱胁迫程度的增加,脯氨酸累积量和可溶性糖含量总体上均呈现上升趋势，表明脯氨酸和可溶性糖为玉米的主要渗透调节物质，但在不同的水分条件下，增加的幅度有所差异。MDA 含量随着土壤含水量的减少呈现先减少后增多的趋势，土壤含水量 SWC>17%时 MDA 的含量变化不明显，SWC<17%时 MDA 含量随着水分胁迫程度的加重急剧上升，叶片质膜膜脂过氧化作用也随之加剧。玉米在干旱胁迫下，其叶片内源激素也会发生变化，生长素（IAA）和细胞分裂素（CTK）的浓度降低，脱落酸（ABA）和多胺含量增高，赤霉素（GA）和乙烯（C_2H_4）的含量呈现先升高后降低的趋势。

虽然国内外学者在玉米应对干旱胁迫的响应方面研究较多，但由于研究的方法、作物品种、气象条件以及栽培管理方面存在差异，其试验的结果在某些方面表现出一定的差异。随着品种的更新以及环境条件的变化，还需要进一步研究玉米生理对干旱胁迫的响应机制，以期为玉米抗逆品种的筛选以及缓解干旱逆境胁迫适宜应对措施的选用提供理论依据。

（二）玉米生理对淹涝胁迫的响应

洪涝作为一种非生物胁迫，严重影响了世界范围内近 16%的农业生产面积。据估计，全球 10% 的灌溉土地受到涝渍的影响，可能导致高达 20% 的作物损失（Jackson & Campbell，2006）。玉米是旱地作物，需水量大又不耐涝，土壤湿度大于田间持水量的 80%时，生长发育即受到影响。当玉米发生淹涝胁迫时，土壤中氧气供应不足，根系的有氧呼吸转变为无氧呼吸，致使能量供应不足，且产生乙醇、乙醛、乙酸、乙烯、硫化氢和酸类等有毒物质危害根系的生长，影响代谢进程，并最终影响地上部分，导致叶片叶绿素降低、叶片变黄，叶面积指数减小，株高降低、果穗变短、秃尖变长、穗粒数减少、千粒重降低，产量降低。淹涝胁迫处理后玉米茎秆的皮层厚度和大、小维管束数目均变小，增加茎秆倒伏风险。在苗期和拔节期进行淹水和渍水对茎秆农艺性状的影响大于抽雄期进行胁迫。梁哲军等的研究表明，淹水总体上抑制玉米幼苗根系生长，短期淹水（7 d）导致根系总长度、根系表面积、根系体积均显著降低，随着淹水时间延长（14 d），玉米根系产生大量不定根，使得根系总长度、根系表面积、根系体积显著升高。周新国等的研究表明，拔节期淹水 1~7 d，玉米的株高较对照（CK）处理降低了 2.26%~11.36%，叶面积指数（LAI）较对照处理下降了 13.04%~34.27%；至灌浆期，与对照处理相比，淹水 1~3 d，根系活性增加了 15.44%~24.14%，淹水大于 5 d 时，根系活力下降 13.41%~61.28%。任一生育阶段发生淹涝，玉米果穗长、出籽率、穗粒质量、穗粒数、百粒质量和产量均随淹涝历时的增加呈降低趋势；苗期、拔节期、抽雄期和灌浆期淹涝分别减产 17.98%~54.97%、9.12%~100%、2.58%~28.63%和 5.93%~20.28%，其淹涝历时分别达到 2 d、4 d、6 d 和 4 d 时就会造成显著减产，减产率分别为 17.98%、21.34%、12.99%和 13.52%。涝渍胁迫的影响是复杂的，并且随着品种、环境条件、生育时期和涝渍持续时间的变化而变化。淹涝天数相同时，玉米苗期最敏感，拔节期和抽雄期次之，成熟期最不敏感；同一生育期受淹涝时，随着淹水天数和深度的增加，玉米穗粒数和粒重等产量构成因素的降幅加大。

淹水胁迫同样对玉米的生理生化活动影响显著，淹涝发生后，玉米叶片气孔导度（G_s）、蒸腾速率、叶绿素相对含量 SPAD 和光合速率（P_n）显著降低；初始荧光（F_0）、非光化学淬灭系数（qN）不断上升，最大荧光（F_m）、PSⅡ最大光化学量子产量（F_v/F_m）、PSⅡ实际光化学量子产量（Yield）、表观光合电子传递速率（ETR）、光化学淬灭系数（qP）不断下降。淹涝对夏玉米叶片叶绿素相对含量(CCI)、G_s、P_n 和 F_v/F_m 的影响均随淹涝时期的后移而减小,苗期和拔节期淹涝的影响最大,抽雄吐丝期次之,灌浆期淹涝影响最小,且随着淹涝历时的增加,CCI、G_s、P_n 和 F_v/F_m 呈降低趋势。苗期淹涝解除后,由于玉米补偿生长能力强,叶绿素相对含量、气孔导度、净光合速率和最大光化学效率随着生育进程的推进逐渐恢复,使得各性状与对照间的差异逐渐缩小;拔节期淹涝处理的补偿生长能力相对较弱,光合特性参数的恢复能力也较弱;而抽雄期和灌浆期淹涝处理的恢复能力更弱。可见,不同时期淹涝条件下的光合特性参数的恢复能力随着淹涝历时的增加呈降低趋势。涝渍显著降低叶片 SOD、POD 和 CAT 活性,破坏保护酶系统,增加丙二醛(MDA)含量,加剧膜脂过氧化,破坏生物膜结构,加速叶片衰老。同时,叶片中脯氨酸、谷胱甘肽、可溶性糖含量、谷氨酰胺合成酶、蔗糖合成酶活性和可溶性蛋白含量也随着胁迫时间的增加呈上升趋势,能够有效地保持细胞渗透势,维持细胞结构和功能。Ren 等的研究结果表明,淹水处理后玉米叶片的氮代谢关键酶活性均不同程度下降,与对照处理相比,苗期淹水后玉米还原酶(NR)、谷氨酰胺合成酶(GS)和谷氨酸合酶(GOGAT)活性分别降低 60%、50% 和 26%,但在拔节期淹水后,三种酶活性分别降低 37%、47%和 20%,开花后 10 d 淹水对酶活性的影响最小,表明淹水胁迫限制了氮代谢水平的进程,从而抑制了作物对氮素的吸收和利用。

国内外学者对淹涝胁迫下玉米的生理生态响应规律进行了较多的研究,但是涝渍胁迫对作物的影响是复杂的,并随着品种、环境条件(土壤类型、气象条件)、生育时期和淹涝持续时间的变化而变化。相同的试验在地点间及年际间的结果会存在一定的差异,不同的研究者获得的试验结果也会在某些方面表现不一致。现有的研究仅局限在涝渍胁迫的定性影响方面,对于淹涝时期以及历时与玉米产量性状间的定量影响研究还明显不够深入。因此,进一步开展玉米对淹涝胁迫的系统研究,可以为耐渍涝品种的筛选以及玉米遭受涝渍胁迫损失的科学评估提供依据。

四、玉米高效节水灌溉技术

(一)滴灌水肥一体化技术

水分是干旱地区作物生产的主要限制因素,面对日益紧缺的水资源状况,采用节水高效灌水技术提高农业用水利用率是保障区域粮食生产和生态安全的重中之重。目前,农业生产中地面灌以及肥料撒施仍是该地区主要的生产管理模式,而水、氮过量投入的现象十分严重。据统计,目前氮肥利用率仅 35%左右,农田灌溉水利用率平均为 50%,农田灌溉水利用效率仅 1.0 kg/m^3 左右,占先进国家的 1/2。由于不合理的水肥利用,导致水肥供应错位、利用效率低,并引发农业面源污染和地下水超采等严峻的环境问题。在稳产的基础上发展节水、节肥、减排的生态友好型农业是该地区农业可持续发展的重要任务。滴灌是一种局部、高频率供水的灌溉技术,结合施肥可以使作物近根区保持较高湿度以及合适的养分浓度,可做到实时、均一化施肥,实现水肥同步管理和高效利用,是提高水分和肥料利用效率的有效途径之一。膜下滴灌技术是西北干旱区近年推广的一项新型的滴灌与覆膜结合的农业节水技术,该技术可以提高地温、减少土壤蒸发和深层(>120 cm)土壤水分流失,缩短作物的成熟期,抑制土壤盐分,提高作物水分利用效率,达到增产增效的目的,已在西北灌区大田作物上得到广泛应用。滴灌水肥一体化技术能提高作物根区水肥分布的均匀度,在保证作物高产的同时,既能节水节肥,又能大幅度地提高作物的水肥利用效率。合理密植是国内外玉米增产的重要途径,近年来李少昆团队在西北灌区通过10多年玉米高产品种的筛选和栽培管理技术水平的提高,逐渐形成了膜下滴灌与密植栽培相结合的玉米高产栽培模式,将玉米种植密度由传统生产的6万~7.5万株/hm^2提高到12万株/hm^2。其中,在新疆生产建设兵团奇台总场创造了22.76 t/hm^2的中国玉米小面积最高单产纪录,在新疆71团创造了18.45 t/hm^2的玉米大面积(700 hm^2)高产纪录;奇台总场膜下滴灌密植栽培玉米的产量可以达到15.7~19.1 t/hm^2、水分利用效率2.47~2.77 kg/m^3。目前,集成膜下滴灌与密植栽培的玉米高产栽培模式在西北灌区得到大面积推广应用。

研究表明,作物产量随着水肥用量的增加而显著提高,但达到某一临界值后产量随水肥用量的增加则不增反减;水肥耦合一体化模式可以根据作物的水肥需求特性实时定量灌溉,实现水分和养分的协同供应,准确满足作物水肥需求,是实现作物高产、高效和优质生产的有效措施。根据作物水肥需求规律多次施用能够提高氮肥利用效率,合理的水肥配比及用量可有效降低养分在根区的淋溶损失。以高水分为特征的"低量高频率"滴灌施肥可为玉米根区提供适宜的土壤水分和养分环境,进而在生育后期促进籽粒灌浆和产量形成。膜下滴灌栽培模式下,玉米拔节期、抽穗期、灌浆期等量追施氮肥50~66 kg/hm^2,可显著提高干物质质量和氮素吸收量,增产效果明显;通过优化拔节期、大喇叭口期和吐丝期的氮肥追施比例,可有效提高膜下滴灌玉米的干物质积累和产量提高。适当减少玉米生育前期氮素供应,增加生育中后期追氮数量,可有效增加玉米籽粒产量,提高氮肥利用效率,减少氮素损失。目前,滴灌水肥一体化技术主要在设施栽培作物中应用较多。随着技术的成熟以及经济条件的改善,节水、节肥、省工的滴灌水肥一体化技术逐步在大田作物中推广应用。例如,西北干旱区已大面积推广膜下滴灌水肥一体化技术,东北西部玉米种植区也已开始逐步推广膜下滴灌技术和浅埋滴灌技术。各地通过研究与示范,已初步取得了适应当地土壤、气候条件的滴灌水肥一体化施用方案,并形成相应的操作要点与技术规程。黄淮海是我国主要粮食生产区,夏玉米是夏季主要种植作物。该区目前仍以地面畦灌为主,由于灌水量大、深层渗漏损失严重,造成用水效率不高。因此,在黄淮海夏玉米区也应开展这方面的研究,明确当地土壤及气候条件下如何进行水、肥调配施用以提高玉米产量及水肥利用效率,这对缓解水资源危机、保障粮食和地区生态安全具有重要意义。

(二)喷灌水肥一体化技术

喷灌对地形、土壤等条件适应性强,可以控制喷水量和均匀性,避免产生地面径流和深层渗漏损失,既是一种省水、增产、高效的灌溉方式,又是一种高能耗的灌水方式。与地面灌溉相比,大田作物喷灌一般可省水30%~50%,增产10%~30%。最大的优点是使农田灌溉从传统的人工作业变成半机械化作业、机械化作业,甚至自动化作业,加快了智慧农业灌溉现代化的进程。喷灌的形式多样,喷头种类也较多,通过科学合理的设计,可以提高灌水的均匀性,进一步达到节水增产的目的。微喷带灌溉是在喷灌和滴灌基础上发展起来的一种新型灌溉方式,利用微喷带将水均匀地喷洒在田间,所用设施相对简单、廉价。与畦灌相比,微喷带灌溉可减少灌水量 67.5~75.0 mm,降低表层土壤容重,抑制土壤养分下渗,具有节水和灌溉均匀等特点。水肥一体化技术具有节水、增产、减少养分淋失、提高肥料利用率等优点,近年来开始研究喷灌的水肥一体化施用技术,比如合理的施用次数以及施用浓度。有研究结果显示,微喷灌水肥一体化能够显著促进玉米灌浆期生物量的积累和灌浆速率。邢素丽等研究表明,大尺度微喷灌精准自动施肥在夏玉米季增产显著,并可节约成本,减少氮、磷养分和灌溉水用量。Man 的研究同样认为微喷灌不仅实现了精量灌溉,还便于实现水肥一体化,从而形成灌溉、施肥与施药的集成化新灌溉模式。

喷灌在多风的情况下,会出现喷洒不均匀、蒸发损失增大的问题。有的研究表明,在多风、蒸发强烈地区容易受气候条件的影响,有时难以发挥其优越性,在这些地区进行喷灌应该对其适应性进行进一步分析。Trimmer 在微喷灌水试验中发现,飘移损失的水量一般占灌水总量的 25%;Man 的研究认为,当光照和温度较高而湿度较小时,其蒸发飘移损失量则达到整个水量的 42%。由于有的大型喷灌系统存在灌水均匀性问题,故有的学者关注喷灌条件下的变量灌溉问题研究。变量灌溉具有借助变量灌水方法、定位方法和控制系统在田块内改变灌水深度,应对特定的土壤、作物和其他条件的能力,是解决大型喷灌机较大单机控制面积内土壤、作物空间变异问题,提高灌溉水利用效率,充分挖掘整个田块作物生产潜力的水分管理方法。利用变量喷洒可控域精确灌溉喷头组合进行喷灌,从根本上解决现有圆形喷洒域喷头从几何学上不利于组合的问题,为提高组合均匀度和灌溉质量提供了一种新的思路和技术。变量喷洒可控域精确灌溉喷头具有同时增加喷灌组合均匀度和降低喷灌系统投资的趋势。但变量喷洒可控域精确灌溉喷头的流量射程调节器使喷头的最大射程相对于原圆形喷洒域喷头射程存在损失,导致组合间距降低。通过在喷灌系统的不同区域布设土壤水分监测系统以及作物生长信息监测设备,可为喷灌不同区域喷洒水量的计算提供依据,从而提高喷灌条件下土壤水分的均匀性以及作物生长的一致性,最终提高作物单位面积的产量。

目前,水肥一体化技术研究多集中于滴灌施肥,喷灌水肥一体化条件下施肥制度对作物生长发育和水氮利用效率的研究相对较少。在黄淮海夏玉米生产的主产区,探究喷灌水肥一体化条件下减氮追施对不同玉米品种产量和水氮利用效率的影响,以期为黄淮海平原南部喷灌水肥一体化技术提供一定的理论依据和技术支撑。

五、玉米雨水高效利用技术

(一)夏玉米降雨利用过程及其模拟

植被冠层对降雨的截留,改变了降雨在地表的分布及对降雨的有效利用。目前,针对林木冠层影响降雨空间分布的研究较多且较深入,而研究大田作物冠层对降雨的截留分布特征还相对较少。降雨入渗过程是极其复杂的,降雨入渗量与土壤类型、土壤初始含水量、下垫面状况以及地面坡度等密切相关。降雨发生后很少一部分降雨被植物冠层截留,绝大部分降落到地表产生入渗、径流等雨水再分布过程。降水后土壤蒸发与入渗是土壤水分循环的两个基本环节。土壤蒸发是土壤水分经过土壤表面以水蒸气状态扩散到大气的过程。土壤蒸发是水分的无效损失,直接影响降水转化为土壤有效水的效率。土壤蒸发随着作物种类、气象条件的不同而不同。降雨地表入渗过程是一种强烈依赖于大气降水、地面蒸发及土壤水力学特性的非线性过程。纵观国内外最新研究动态可知,入渗规律的研究方法多样,如双环法、人工模拟降雨法、水文法、环刀法、盘式入渗法等,其中双环法与人工模拟降雨法最为常用。以双环法为代表的有压入渗测定方法在整个入渗过程中处于静水条件单点有压下,下垫面表面不承受雨滴的打击破坏作用,它所测得的土壤入渗率结果往往偏大。因此,该方法入渗模型或公式直接用于降雨产流入渗计算是不够准确的。而采用人工降雨试验方式测定土壤入渗,不仅克服了双环法的一些不足,而且可得到不同地类在降雨条件下的入渗特性,更接近实际,为此,针对降雨入渗规律,许多学者借助人工模拟降雨对此做了大量的研究,并得出了诸多有益的结论。但以往众多学者大多是在无植被、无作物或灌草种植条件下进行的,而对农田降雨入渗特征的研究相对较少。同时,目前的研究多在特定影响因素下进行降雨入渗过程的试验研究和数值模拟,未探讨多因素影响下降雨入渗规律的定量关系。对作物覆盖条件下,从整个生育期农田水分平均入渗特征角度进行研究的还较少。

降雨后产生的土壤水再分布是土壤环境与地表环境和大气环境共同作用产生的现象。降雨停止后水分在土壤中的运动并没有停止。一方面,土壤含水量因植株蒸散发的作用而减小;另一方面,一部分水分由于土层上下水势梯度差异而继续补给下层土壤水分。土壤水再分布决定着不同时间和深度土壤蓄积的水量,直接影响土壤水分的有效性以及植株的水分收支平衡。围绕降雨后土壤水再分布,国内外众多学者进行了大量的相关研究,但主要集中在室内模拟降雨环境,这些模拟试验多在土柱或土槽、雨后抑制蒸发的条件下进行,并且试验所用的土样较为均匀,无明显层状,无虫孔裂隙等发育,这和野外实际大田环境有很大差别。尽管一些研究者在野外采用人工降雨或自然降雨研究降雨后土壤水量分布规律,但多数局限在裸地(无植被生长)条件下,关于农田作物种植条件下降雨向土壤水的转化及其运动规律方面,仍有待系统而深入地研究。在旱作农业地区和补充灌溉区,降雨是土壤水分补给的重要方式之一,因此采用人工模拟降雨,研究黄淮海地区典型作物夏玉米在全生育期的初始入渗率、稳定入渗率、平均入渗率和累积入渗量等特征,探索夏玉米不同降雨级别下土壤蒸发特征及土壤水再分布规律,以期为该地区作物水分入渗模拟及提高降水转化效率提供理论依据,该研究对确定降雨有效利用程度、制定合理的节水灌溉制度等都具有重要的实践指导意义。

(二)全膜双垄沟播春玉米雨水利用技术

雨养农业是世界农业的重要组成部分。目前,全球约60%的粮食收成来自雨养土地。然而,由于降水量有限且不稳定,水资源短缺一直是雨养地区农业生产的主要威胁。在大多数雨养地区,由于降水分布不均、气温极端以及深层土壤水分过度消耗,多年来产量增长率一直停滞不前。在我国,黄土高原是较大的雨养农业区,其农业生产严重依赖季节性降水。由于季风气候,68%的降水量发生在6~9月,黄土高原定西地区年平均降水量为415 mm,比该地区的年蒸散量ET_0(800 mm)少48%。此外,50%以上的降雨事件以低降水量(<6 mm)的形式发生,玉米作物对此很难利用。这使得降水量难以满足玉米植株的全部产量潜力。因此,有必要采取一些创新和有效的农艺措施,以充分利用雨水。合理的耕作种植模式可为作物生长发育创造适宜的生长微环境。刘战东和战秀梅等研究表

明，秸秆覆盖可明显促进冬小麦降雨入渗的利用，蓄水保墒，改善根系生态环境，提高水分利用效率。安俊朋等研究表明，秸秆垄间浅埋（15 cm），间隔表覆还田可优化土壤结构，打破障碍层，显著提高水分利用效率和春玉米产量。

近年来，集成 C4 作物高产、雨水高效收集、保墒抑蒸、农田水土保持、缓解地表径流等于一身的垄沟集雨种植技术，能够协调作物需水与土壤供水平衡，极大地改善了作物生长水土环境，优化了土壤-作物-大气水生态过程，增产和提高水分利用效率的作用明显。邓浩亮等的研究表明，垄沟覆盖集雨系统通过交替排列的垄沟结构形成了产流面、集雨沟，增加了地表受水面积，实现了有限降水的主动收集、利用，优化了土壤-作物-大气水生态，缓解了作物需水与土壤供水矛盾，黄土高原旱作生产由以前的被动应旱转变为主动抗旱；垄沟结构与覆盖材料的有机结合影响光照透过和反射，显著调节了耕层热量平衡。垄沟地膜覆盖通过改善土壤的水热环境，使作物生长特性发生改变，提高了作物在生殖阶段接受光合作用的能力，增加了源的大小和生产能力，直接影响作物干物质积累量和分配比例，进而显著提高作物产量和水分利用效率。全膜覆盖垄沟种植（RFP）被认为是减少土壤蒸发、收集雨水和保持土壤水分的有效途径。全膜双垄沟播春玉米种植由于其良好耕作生产特性，是陇中旱塬春玉米高产、稳产的优势种植模式选择。李磊等研究表明，采用全膜双垄沟播技术可以迅速提高土壤温度、增加耕区土壤水分、优化土壤耕层水盐分布，提高出苗率，缩短玉米生育进程，在旱作农业中增产效果显著。

与传统的平面种植相比，采用 RFP 可以提高雨水利用率，提高作物产量。然而，RFP 通常需要增加化肥和农药的使用，以保证产量的形成。此外，有明确的证据表明，与其他种植模式（如平地种植、垄沟种植）相比，RFP 消耗更多土壤水分、消耗更多深层养分。为了满足 RFP 作物对营养吸收的更高需求，当地农户通常在春玉米生命周期中施用高剂量的复合肥料。因此，RFP 不仅加速了土壤干燥，还带来了环境污染，如氮淋失和土壤退化的高风险。过去，通过施用动物（如猪、羊、牛）粪便来替代或尽量减少使用矿物肥料。这种方法被认为是在化肥消费量零增长的情况下保持粮食增产率的可行途径。此外，肥料改良剂有可能通过改善土壤结构和增强保水能力来提高产量。据报道，在尼日利亚西南部退化的热带土壤上，纯家禽粪便施用量为 5 t/hm^2 与施氮量为 100 kg/hm^2 时相比，玉米产量显著增加 60%，土壤有机质含量显著增加 45%。然而，大多数研究表明，与无机肥料相比，纯有机肥料的产量更低，因为有机肥料中氮的有效性更低。有研究表明，施用有机肥料应辅以小剂量的化肥，才能维持或提高作物产量。之前的研究报告称，使用 10 t/hm^2 的堆肥替代 50%的无机氮，获得了最高的粮食产量。在华北平原，施用 30 m^3/hm^2 猪粪和 20 kg/hm^2 冬小麦生物肥料可以节省 50%以上的 NPK（氮磷钾）肥料，而不降低作物产量。在埃塞俄比亚东北部的一个半干旱地区，施用农家肥，同时减少 50%的 NPK 肥料，使高粱的粮食产量增加了 25%。一些研究将粪肥与化肥组合的增产效应归因于固氮菌数量相当高，这有利于土壤中的固氮作用。相比之下，纯化肥导致土壤中微生物生物量急剧减少，从而对玉米产量产生负面影响。

尽管如此，目前尚不清楚半干旱雨养地区垄沟种植系统中添加动物有机肥是否能最大限度地提高水资源利用率、提高作物光合速率和提高产量。与传统的种植和施肥方法相比，以前的研究主要集中在个体管理策略的影响上，但很少有研究比较这些不同策略的效果。为进一步提高旱作玉米的水肥资源利用率，在全膜双垄沟播条件下，很有必要设置保水剂与不同肥料类型对玉米产量与水分利用效率的影响试验研究，旨在为该区玉米生产技术提供科学依据。

(三)垄沟种植对玉米群体水分消耗及产量的调控效应

田间耕作管理影响土壤结构，从而改变水分入渗和土壤持水特性，进而引起土壤水分的时空分布差异。提高玉米产量的另一个重要途径是适当提高种植密度，但是种植密度不能无限增加。随着种植密度的增加，个体之间对光、养分和水的竞争会变得越来越激烈，也会增加植株倒伏的风险。此外，高种植密度还导致种群上部冠层的光合有效辐射截留率较高，特别是在生育后期，削弱了中下部叶位的光照条件，限制了种群的光合能力，从而导致作物产量下降。因此，如何进一步提高玉米产量潜力成为高密度种植条件下需要解决的关键问题。

近年来围绕节水灌溉，在旱作农业区推广全膜双垄沟灌技术和垄作沟灌技术，通过起垄方式，改善土壤水、气、热状况，促进了玉米生长，进而提高玉米产量，表现出良好的节水、节肥和增收作用。气象条件的波动是影响玉米产量的主要因素之一。He 等(2020)研究发现，玉米产量与生育期间的总辐射和热时间呈正相关，也与光合作用、暗呼吸和气孔导度呈正相关。Niu 等(2020)的研究表明，种植密度高的作物的光合速率、暗呼吸和气孔导度低于种植密度低的作物。在高密度种植条件下改善作物生长的微环境是实现玉米高产的重要途径。垄作和沟作均通过改变作物生长的微环境来改善土壤的水温条件和作物的光合特性，从而提高作物的粮食产量和水分利用效率。此外，作物群体内部的光照条件是作物进行光合作用的基础，冠层结构对群体内部的光照条件有着重要的影响。保持最佳的冠层结构和冠层内的光照条件有助于提高作物产量。以往的垄沟种植模式改善了土壤的水分和温度条件，缓解了个体之间的需水矛盾。然而，这并没有降低作物群体中个体之间对光的激烈竞争。因此，为了进一步提高高密度种植的作物产量，需要通过优化栽培模式、改善作物微环境和冠层结构来减少植株个体间对光的竞争。先前的一项研究表明，垄沟种植优化了冠层结构并改善了作物群体内的光照条件，从而提高了玉米产量。但在垄沟种植模式下，微地形的变化会导致垄沟土壤水分分布的不均，不仅影响作物的生理和生长，还会影响作物个体间对水分和光照的竞争。

尽管关于垄沟种植对作物群体和冠层特征以及玉米产量的影响进行过一些研究，但没有关于垄沟种植模式中作物群体竞争的相关研究信息。因此，本研究将夏玉米在 3 种种植密度条件下进行垄沟立体种植。假设通过垄沟立体种植来缓解玉米对水和光资源的竞争以调节作物的生理特性和干物质积累，从而提高玉米的产量。基于上述假设，分析不同种植模式下夏玉米的土壤水分和光照空间分布、光合作用特征以及夏玉米产量，对确定当地适合夏玉米生产的高产栽培措施具有重要意义。

第二章　玉米需水特征与适宜水分控制指标

作物需水量是分析农田水分变化规律、水分资源开发利用、农田水利工程规划和设计、种植结构调整、灌溉制度制定、灌区水资源优化分配等最重要的依据之一。本书利用各典型气象站点 30 年(1981~2010 年)的气象资料,采用 FAO 推荐的 Penman-Monteith 公式计算各站点参考作物需水量 ET_0,结合"全国灌溉试验资料数据库"中作物系数 K_c 等数据计算了不同站点玉米的需水量与缺水量,并利用地统计学原理,绘制了春玉米、夏玉米多年平均需水量空间分布图与缺水量分布图,同时绘制了不同典型水文年玉米需水量等值线图。在"十三五"期间,与部分玉米产业技术体系试验站合作,在东北、西北、黄淮海、西南玉米区布点开展了土壤墒情原位监测与远程决策灌溉技术研究,基于安装的智墒仪连续定点监测玉米农田土壤剖面的土壤水分动态变化,分析了不同监测点高产农田玉米生育期内根系层的土壤水分变化过程和日耗水量动态变化特征,明确了不同生态区玉米不同生育阶段的耗水量、耗水规律以及水分利用效率,确定了不同生态区玉米高产的灌水下限控制指标和节水高效灌溉制度。

第一节　春玉米需水特征与适宜水分控制指标

一、春玉米需水量的空间分布

(一)北方春玉米需水量的空间分布特征

北方春玉米区主要包括黑龙江、吉林、辽宁、内蒙古、新疆玉米种植区的全部,宁夏、甘肃河西地区、陕西和山西省北部、河北北部玉米种植区,从我国的东北部到西北呈一条狭长型分布,从东部的湿润半湿润区、中北部的半干旱区过渡到西北的干旱区。由于地形地貌、土壤以及气候的差异,导致北方春玉米需水量在地区间差异很大。图 2-1 表明,春玉米需水量从东南往西北呈增加趋势,最高需水量分布在银川以西至新疆的乌鲁木齐之间,为 670~800 mm;而从乌鲁木齐往西北方向,春玉米需水量又呈降低趋势,从 650 mm 降至 500 mm 左右;在东北三省,春玉米需水量的高值在西部,为 450~550 mm;其中黑龙江春玉米需水量的高值在中部一带,为 420~480 mm,从中部往东北和往西北均呈降低趋势,低值为 350~400 mm;吉林和辽宁春玉米需水量的变化趋势相同,从东南到西北呈增加趋势,即从 300 mm 左右增加到约 500 mm。内蒙古春玉米的需水量从东北往西南呈增加趋势,跨度较大,从 450 mm 增至 800 mm;甘肃的春玉米需水量从东南往西北呈增加趋势,由 420 mm 增至 600 mm;而陕西春玉米需水量从西南往东北和往东南呈增加趋势,从 350 mm 增至 420 mm;山西一带春玉米需水量由东南往西北亦呈增加趋势,从 350 mm 增至 500 mm 左右。

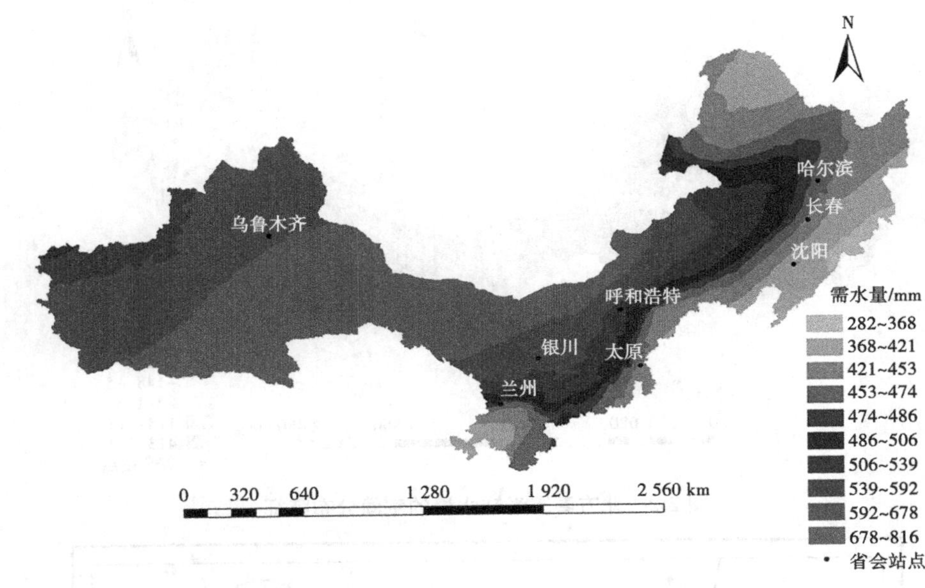

图 2-1　北方春玉米需水量的空间分布特征

(二)北方春玉米缺水量的空间分布特征

春玉米缺水量为当地降雨量与春玉米需水量之差值,它实际上是指满足玉米正常生长的水分需求需要灌溉的水量,即净灌溉水量,它是作物灌溉制度制定、水资源优化配置和灌区灌溉管理最重要的基础数据。由图 2-2 可以看出,从东南往西北,春玉米的缺水量呈增加趋势,缺水最多的地区在新疆的东南部和内蒙古的西南部,为 600～750 mm;其次是银川以西到乌鲁木齐以西至西南一带,缺水量为 450～600 mm;甘肃的春玉米缺水量从东南往西北呈增加趋势,由 250 mm 增至 500 mm;陕西的西南部春玉米基本不缺水,从西南往东北春玉米缺水量增至 150 mm 左右;山西春玉米缺水量从东南向西北逐渐增加,从 50 mm 增至 150 mm。相对来说,东北三省春玉米缺水量很少,哈尔滨、长春、沈阳一线往东,一般不缺水,有的地方还存在涝渍,如长白山一带,而往西北方向,其缺水量呈增加趋势,由 0 增至 150 mm;内蒙古春玉米缺水量从东北往西南呈增加趋势,跨度亦较大,从 150 mm 增至 700 mm。对比图 2-1 可知,凡是春玉米需水量大的地方,其缺水量就大。

(三)不同水文年型春玉米需水量等值线图

作物需水量年际间的差异与不同年份的降雨量差异有关。有研究表明,降雨量多的年份,作物的需水量就低些。除北方有春玉米外,我国的中部和南方也有春玉米种植。本书运用频率法确定 3 个水文年型,按照降雨量由小到大的累积频率,分别为干旱年、平水年和丰水年,即选择频率 75%、50%和 25%典型年为代表年份进行不同水文年型春玉米需水量等值线图分析。结果表明,由图 2-3～图 2-5 可以看出,空间尺度上,不同水文年型下春玉米需水量变化趋势基本一致,整体来说,75%水文年的需水量>50%水文年的需水量>25%水文年的需水量;北方春玉米需水量空间变化差异较大(400～750 mm),而中部和南方春玉米需水量的空间差异小(300～450 mm)。北方需水量较大区集中在河套平原阴山南麓山地半干旱区、陇中宁南海东黄土丘陵半干旱极缺水区、松嫩平原西部半干旱缺水区

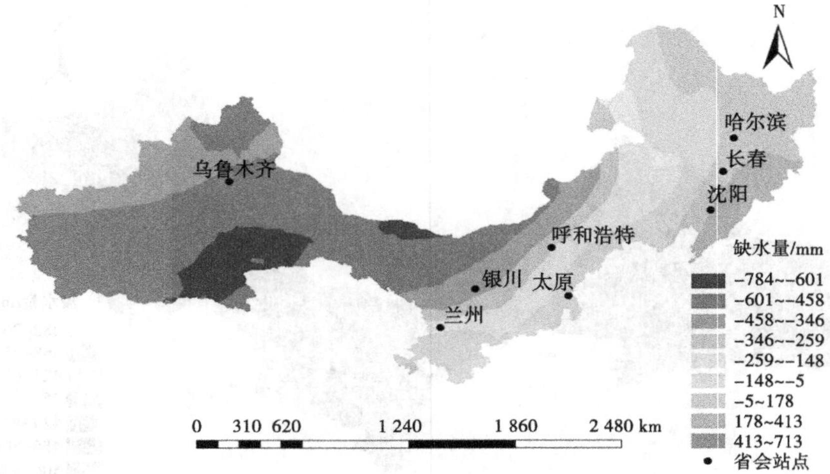

图 2-2　北方春玉米缺水量的空间分布特征

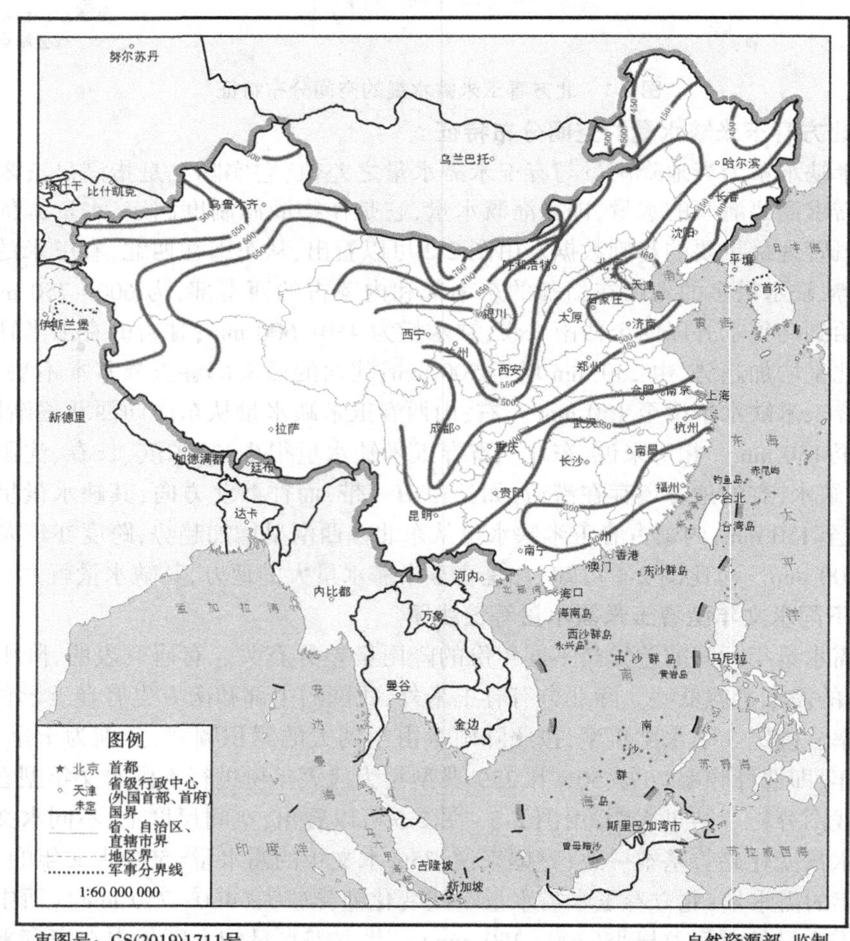

审图号：GS(2019)1711号　　自然资源部 监制

图 2-3　干旱年(75%)春玉米需水量等值线图

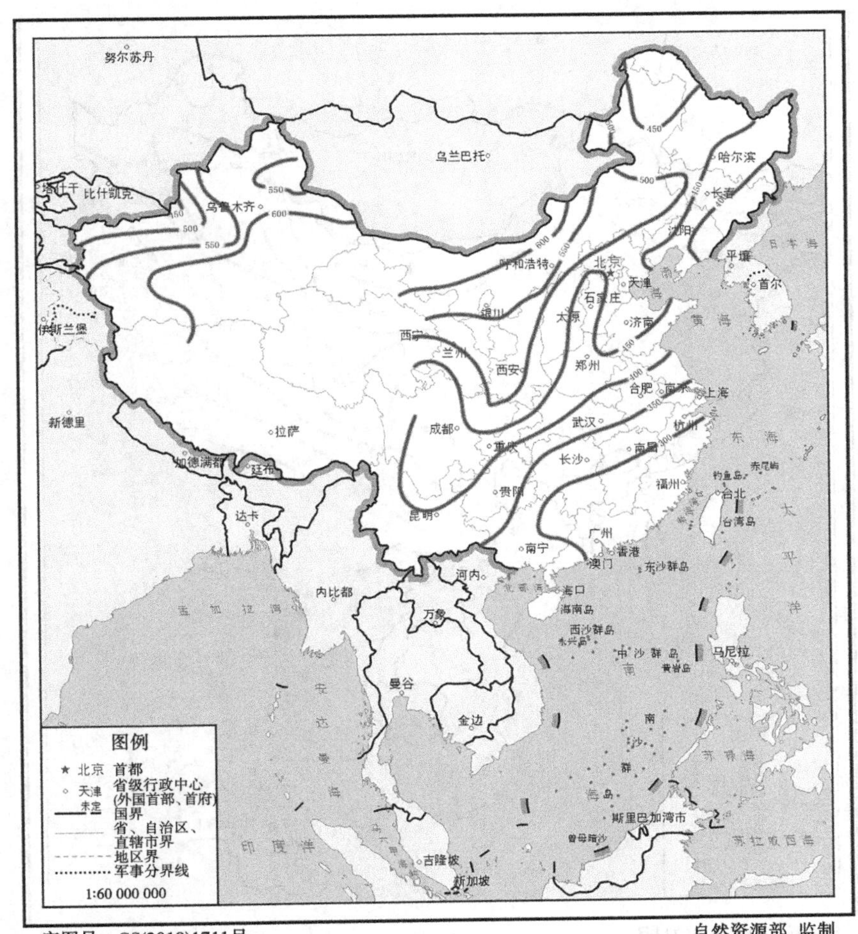

图 2-4 平水年(50%)春玉米需水量等值线图

和辽河平原半干旱极缺水区，75%、50%和 25%水文年型最高需水量分别可达 750 mm、650 mm、550 mm；最低需水量区主要集中在大、小兴安岭山地湿润丰水区、长白山丘湿润丰水区和辽东低山丘陵湿润缺水区，75%、50%、25%水文年型最低需水量分别为 400 mm、350 mm、300 mm。北方春播玉米区，春玉米需水量整体具有一定的规律性，不同水文年型各区域春玉米需水量变化趋势基本一致，从东往西呈增加趋势，高值出现在甘肃河西走廊至乌鲁木齐一带，而乌鲁木齐往西，春玉米的需水量又呈降低趋势。

我国中部和南方不同水文年型春玉米需水量的空间变化趋势基本一致，从东南往西北呈增加趋势，同一地区不同水文年型下春玉米需水量之间的差异也较小(20~50 mm)，75%、50%、25%水文年型最高需水量分别为 450 mm、425 mm、400 mm 左右，东南部的需水量最低，为 300 mm 左右。

(四)部分地点春玉米的需水量与需水规律

在北方春玉米区选取部分站点作为代表分析了春玉米不同水文年不同月份的需水量，由表 2-1~表 2-3 表明，不同地点各水文年春玉米需水量表现趋势为干旱年(75%)的

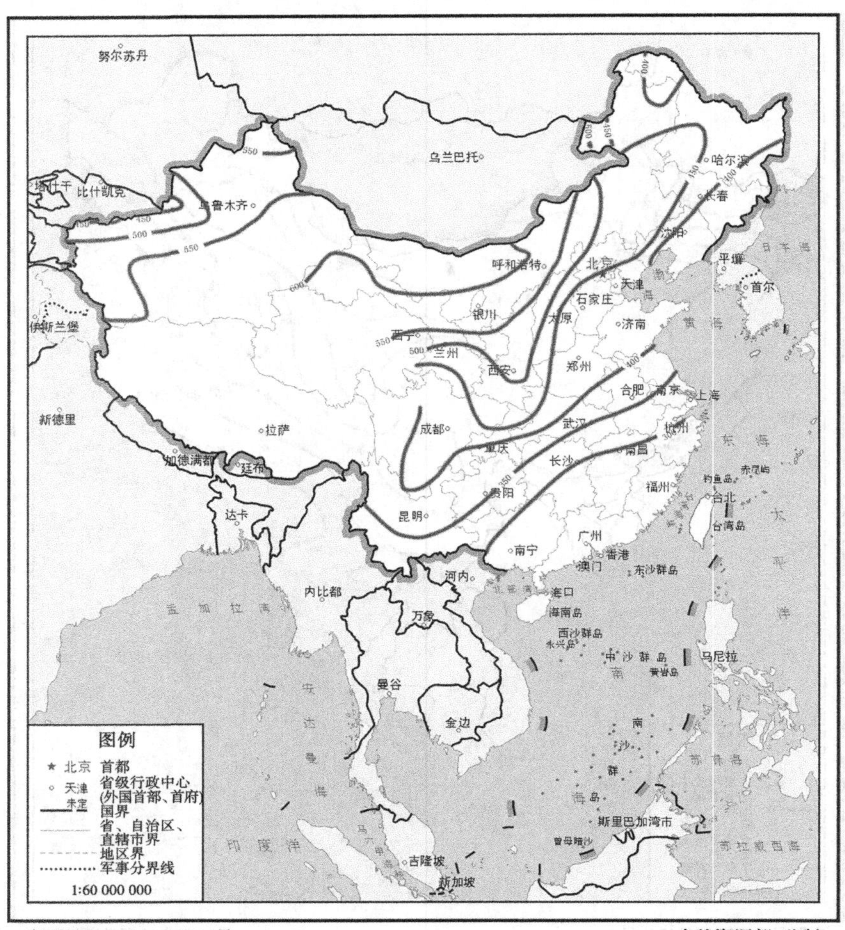

审图号：GS(2019)1711号　　自然资源部 监制

图 2-5　丰水年(25%)春玉米需水量等值线图

需水量最大,平水年(50%)的需水量次之,丰水年(25%)的需水量最小,随着生育进程的推进,各月需水量、需水模系数和需水强度基本表现出先升高后降低的趋势,7月、8月达到最大值,9月出现降低趋势。7月、8月春玉米需水量最大,这2个月的需水量占总需水量50%以上,同样7月、8月的日需水强度也是最高的。由表2-1可以看出,哈尔滨春玉米的需水量最大(466. 44~584. 52 mm),绥化的次之(503. 46~547. 09 mm),黑山的最小(313. 33~345. 93 mm)。

从表2-2可以看出,内蒙古通辽春玉米的需水量最高(576. 07~600. 19 mm),包头的次之(527. 3~564. 77 mm),赤峰的春玉米需水量最小(394. 19~431. 32 mm)。

由表2-3可知,在西北内陆河地区,新疆乌鲁木齐春玉米的需水量最大(723. 42~839. 68 mm),和田的次之(678. 25~791. 71 mm),银川的居中(571. 45~627. 78 mm),陕西榆林的春玉米需水量最小(418. 86~571. 03 mm),可见,该区域春玉米需水量的空间变异最大。

表 2-1　哈尔滨、绥化、黑山春玉米生长期不同水文年型逐月需水量

地名	水文年型	项目	5月	6月	7月	8月	9月	全生育期
哈尔滨	25%	月需水量/mm	26.62	87.27	157.07	136.01	59.47	466.44
		需水模系数/%	5.71	18.71	33.67	29.16	12.75	100
		需水强度/(mm/d)	0.89	2.91	5.07	4.39	1.98	3.11
	50%	月需水量/mm	32.11	106.54	150.20	150.28	71.04	510.17
		需水模系数/%	6.29	20.88	29.44	29.46	13.92	100
		需水强度/(mm/d)	1.07	3.55	4.85	4.85	2.37	3.4
	75%	月需水量/mm	29.55	119.32	185.73	177.41	72.51	584.52
		需水模系数/%	5.06	20.41	31.77	30.35	12.41	100
		需水强度/(mm/d)	0.99	3.98	5.99	5.72	2.42	3.9
绥化	25%	月需水量/mm	77.89	92.35	168.25	107.49	57.48	503.46
		需水模系数/%	15.47	18.34	33.42	21.35	11.42	100
		需水强度/(mm/d)	2.6	3.08	5.43	3.47	1.92	3.36
	50%	月需水量/mm	99.39	109.80	148.22	123.77	47.28	528.46
		需水模系数/%	18.81	20.78	28.05	23.42	8.95	100
		需水强度/(mm/d)	3.31	3.66	4.78	3.99	1.58	3.52
	75%	月需水量/mm	75.59	115.45	151.87	147.28	56.9	547.09
		需水模系数/%	13.82	21.10	27.76	26.92	10.40	100
		需水强度/(mm/d)	2.52	3.85	4.90	4.75	1.9	3.65
黑山	25%	月需水量/mm	67.29	39.69	49.01	129.02	28.32	313.33
		需水模系数/%	21.48	12.67	15.64	41.18	9.04	100
		需水强度/(mm/d)	2.24	1.32	1.58	4.16	0.94	2.09
	50%	月需水量/mm	73.57	40.11	50.12	135.45	32.07	331.32
		需水模系数/%	22.21	12.11	15.13	40.88	9.68	100
		需水强度/(mm/d)	2.45	1.34	1.62	4.37	1.07	2.21
	75%	月需水量/mm	74.95	53.98	47.93	135.73	33.34	345.93
		需水模系数/%	21.67	15.60	13.86	39.24	9.64	100
		需水强度/(mm/d)	2.50	1.80	1.55	4.38	1.11	2.31

注:关于表中数据不闭合的问题,全生育期各月份的需水模系数加起来理论值应为100%。由于各月份数据的计算中出现小数点位数的偏差,因此其总和会出现不等于100%,其偏差在±0.01%左右。因此,统一取整数100%,不保留小数,下同。

表 2-2　通辽、赤峰、包头春玉米生长期不同水文年型逐月需水量

地名	水文年型	月份	5月	6月	7月	8月	9月	全生育期
通辽	25%	月需水量/mm	25.98	74.82	193.47	191.67	90.13	576.07
		需水模系数/%	4.51	12.99	33.58	33.27	15.65	100
		需水强度/(mm/d)	0.87	2.49	6.24	6.18	3.00	3.84
	50%	月需水量/mm	31.3	88.8	214.79	169.61	90.23	594.73
		需水模系数/%	5.26	14.93	36.12	28.52	15.17	100
		需水强度/(mm/d)	1.04	2.96	6.93	5.47	3.01	3.96
	75%	月需水量/mm	35.77	93.58	183.67	192.84	94.33	600.19
		需水模系数/%	5.96	15.59	30.60	32.13	15.72	100
		需水强度/(mm/d)	1.19	2.45	5.92	6.22	3.14	4.00
赤峰	25%	月需水量/mm	76.17	47.75	57.32	153.37	59.58	394.19
		需水模系数/%	19.32	12.11	14.54	38.91	15.11	100
		需水强度/(mm/d)	2.54	1.59	1.85	4.95	1.99	2.63
	50%	月需水量/mm	61.35	49.96	72.12	158.64	61.72	403.79
		需水模系数/%	15.19	12.37	17.86	39.29	15.29	100
		需水强度/(mm/d)	2.04	1.67	2.33	5.12	2.06	2.69
	75%	月需水量/mm	75.52	59.43	82.08	152.27	62.02	431.32
		需水模系数/%	17.51	13.78	19.03	35.30	14.38	100
		需水强度/(mm/d)	2.52	1.98	2.65	4.91	2.07	2.88
包头	25%	月需水量/mm	22.55	58.51	187.84	183.86	74.54	527.3
		需水模系数/%	4.28	11.10	35.62	34.87	14.14	100
		需水强度/(mm/d)	0.75	1.95	6.06	5.93	2.48	3.52
	50%	月需水量/mm	25.26	60.00	195.57	184.36	95.23	560.42
		需水模系数/%	4.51	10.71	34.90	32.90	16.99	100
		需水强度/(mm/d)	0.84	2.00	6.31	5.95	3.17	3.74
	75%	月需水量/mm	24.89	65.78	205.69	190.58	77.83	564.77
		需水模系数/%	4.41	11.65	36.42	33.74	13.78	100
		需水强度/(mm/d)	0.83	2.19	6.64	6.15	2.59	3.77

表 2-3　银川、榆林、武威、乌鲁木齐、和田春玉米生长期不同水文年型逐月需水量

地名	水文年型	月份	5月	6月	7月	8月	9月	全生育期
银川	25%	月需水量/mm	19.71	83.79	224.54	178.94	64.47	571.45
		需水模系数/%	3.45	14.66	39.29	31.31	11.28	100
		需水强度/(mm/d)	0.66	2.79	7.24	5.77	2.15	3.81
	50%	月需水量/mm	21.62	94.11	212.65	197.61	83.52	609.51
		需水模系数/%	3.55	15.44	34.89	32.42	13.70	100
		需水强度/(mm/d)	0.72	3.14	6.86	6.37	2.78	4.06
	75%	月需水量/mm	27.10	98.39	213.37	206.40	82.52	627.78
		需水模系数/%	4.32	15.67	33.99	32.88	13.14	100
		需水强度/(mm/d)	0.9	3.28	6.88	6.66	2.75	4.19
榆林	25%	月需水量/mm	32.33	55.44	146.56	146.32	38.21	418.86
		需水模系数/%	7.72	13.24	34.99	34.93	9.12	100
		需水强度/(mm/d)	1.08	1.85	4.73	4.72	1.27	2.79
	50%	月需水量/mm	36.96	63.37	169.29	177.19	40.38	487.19
		需水模系数/%	7.59	13.01	34.75	36.37	8.29	100
		需水强度/(mm/d)	1.23	2.11	5.46	5.72	1.35	3.25
	75%	月需水量/mm	100.56	69.74	154.58	190.73	55.42	571.03
		需水模系数/%	17.61	12.21	27.07	33.40	9.71	100
		需水强度/(mm/d)	3.35	2.32	4.99	6.15	1.85	3.81
武威	25%	月需水量/mm	21.24	60.95	196.90	190.33	75.07	544.49
		需水模系数/%	3.90	11.19	36.16	34.96	13.79	100
		需水强度/(mm/d)	0.71	2.03	6.35	6.14	2.5	3.63
	50%	月需水量/mm	24.22	88.30	226.50	165.71	79.69	584.42
		需水模系数/%	4.14	15.11	38.76	28.35	13.64	100
		需水强度/(mm/d)	0.81	2.94	7.31	5.35	2.66	3.9
	75%	月需水量/mm	22.42	82.03	223.53	193.99	71.70	593.67
		需水模系数/%	3.78	13.82	37.65	32.68	12.08	100
		需水强度/(mm/d)	0.75	2.73	7.21	6.26	2.39	3.96

续表 2-3

地名	水文年型	月份	5月	6月	7月	8月	9月	全生育期
乌鲁木齐	25%	月需水量/mm	5.23	84.02	232.14	232.94	169.09	723.42
		需水模系数/%	0.72	11.61	32.09	32.20	23.37	100
		需水强度/(mm/d)	0.17	2.8	7.49	7.51	5.64	4.82
	50%	月需水量/mm	6.83	81.79	249.96	228.69	174.55	741.82
		需水模系数/%	0.92	11.03	33.70	30.83	23.53	100
		需水强度/(mm/d)	0.23	2.73	8.06	7.38	5.82	4.95
	75%	月需水量/mm	7.39	87.10	261.81	295.65	187.73	839.68
		需水模系数/%	0.88	10.37	31.18	35.21	22.36	100
		需水强度/(mm/d)	0.25	2.9	8.45	9.54	6.26	5.60
和田	25%	月需水量/mm	14.12	80.03	222.77	205.07	156.26	678.25
		需水模系数/%	2.08	11.80	32.84	30.24	23.04	100
		需水强度/(mm/d)	0.47	2.67	7.19	6.62	5.21	4.52
	50%	月需水量/mm	13.70	79.60	223.79	232.05	147.33	696.47
		需水模系数/%	1.97	11.43	32.13	33.32	21.15	100
		需水强度/(mm/d)	0.46	2.65	7.22	7.49	4.91	4.64
	75%	月需水量/mm	17.64	102.99	256.77	249.98	164.33	791.71
		需水模系数/%	2.23	13.01	32.43	31.57	20.76	100
		需水强度/(mm/d)	0.59	3.43	8.28	8.06	5.48	5.21

二、不同供水量对春玉米生长发育与产量的影响

本试验于2013~2014年4~9月在武威市灌溉试验中心站进行，试验站地处甘肃省武威市凉州区东河乡王景寨村，距武威市区30 km，海拔1 582 m，东经102°50′，北纬37°52′。多年平均气温7.7 ℃，极端最高气温34 ℃、极端最低气温-26 ℃。平均日照时数2 968 h。多年平均降水量163.2 mm，多年平均蒸发量2 019.9 mm。2013年供试品种为先玉335，采用地膜覆盖栽培方式，利用玉米穴播机进行播种，于4月21日播种，播种量为30 kg/hm^2，行距40 cm，株距28 cm，4月28日出苗，密度为88 500株/hm^2，9月10日收获，全生育期为142 d。2014年供试品种为先玉335，采用地膜覆盖栽培方式，利用玉米穴播机进行播种，播种量为30 kg/hm^2，行距45 cm，株距30 cm，5月6日出苗，密度为73 500株/hm^2，9月26日收获，全生育期为149 d，2013年、2014年玉米全生育期内降雨量分别为59.8 mm、191.2 mm。每年试验播种整地时基肥采用一次性缓释专用肥，施纯氮375

kg/hm²、P_2O_5 180 kg/hm²。

试验采用随机区组设计，设置不同生育阶段（播种-拔节期、拔节-抽雄期、抽雄-灌浆期、灌浆-成熟期）不同灌水次数组合试验，共10个处理，如表2-4所示，每处理重复3次。在监测土壤水分的条件下，当设计的需要灌水的生育阶段土壤计划湿润层（苗期0~40 cm、拔节-抽雄期0~60 cm、抽雄-成熟期0~80 cm）内的平均土壤含水量低于田间持水量的65%~70%时（播种-拔节期、拔节-抽雄期、灌浆-成熟期为65%，抽雄吐丝期为70%）时就进行灌溉，采用畦灌方式灌水，每次的灌水定额为90 mm，灌水量由水表计量。

表2-4　不同灌水次数组合试验的灌水量　单位：mm

处理	播种-拔节期	拔节-抽雄期	抽雄-灌浆期	灌浆-成熟期
T1	90	90	90	90
T2	0	90	90	90
T3	90	0	90	90
T4	90	90	0	90
T5	90	90	90	0
T6	90	0	90	0
T7	0	90	90	0
T8	0	90	0	90
T9	0	0	90	0
T10	0	0	0	0

（一）不同灌溉处理对春玉米株高和叶面积的影响

不同灌水次数组合下春玉米株高、叶面积指数（LAI）在生育期内的变化过程相同，只是灌水与否会影响株高和LAI的大小。由图2-6、图2-7可以看出，任一生育时期不灌水都会对株高和LAI产生影响。春玉米的株高、LAI在拔节以后迅速增长，至灌浆期（7月25日）达到最大；株高在灌浆后基本稳定，不再增长，而LAI却随着下部叶片的死亡而逐渐降低。与充分供水处理T1（每个生育阶段均灌1次水）相比，任一生育阶段不灌水都会造成株高和LAI的降低；在灌3次水的条件下，苗期和拔节期不灌水的处理T2、T3对株高、叶面积影响最大，抽雄期不灌水的处理T4次之，灌浆期不灌水的处理T5影响最小；T2、T3处理复水后，会因补偿生长效应导致其株高和LAI与T1处理间的差异逐渐缩小。在灌2次水的条件下，T8处理的株高、LAI最低，T6处理与T7处理之间的差异不大。因此，随着灌水次数的减少，春玉米的株高和LAI呈递减趋势，不灌水处理T10的株高最低、LAI最小。

（二）不同灌溉处理对茎粗和穗位高的影响

茎粗和穗位高除与品种和种植密度密切相关外，还与灌水量及其在生育期内的分配有关。由表2-5可以看出，与充分灌水的处理T1相比，灌3次水处理（T2、T3、T4、T5）的茎粗虽然低于T1处理，但差异不显著，其他处理的茎粗均显著低于T1处理，灌2次水处理（T6、T7、T8）的茎粗相互间差异不显著，但灌1次水的处理T9的茎粗显著低于灌2次

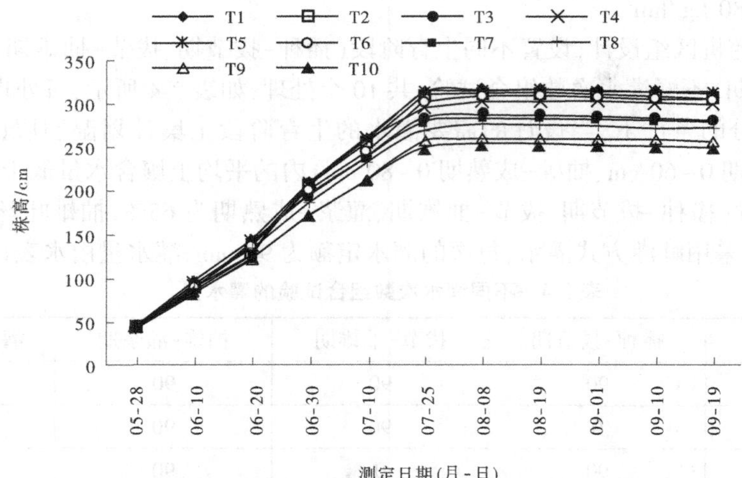

图 2-6　不同灌水处理对春玉米株高的影响(2014 年)

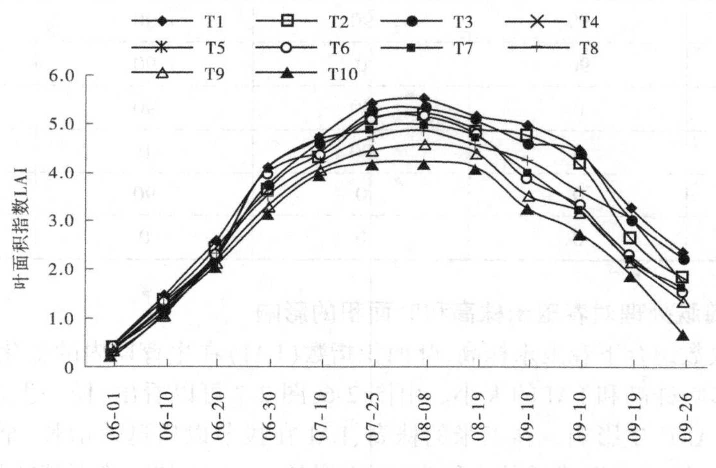

图 2-7　不同灌水处理对春玉米叶面积指数的影响(2014 年)

水的处理,显著高于不灌水的处理 T10。穗位高的变化趋势与茎粗相似,但处理间又有所不同,在灌 3 次水处理(T2、T3、T4、T5)中,除 T4 处理、T5 处理外,其他处理的穗位高均显著低于 T1 处理,灌 2 次水处理(T6、T7、T8)的穗位高相互间差异亦不显著,不灌水处理 T10 的穗位高最低。因此,在甘肃武威有降雨的条件下,灌 3 次水的处理对茎粗无显著影响,但对穗位高有一定的影响,苗期或拔节期不灌水的处理穗位高显著降低,随着灌水次数的减少,玉米的茎粗和穗位高显著降低。

表 2-5　不同灌水处理对春玉米茎粗和穗位高的影响(2014 年 9 月 19 日测定)

处理	T1	T2	T3	T4	T5	T6	T7	T8	T9	T10
茎粗/cm	2.57 a	2.54 ab	2.48 abc	2.51 abc	2.46 abc	2.41 bcd	2.42 bcd	2.39 cd	2.31 d	2.14 e
穗位高/cm	121.5 a	110.9 bc	113.2 b	115.4 ab	119.7 a	105.1 cd	105.6 cd	101.0 de	98.5 e	91.3 f

注:表中同一行数据后面不同的小写字母表示处理间的差异达到显著水平($p<0.05$),下同。

(三)不同灌溉处理对产量性状的影响

灌水量在生育期内的不同分配是通过影响春玉米不同阶段的生长特性来最终影响春玉米的果穗性状及产量的。由表2-6可知,灌3次水的处理(T2、T3、T4、T5)对果穗长、果穗粗、穗行数和出籽率影响较小,抽雄期和灌浆期不灌水的处理(T4、T5)对百粒重影响较大;苗期不灌水的处理(T2)和灌浆期不灌水的处理(T5)对果穗性状及产量的影响相对小些。随着灌水次数的减少,果穗性状逐渐变差,产量大幅度降低。

表2-6　不同灌水处理对春玉米果穗性状及产量的影响(2014年)

处理	果穗长/cm	秃尖长/cm	果穗粗/cm	穗行数	穗粒重/g	百粒重/g	出籽率/%	产量/(kg/hm²)	减产率/%
T1	21.25 a	1.38 c	5.19 a	16.83 a	220.31 a	36.66 a	0.868 a	16 319.32 a	0
T2	20.85 a	0.75 e	5.04 a	16.75 a	207.40 ab	36.26 ab	0.867 abc	15 362.71 ab	5.86
T3	20.33 a	0.98 d	5.03 a	16.63 a	200.48 b	35.45 abc	0.872 ab	14 850.25bc	9.00
T4	20.48 a	1.42 c	5.07 a	16.70 a	191.70 bc	35.17 bcd	0.878 abc	14 199.91 bc	12.99
T5	20.43 a	1.53 bc	5.17 a	16.73 a	202.82 ab	35.25 bcd	0.866 abc	15 023.66 ab	7.94
T6	19.43 b	1.50 bc	4.99 a	16.03 b	188.74 bc	34.93 bcd	0.865 abc	13 980.68 c	14.33
T7	19.41 b	1.59 bc	4.75 b	15.78 bc	189.64 bc	34.89 bcd	0.856 bcd	14 047.22 c	13.92
T8	18.63 b	1.50 bc	4.67 b	15.65 bc	179.62 c	35.06 bcd	0.860 bcd	13 305.04 c	18.47
T9	17.52 c	1.70 b	4.58 b	15.33 cd	159.48 d	34.72 cd	0.851 cd	11 813.03 d	27.61
T10	16.99 c	1.98 a	4.36 c	14.87 d	115.80 e	33.83 d	0.848 d	8 578.19 e	47.44

与T1处理(适宜水分)相比,苗期、拔节期和灌浆期不灌水的处理(T2、T3、T5)对产量的影响较小。在足墒播种的条件下,不灌水处理T10的产量最低,减产47.44%,仅在抽雄期灌1次水的处理T9的产量减产27.61%;灌2次水的处理T6、T7、T8的产量分别减产14.33%、13.92%和18.47%;灌3次水的处理T2、T3、T4、T5的产量分别减产5.86%、9.00%、12.99%、7.94%%,可见不同生育期灌水的增产作用排序为:抽雄期(T4)>拔节期(T3)>灌浆期(T5)>苗期(T2),抽雄期为玉米的需水敏感期。应避免在玉米生长期中出现一次以上或连续干旱,否则会造成严重的减产。由此表明,在春玉米的苗期和灌浆成熟期适度控水对产量影响不显著,同时应避免在玉米的需水敏感期(抽雄期、拔节期)出现干旱。

(四)灌溉处理对耗水规律的影响

由表2-7和图2-8可知,灌水次数及组合对春玉米的耗水量及耗水规律影响明显。春玉米全生育期耗水量和日耗水量随着灌水次数的减少而减少,充分供水处理T1的耗水量最大,为653.32 mm,灌3次水处理(T2、T3、T4、T5)的次之,为508.76~603.75 mm;T10处理的耗水量最低,为347.34 mm。

表 2-7　不同处理对春玉米阶段耗水量的影响　单位:mm

处理	阶段耗水量				全生育期耗水量
	播种-拔节	拔节-抽雄	抽雄-灌浆	灌浆-成熟	
T1	128.53	148.24	142.16	234.39	653.32
T2	99.03	143.20	139.68	221.84	603.75
T3	122.47	113.49	123.56	183.22	542.74
T4	132.22	143.22	112.66	120.66	508.76
T5	125.81	150.02	143.12	151.34	570.29
T6	128.07	115.37	122.37	126.93	492.74
T7	94.36	140.47	130.98	130.33	496.14
T8	89.18	139.38	102.34	137.98	468.88
T9	86.63	97.22	93.99	101.23	379.07
T10	91.38	87.08	85.69	83.19	347.34

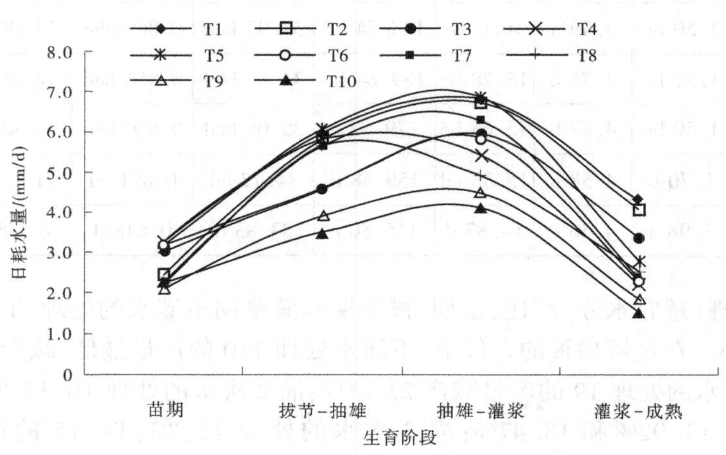

图 2-8　不同灌水处理下春玉米日耗水量变化过程(2014 年)

春玉米的日耗水量变化规律为:春玉米出苗后随着气温的升高以及植株的生长发育,群体的增大,叶面积的增加,其日耗水量逐渐增加,至抽雄期达到最大,此后随着植株的衰老、叶面积指数的下降、气温的降低而逐渐减少(见图 2-8)。任一生育阶段不灌水,其阶段耗水量和日耗水量均减少,且随着灌水次数的减少呈降低的趋势,灌水次数越少(或受旱越重),其耗水量越低。

(五)春玉米产量及 WUE 与耗水量之间的关系

由图 2-9、图 2-10 可知,春玉米的产量与耗水量之间呈明显的二次多项式回归关系,决定系数 R^2 达 0.903 2~0.976 5,其回归方程如下:

2013 年:　$Y = -0.0417ET^2 + 57.061ET - 6196.0 \quad (R^2 = 0.9765)$　(2-1)

2014 年：　$Y = -0.0971ET^2 + 121.1ET - 21827.0$　（$R^2 = 0.9032$）　(2-2)

式中　Y——产量，kg/hm^2；

ET——耗水量，mm。

春玉米的产量随着耗水量的增加而增加，当耗水量小于 400~500 mm 时，其产量随耗水量的增加快速增加，耗水量大于 550 mm 产量增加缓慢，当耗水量大于 600 mm 时，产量增加很少。通过拟合式(2-1)、式(2-2)计算得出：2013 年、2014 年产量达到最大时的耗水量分别为 679.3 mm、621.0 mm。其结果的差异可能是由于年份间的降雨量分布引起的。由图 2-10 可知，水分利用效率 WUE 与耗水量的回归方程为

$$WUE = -2.0\times10^{-5}ET^2 + 0.0206ET - 2.2242 \quad (R^2 = 0.6217) \tag{2-3}$$

式中　WUE——水分利用效率，kg/m^3；

ET——耗水量，mm。

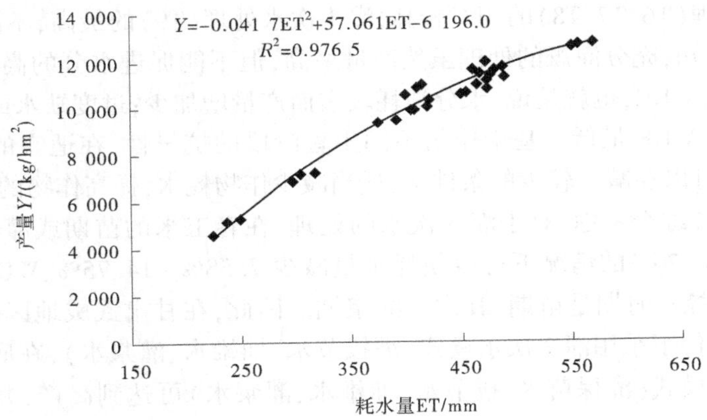

图 2-9　春玉米产量与耗水量之间的关系(2013 年)

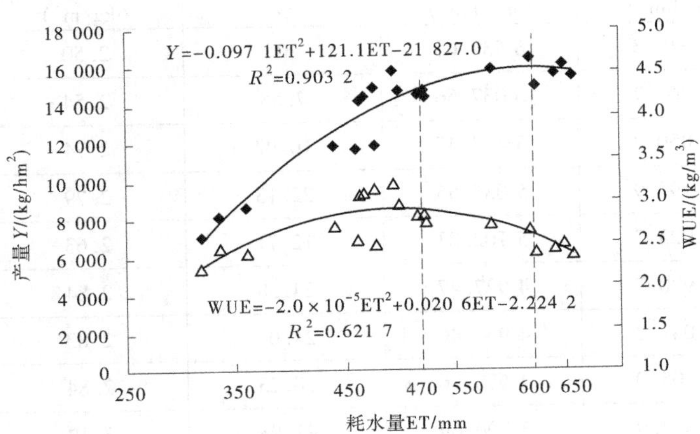

图 2-10　春玉米产量及 WUE 与耗水量之间的关系(2014 年)

由图 2-10 可以看出,春玉米的 WUE 亦是随着耗水量的增加而增加,当耗水量达到 470 mm 时,WUE 达到最大,当耗水量超过 470 mm 时,WUE 开始下降,这表明,通过灌溉增加耗水量所产生的增产效应下降了。因此,耗水量小于 470 mm,是通过灌溉提高春玉米产量的最佳水分管理阶段,也是灌水投入产生增产作用最大的阶段,即此阶段以较少的水分投入就可获得较高的产量,在水资源有保证的条件下,可以通过灌溉使春玉米的耗水量达到 600 mm,此时其产量接近最高。在生产上,不能因为追求小面积的最高产量而过度灌溉,使玉米的耗水量超过 600 mm,造成过高的水分投入只能获得很小的增产,而应通过水分在玉米生育期内的合理调控使有限的水资源在全生产区域内进行优化配置,以提高区域内玉米的总产量,使区域内种植作物的总产量达到最大。

(六)对春玉米水分利用效率的影响

由表 2-8 可知,产量增加或者耗水量减少是提高 WUE 的主要原因。充分灌溉的 T1 处理由于灌水多、耗水量大,其 WUE 相对较低;灌 3 次水处理(T2、T3、T4、T5)的 WUE 居中,灌 2 次水处理(T6、T7、T8)的相对较高,灌 1 次水处理(T9)的最高,不灌水处理(T10)的最低。由此可知,充分灌溉的处理虽然产量最高,但不能促进水分的高效利用,往往因为奢侈蒸腾降低 WUE,也就是说,水分消耗较多而产量增加少;过度缺水或严重干旱因为减产严重而使其 WUE 最低。基于作物不同生育阶段的抗旱性,在适宜的生育时期进行水分控制,这样可以在减产较少的条件下,适当减少作物耗水,提高作物的水分利用效率。基于产量和 WUE 综合考虑,对于灌 3 次水的处理,在春玉米的苗期或灌浆期适当控水,在减产 5.86%~8.76%的情况下可以使耗水量减少 7.58%~14.75%、WUE 提高 1.6%~7.0%,而最佳的控水时期是苗期,其次是灌浆期。因此,在甘肃武威地区的春玉米产区,在足墒播种的条件下采用灌 3 次水模式(灌拔节水、抽雄水、灌浆水),在底墒不足的条件下采用灌 4 次水模式(灌保苗水、拔节水、抽雄水、灌浆水)可达到高产,并实现水分的高效利用。

表 2-8 不同灌水处理对春玉米水分利用效率的影响

处理	产量/(kg/hm^2)	耗水量/(m^3/hm^2)	耗水减少百分数/%	WUE/(kg/m^3)	WUE 变化量/%
T1	16 319.3	6 533.05	0	2.50	0
T2	15 362.7	6 037.56	7.58	2.54	1.6
T3	14 850.3	5 427.47	16.92	2.74	9.6
T4	14 199.9	5 087.55	22.13	2.79	11.6
T5	15 023.7	5 702.83	12.71	2.63	5.2
T6	13 980.7	4 927.47	24.58	2.84	13.6
T7	14 047.2	4 961.46	24.06	2.83	13.2
T8	13 305.0	4 688.86	28.23	2.84	13.6
T9	11 813.0	3 790.69	41.98	3.12	24.8
T10	8 578.2	3 473.45	46.83	2.47	-1.2

三、墒情监测点春玉米的耗水动态与适宜水分控制指标

(一)不同监测点春玉米生育期间土壤水分动态变化

1. 东北区春玉米生育期间土壤水分动态变化

玉米生育期间的土壤水分(占田间持水量的百分数)由于受降雨、灌溉以及玉米蒸散耗水的影响呈现波动性的变化,不同站点因降雨(或灌溉)在生育期内分布的影响使其土壤水分的峰值以及低谷在年际间存在明显差异(见图 2-11)。2018 年、2019 年东北区哈尔滨站春玉米生育期间的土壤水分波动不大,一直维持在 70%~90%,根系层的土壤水分较适宜;而沈阳站的土壤水分起伏大,2018 年抽雄期以后土壤水分最低,抽雄期以后以及灌浆期间虽有几次降雨(雨量小),其根层土壤相对含水量仍低于 70%,处于轻度胁迫水平,2019 年其玉米苗期出现轻度干旱,抽雄期也出现短暂轻旱,8 月后受台风影响降雨较多,其土壤水分处于较高状态;公主岭站在 2018 年玉米的灌浆期和 2019 年的抽雄期出现了轻度干旱。黑龙江西部的齐齐哈尔 2018 年玉米生育期间的土壤水分基本适宜,但 2019 年均出现季节性干旱(苗期、拔节期或抽雄期前后)。赤峰站通过膜下滴灌实施适时补灌技术,基本保证了玉米正常生长发育需要的适宜土壤水分环境。而沈阳站和公主岭站无灌溉条件,每年都有不同程度的季节性干旱发生,使得当地玉米产量不稳,造成不同程度的减产。

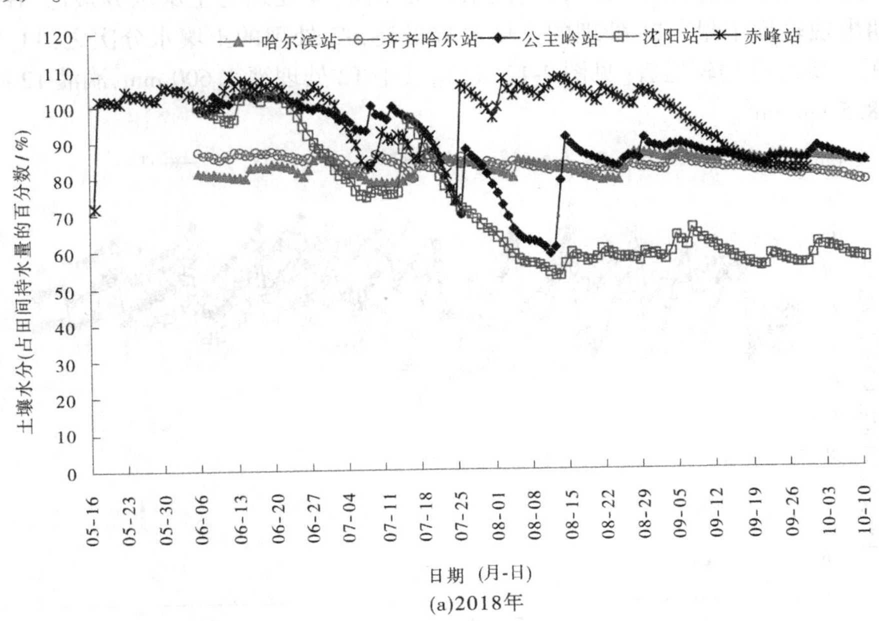

(a)2018年

图 2-11　东北不同监测点春玉米生长期间根层(0~60 cm)土壤水分动态变化

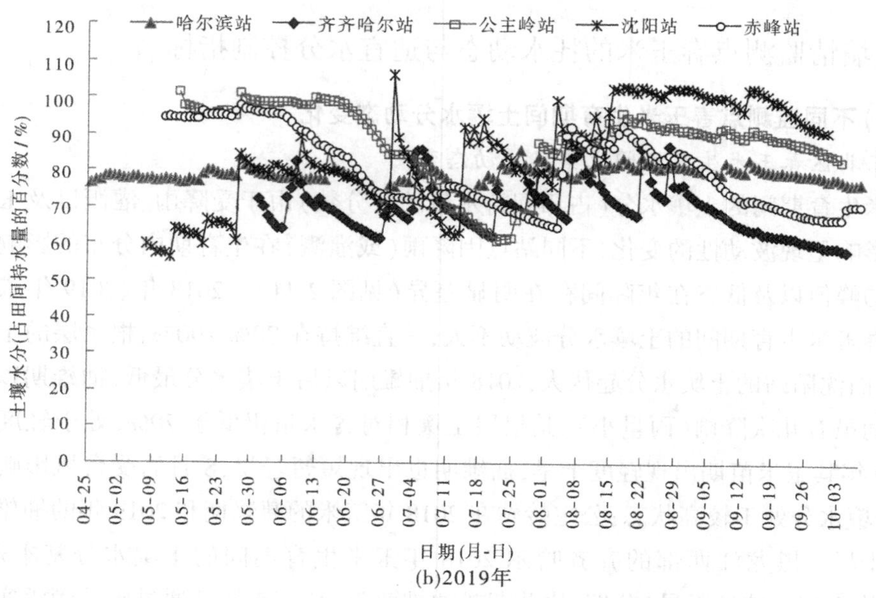

(b)2019年

续图 2-11

2. 西北区春玉米生育期间土壤水分动态变化

2018 年在新疆奇台进行了膜下滴灌不同灌溉处理的试验研究，墒情监测结果表明，土壤水分随着滴灌水量的增加而升高，灌水量最小的 T4 处理的土壤水分最低，在抽雄期和灌浆期出现轻度干旱，T1 处理的土壤水分最高，T2 处理的土壤水分次之，T1、T2、T3、T5 处理的土壤水分均较适宜[见图 2-12(a)]，其中 T2 处理灌水 600 mm，滴灌 12 次，产量达 22 408.5 kg/hm^2。

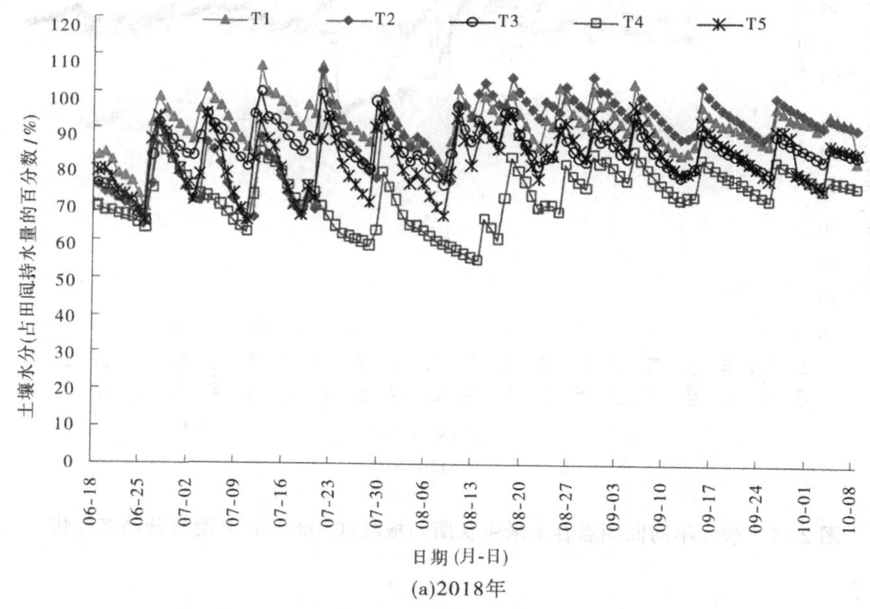

(a)2018年

图 2-12　新疆奇台春玉米不同灌水处理根层(0~60 cm)土壤水分动态变化

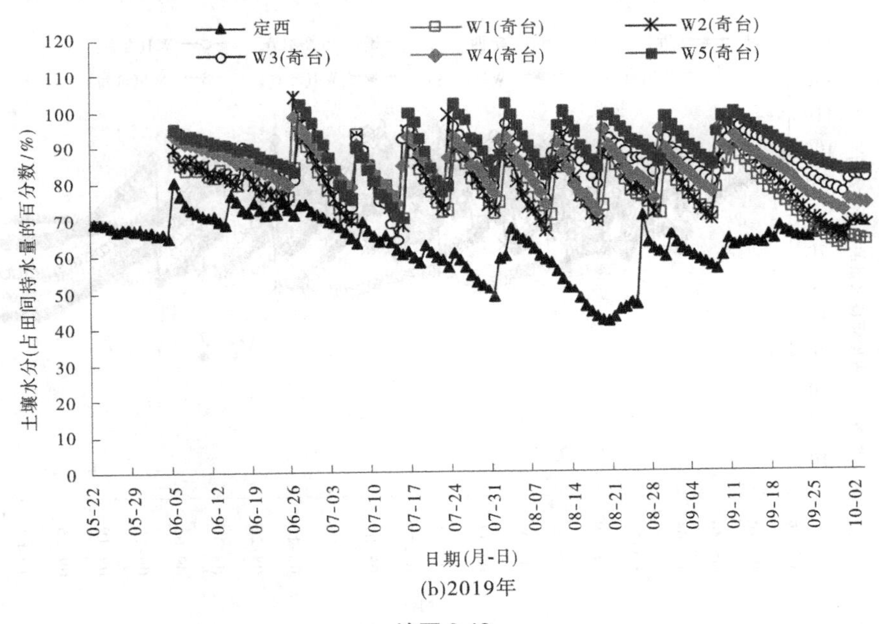

(b)2019年

续图 2-12

2019 年甘肃定西春玉米采用雨养方式生产，在玉米抽雄期前后出现轻中度干旱，在灌浆中期又出现中度干旱，因而其产量不高，而缺水的新疆奇台采用膜下滴灌方式的 5 个处理（W1～W5），全生育期滴灌 10 次，土壤水分维持在田间持水量的 70%以上[见图 2-12(b)]，保证了玉米高产的需水要求，其平均产量达到 18 780.0 kg/hm^2。2020 年山西忻州只灌 1 次底墒水依靠降雨就能满足玉米的需水要求；甘肃定西雨养区的土壤水分最低，在玉米苗期、拔节期和抽雄期前后均出现轻度干旱；而新疆奇台采用膜下滴灌方式，5 个处理全生育期滴灌 10 次，9 月下旬前土壤水分基本维持在田间持水量的 70%以上，且土壤水分随着灌水定额的增加呈增加趋势，其中 W5 处理的土壤水分最高；乌鲁木齐站也采用膜下滴灌供水，全生育期滴灌 9 次，基本满足了玉米正常生长的水分环境（见图 2-13）。

（二）不同监测点春玉米的日耗水量动态变化

1. 东北区春玉米的日耗水量动态变化

不同监测点春玉米日耗水量过程线基本相似，受降雨及作物耗水的影响呈现锯齿状的波动性单峰变化，在降雨或灌水过后，由于表层土壤水分高，蒸发蒸腾强烈，日耗水量会出现一个峰值，随着土壤水分的消耗，日耗水量逐渐降低。不同监测站点的玉米日耗水量呈单峰型变化，即日耗水量随着气温的升高以及玉米植株的生长发育逐渐升高，一般在抽雄至灌浆初期达到最大，此后随着气温的降低以及植株的衰老逐渐降低。2018 年东北区春玉米播种－拔节、拔节－抽雄、抽雄－灌浆和灌浆－成熟的日耗水量分别为 1.79～2.33 mm/d、3.25～4.69 mm/d、4.44～5.83 mm/d 和 1.67～3.04 mm/d[见图 2-14(a)]；2019 年东北区春玉米播种－拔节、拔节－抽雄、抽雄－灌浆、灌浆－成熟的日耗水量分别为 1.88～2.36 mm/d、3.58～4.29 mm/d、3.84～4.36 mm/d、2.01～2.41 mm/d[见图 2-14(b)]。由此可见，抽雄－灌浆期间的日耗水量最大（3.84～5.83 mm/d），拔节期的次之（3.25～4.69 mm/d），苗期的最小（1.79～2.69 mm/d）。

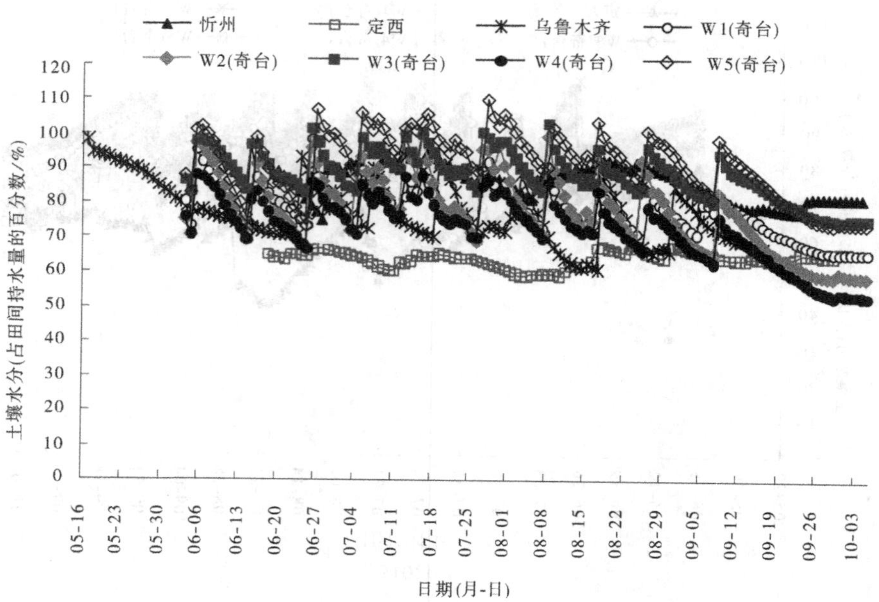

图 2-13　西北不同监测点春玉米生育期间根层(0~60 cm)土壤水分动态变化(2020 年)

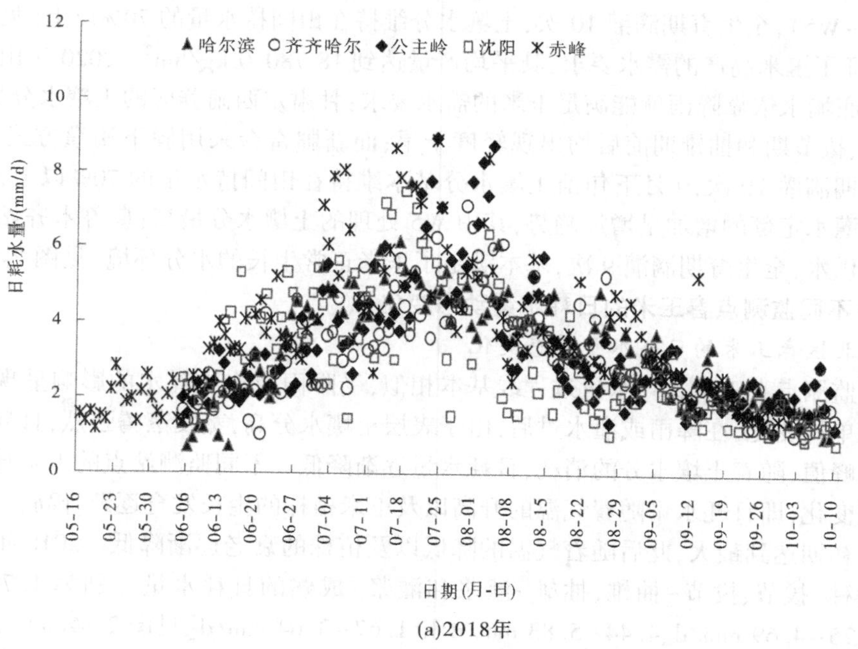

(a)2018年

图 2-14　东北各监测点春玉米生育期间日耗水量动态变化

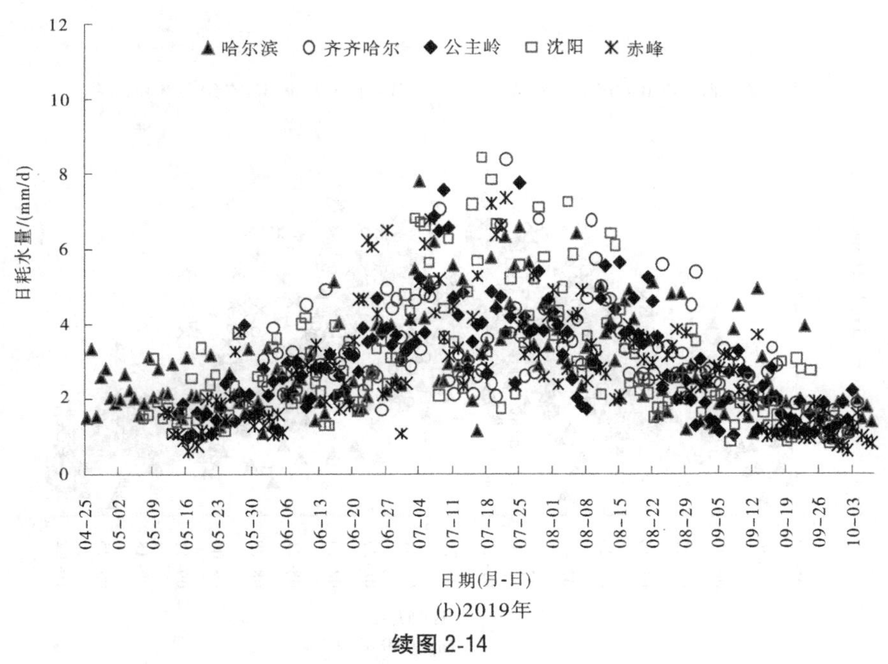

(b)2019年

续图 2-14

2. 西北区春玉米的日耗水量动态变化

由图 2-15(a)可知,2019 年西北区新疆奇台膜下滴灌春玉米的日耗水量明显比雨养的甘肃定西高,奇台不同处理播种-拔节、拔节-抽雄、抽雄-灌浆、灌浆-成熟的日耗水量分别为 2.01~2.46 mm/d、3.95~5.37 mm/d、5.21~6.35 mm/d、3.44~4.22 mm/d,定西各生育期的日耗水量分别为 1.97 mm/d、3.04 mm/d、3.59 mm/d、2.54 mm/d。2020 年新疆奇台不同处理播种-拔节、拔节-抽雄、抽雄-灌浆、灌浆-成熟的日耗水量分别为 2.73~3.02 mm/d、4.62~5.24 mm/d、5.34~5.75 mm/d、3.20~3.73 mm/d,乌鲁木齐各生育期的日耗水量分别为 3.07 mm/d、5.35 mm/d、5.87 mm/d、4.14 mm/d;忻州和定西各生育期的日耗水量分别为 2.63 mm/d、3.60 mm/d、4.69 mm/d、2.90 mm/d 和 2.07 mm/d、2.63 mm/d、4.13 mm/d、2.39 mm/d,定西的日耗水量最低[见图 2-15(b)]。

(三)不同监测点春玉米的耗水量、产量及水分利用效率

1. 东北春玉米的耗水量、产量及水分利用效率

不同监测点的玉米耗水量和产量与玉米生育期长短、生育期降雨量和灌水量有关。东北区因春玉米生育期较长,其耗水量和产量均较高;东北区的耗水量为 437.5~530.2 mm,产量为 11 005.5~14 658.0 kg/hm^2,水分利用效率 WUE 为 2.38~3.29 kg/m^3,2018 年赤峰的耗水量最高(498.8 mm),哈尔滨的产量和 WUE 最高(13 834.5 kg/hm^2、2.78 kg/m^3);2019 年哈尔滨的耗水量最高(466.8 mm),沈阳的产量和 WUE 最高(14 658 kg/hm^2、3.29 kg/m^3);2020 年东北区的耗水量为 480.2~530.2 mm,产量为 11 421.0~13 755.0 kg/hm^2,其中哈尔滨的产量最高(13 755.0 kg/hm^2),公主岭耗水量最高(530.2 mm),齐齐哈尔和沈阳的耗水量相当,分别为 480.3 mm、480.2 mm(见表 2-9)。赤峰降雨偏少,采用膜下滴灌基本保证玉米的需水要求,一般需要灌 1~5 次,而 2019 年、2020 年第

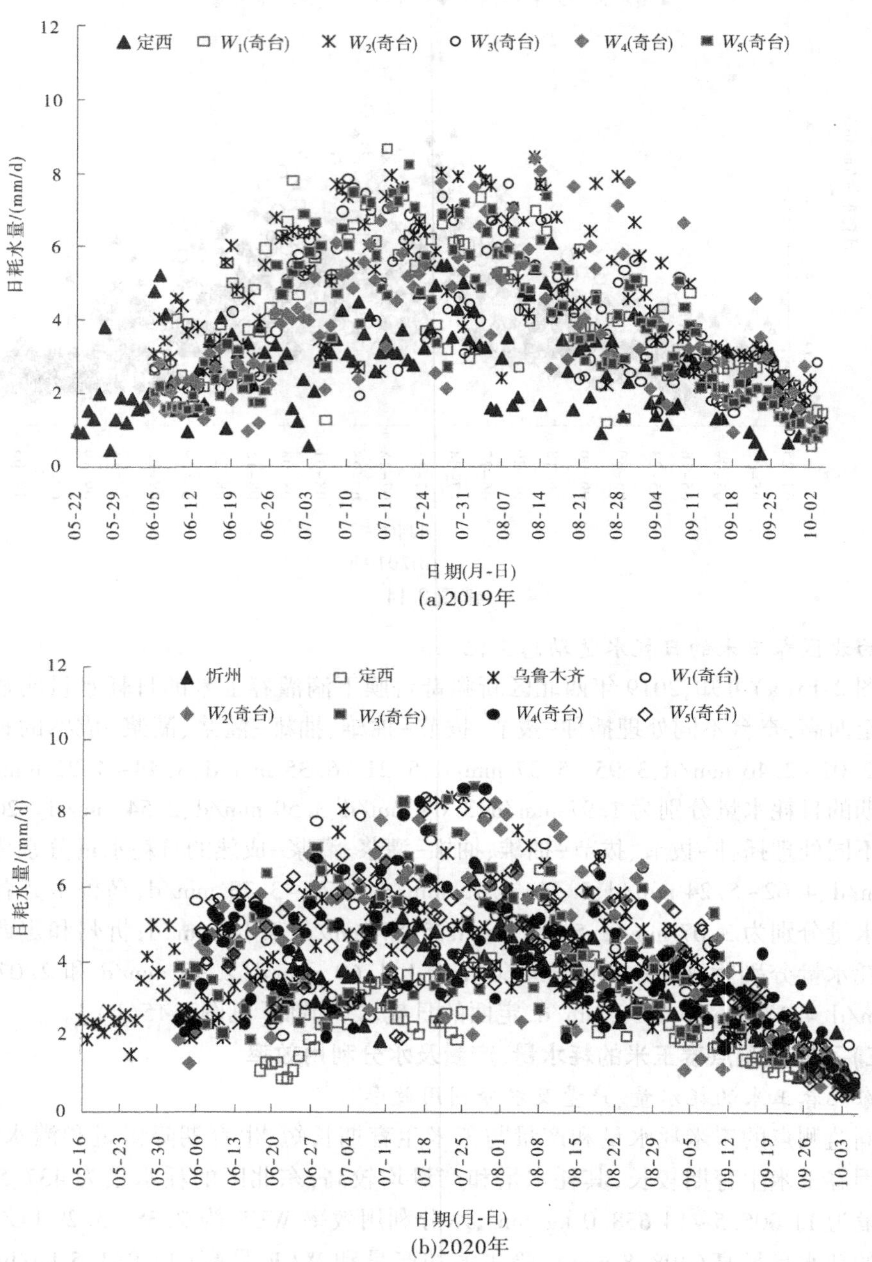

图 2-15　西北不同监测点春玉米生育期间日耗水量动态变化

一次灌水采用畦灌方式灌底墒水；齐齐哈尔需要喷灌 1~2 次以缓解季节性干旱，哈尔滨雨水充足，一般不需要灌溉，而公主岭和沈阳无灌溉条件只能采用雨养方式，常发生季节性干旱，使其产量不稳，特别是沈阳监测点。

表 2-9 东北各监测点春玉米不同生育期耗水量、产量及 WUE

监测点	年份	灌溉方式	灌水次数	灌水量/mm	阶段耗水量/mm				耗水量/mm	产量/(kg/hm^2)	WUE/(kg/m^3)
					播种-拔节	拔节-抽雄	抽雄-灌浆	灌浆-成熟			
哈尔滨	2018	雨养	0	0	89.34	133.97	128.55	145.56	497.4	13 834.5	2.78
	2019	雨养	0	0	113.57	125.20	99.18	130.37	466.8	13 425.0	2.88
	2020	雨养	0	0	108.01	124.01	98.76	164.82	495.6	13 755.0	2.78
齐齐哈尔	2018	喷灌	1	30	62.49	108.29	132.39	134.33	437.5	11 005.5	2.52
	2019	喷灌	1	40	108.40	123.71	97.47	113.12	442.7	12 375.0	2.80
	2020	喷灌	2	60	70.32	149.96	101.08	158.94	480.3	11 421.0	2.38
公主岭	2018	雨养	0	0	90.57	117.32	161.01	83.50	452.4	12 159.0	2.69
	2019	雨养	0	0	117.40	132.86	76.71	120.23	447.2	12 396.0	2.77
	2020	雨养	0	0	71.53	197.48	81.91	179.28	530.2	12 300.0	2.32
沈阳	2018	雨养	0	0	85.88	137.06	124.29	94.57	441.8	11 005.5	2.49
	2019	雨养	0	0	97.64	170.05	91.58	86.43	445.7	14 658.0	3.29
	2020	雨养	0	0	112.90	125.71	94.37	147.22	480.2	12 630.0	2.63
赤峰	2017	膜下滴灌	1	30	99.59	79.44	108.74	184.73	472.5	13 575.0	2.87
	2018	膜下滴灌	3	150	77.01	143.82	110.79	167.19	498.8	13 072.5	2.62
	2019	畦灌+膜下滴灌	2	120	96.10	101.02	108.43	132.95	438.5	12 186.0	2.78
	2020	畦灌+膜下滴灌	5	195	142.76	82.80	99.86	176.68	502.1	12 952.5	2.58

2. 西北春玉米的耗水量、产量及水分利用效率

西北区甘肃定西的春玉米,因采用雨养方式,其耗水量、产量及 WUE 均最低,分别为 413.5~420.5 mm、9 570.0~11 584.5 kg/hm^2 和 2.28~2.80 kg/m^3,而新疆奇台春玉米采用膜下滴灌方式,全生育期灌水 10~12 次(播前灌底墒水除外),春玉米的耗水量、产量和 WUE 均最高,分别为 592.6~693.8 mm、18 780.0~22 408.5 kg/hm^2 和 3.17~3.23 kg/m^3;乌鲁木齐和忻州春玉米的耗水量、产量和 WUE 分别为 570.1 mm、18 474.0 kg/hm^2、3.24 kg/m^3 和 464.9 mm、14 359.5 kg/hm^2 和、3.09 kg/m^3(见表 2-10)。

表 2-10　西北各监测点春玉米不同生育期耗水量、产量及 WUE

监测点	年份	灌溉方式	灌水次数	灌水量/mm	阶段耗水量/mm				耗水量/mm	产量/(kg/hm²)	WUE/(kg/m³)
					播种-拔节	拔节-抽雄	抽雄-灌浆	灌浆-成熟			
山西忻州	2020	畦灌	1	135	78.90	122.35	98.58	165.07	464.9	14 359.5	3.09
甘肃定西	2019	雨养	0	0	96.71	115.05	78.96	129.78	420.5	9 570.0	2.28
	2020	雨养	0	0	128.45	76.34	86.65	122.06	413.5	11 584.5	2.80
乌鲁木齐	2020	膜下滴灌	9	460	135.07	96.35	123.35	215.33	570.1	18 474.0	3.24
新疆奇台	2018	膜下滴灌	12	600	135.74	130.23	145.24	282.56	693.8	22 408.5	3.23
	2019	膜下滴灌	10	400	126.39	132.52	123.66	210.04	592.6	18 780.0	3.17
	2020	膜下滴灌	10	359	157.87	143.91	116.95	212.47	631.2	20 380.5	3.23

(四)不同监测点春玉米的适宜水分控制指标与灌溉制度

以前的研究表明,玉米播种-拔节、拔节-抽雄、抽雄-灌浆及灌浆-成熟期的计划湿润层适宜土壤水分下限指标分别为 65%～70%、65%～70%、70%～75%和 65%～70%(占田间持水量的百分比),然后根据各监测点的田间持水量(体积百分比)及土壤水分动态规律,初步确定了东北、西北各监测点春玉米不同生育期计划湿润层土壤水分控制下限指标及高产灌溉制度(见表 2-11)。畦灌、喷灌(或管喷带)、膜下滴灌方式推荐的灌水定额分别为 75～90 mm、40～50 mm、30～40 mm。

表 2-11　东北、西北各监测点春玉米高产的土壤水分控制指标与灌溉制度

玉米产区	监测点	土壤水分控制下限指标(体积百分比/%)				推荐的灌溉制度	
		苗期(0～40 cm)	拔节-抽雄(0～60 cm)	抽雄-灌浆(0～80 cm)	灌浆-乳熟(0～80 cm)	灌水次数	灌水时期
东北	哈尔滨	25.2～27.2	25.2～27.2	27.2～29.1	25.2～27.2	0～1	播种水或苗期水
	齐齐哈尔	24.4～26.3	24.4～26.3	26.3～28.1	24.4～26.3	2	播种水或苗期水、抽雄水
	公主岭	23.7～25.6	23.7～25.6	25.6～27.4	23.7～25.6	2	播种水或苗期水、抽雄水
	沈阳	21.7～23.4	21.7～23.4	23.4～25.0	21.7～23.4	2	苗期水、抽雄水或灌浆水
	赤峰	22.4～24.2	22.4～24.2	24.2～25.9	22.4～24.2	3～4	底墒水或苗期水、拔节水、抽雄水、灌浆水
西北	乌鲁木齐	20.8～22.4	20.8～22.4	22.4～24.0	20.8～22.4	9～10	灌水周期 8～10 d
	新疆奇台	22.4～24.2	22.4～24.2	24.2～25.9	22.4～24.2	10～12	灌水周期 10～12 d
	甘肃定西	18.2～19.6	18.2～19.6	19.6～21.0	18.2～19.6	3	苗期水、拔节水、抽雄水或灌浆水
	山西忻州	23.3～25.1	23.3～25.1	25.1～26.9	23.3～25.1	1～2	底墒水、抽雄水

第二节　夏玉米需水特征与适宜水分控制指标

一、夏玉米需水量的空间分布特征

(一)黄淮海夏玉米需水量的空间分布特征

夏玉米产区主要分布在黄淮海,黄淮海夏播玉米区位于我国玉米带的中段,包括河南、山东全境,河北省中南部,陕西省关中和陕南地区,山西省南部,安徽淮河以北,江苏北部的徐淮地区,每年玉米种植面积约占全国的35%,产量占全国玉米总产量的30.8%,是我国玉米的第二大产区和玉米生产最集中的地区。

图2-16表明,黄淮海夏玉米全生育期需水量为300~450 mm,其高值区(400 mm左右)主要分布在中部从东北至西南(从济南、安阳、阳城到运城)一狭长地带,需水量由此一带往北和往南呈降低趋势;受地形的影响,西南安康以及东南的亳州、宿州(原为宿县)、蚌埠、阜阳形成圆圈的两个次高值区(360~380 mm),由此点往外围辐射需水量呈降低趋势。此外,在河南栾川、河北石家庄、山东日照为三个低值区(300~320 mm),由此点向外需水量呈增加趋势。

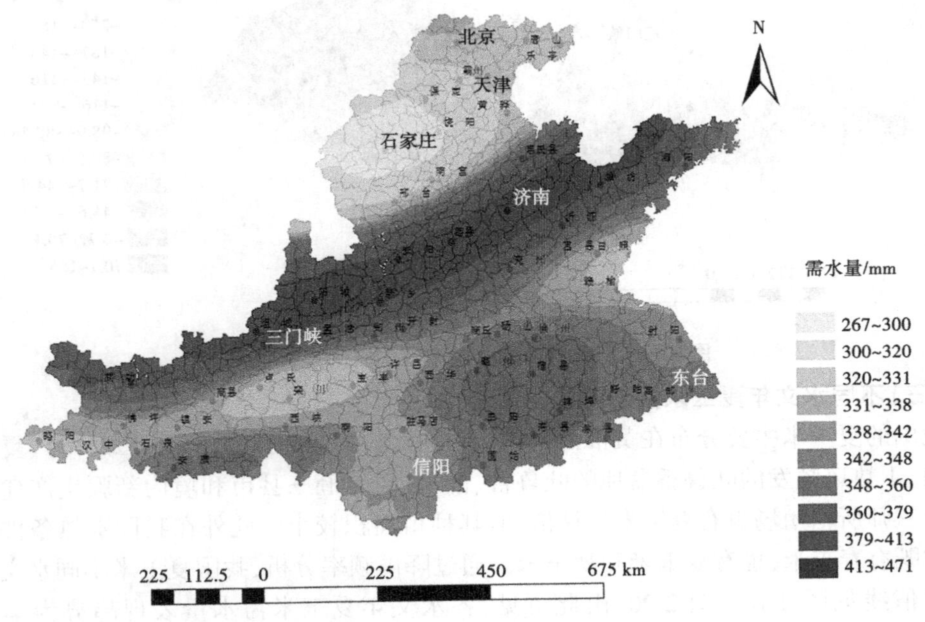

图2-16　黄淮海夏玉米需水量的空间分布特征

(二)黄淮海夏玉米缺水量的空间分布特征

黄淮海夏玉米生长季节降水量350~450 mm,全生育期多年平均需水量为300~450 mm,从全生育期降雨总量看,多数年份等于或高于夏玉米需水量,似乎可进行雨养生长,但由于降雨时空分布不均,实际上需要灌溉的概率还很大。经夏玉米多年平均需水量与其生育期有效降雨量的平衡分析,由图2-17可以看出,从海阳、潍坊、济南、安阳、阳城、运城到武功这一狭长地带是夏玉米缺水的高值（100～200 mm）区，并且由东北向西南缺水量呈增加趋势，由此狭长地带往北和往南，玉米缺水量呈降低趋势；南部的信阳，东南部的徐州、射阳以及东北部的唐山、乐亭最不缺水，特别是南部和东南部。从大的趋势来看，中部、北部为水分亏缺最严重区域，南部、东南部缺水程度逐渐缓和。多年的试验研究表明，黄淮海夏玉米区最有明显灌溉需求的时期是播种期。该区夏玉米一般在6月上旬播种，经过一个麦季，农田土体的水分已被冬小麦消耗殆尽，而此时又干旱少雨，土体已十分干旱，生产上往往采取播种后灌蒙头水的措施以保证玉米出苗，并达到苗齐、苗全、苗壮的要求；由于降雨的时空分布不均，在抽雄期或灌浆期有时会发生季节性干旱，时常需要在此生育期进行补灌以保证果穗发育及籽粒灌浆，从而为玉米高产创造适宜的水分条件。

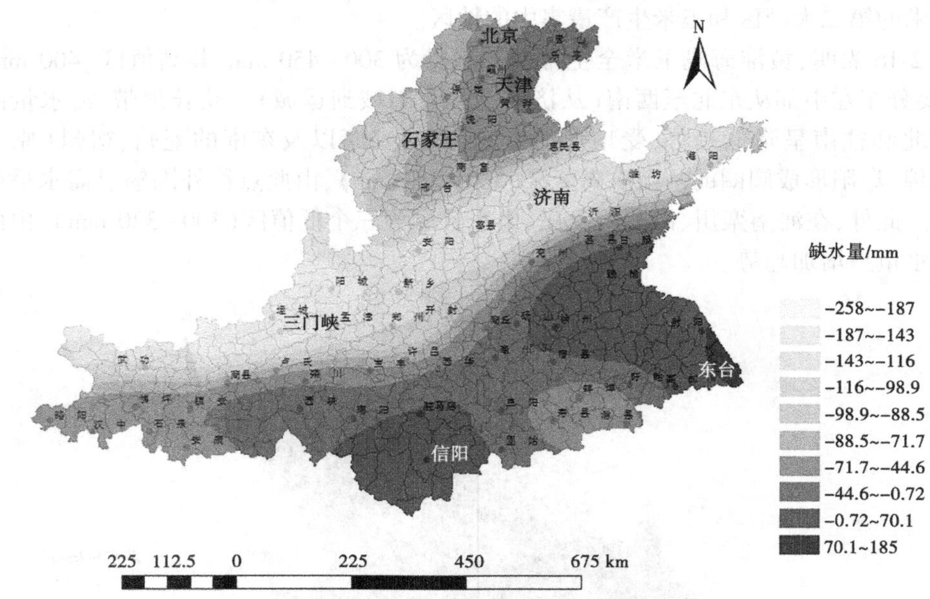

图 2-17 黄淮海夏玉米缺水量的空间分布特征

（三）不同水文年夏玉米需水量的空间分布

我国的夏玉米主要分布在黄淮海，在热量资源丰富、无霜期长（210～220 d）、夏季炎热干燥、干热风频发的吐鲁番盆地的吐鲁番、鄯善、托克逊三县市和境内新疆生产建设兵团第十三师所辖团场也有夏玉米的种植，但其种植面积较小。此外在我国水热条件充足的南方既有春玉米，也有夏玉米和秋玉米。通过降雨频率分析，我国夏玉米不同水文年需水量等值线见图 2-18～图 2-20，由此可见，各水文年夏玉米需水量表现趋势为丰水年（25%降水保证率）需水量小于平水年（50%降水保证率）需水量，平水年需水量小于干旱年（75%降水保证率）需水量。新疆夏玉米的需水量最高，为 450～600 mm；黄淮海的次之，为 350～450 mm；南方夏玉米的需水量最小，为 250～350 mm；且各点不同水文年之间夏玉米的需水量差异较小，为 0～50 mm。在新疆，夏玉米的需水量由东向西呈降低的趋势，而在黄淮海，夏玉米需水量由东南向西北呈增加的趋势；在南方，夏玉米的需水量从东向西呈降低趋势。

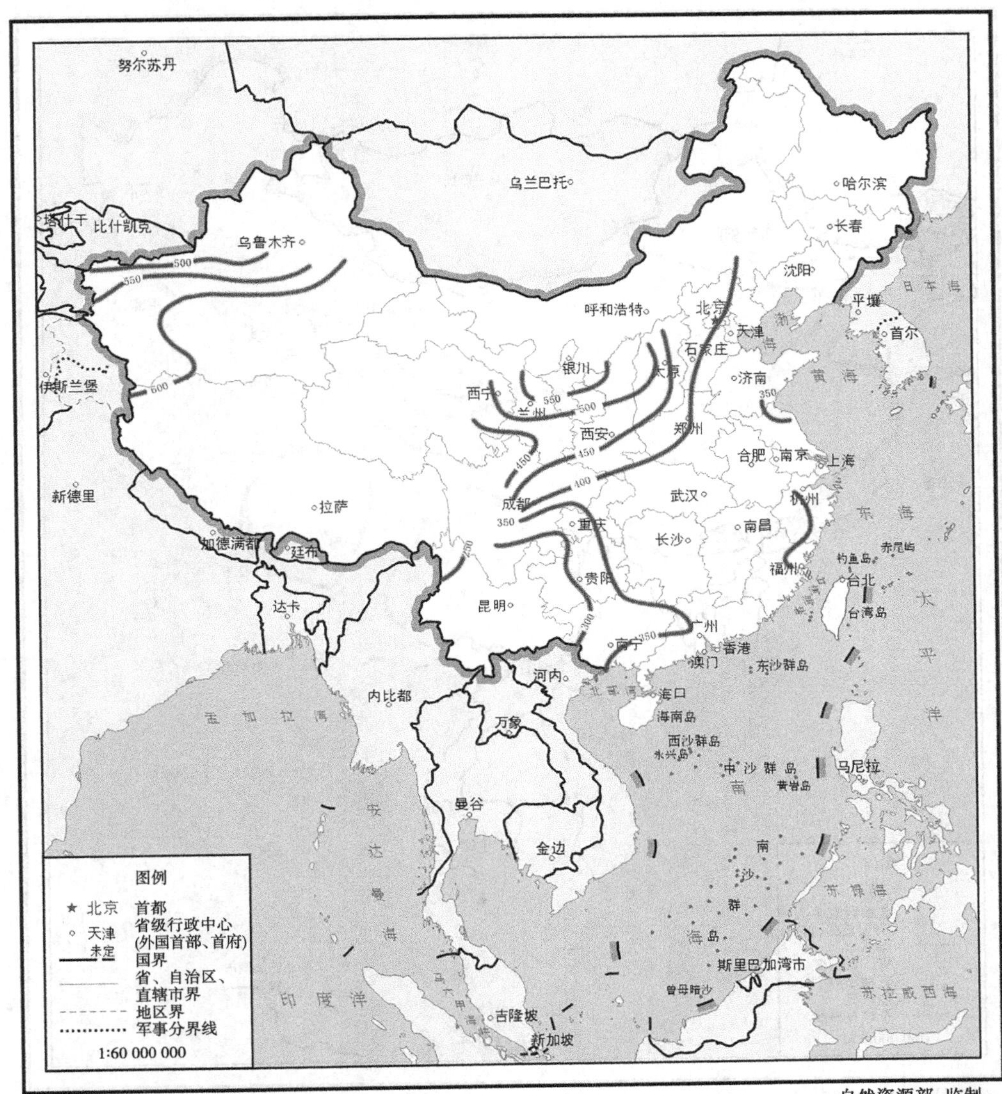

图 2-18　干旱年(75%)夏玉米需水量等值线

(四)部分地点夏玉米的需水量与需水规律

在我国夏玉米区选取部分站点作为代表分析了夏玉米不同水文年不同月份的需水量，由表 2-12 可知，不同地点各水文年夏玉米需水量表现趋势为干旱年(75%)的需水量最大，平水年(50%)的次之，丰水年(25%)的需水量最小。随着生育进程的推进，各月需水量、需水模系数和需水强度基本表现出先升高后降低的趋势，一般 8 月达到最大值，9 月随着玉米的成熟与衰老需水量出现降低趋势。8 月夏玉米需水量最大，其需水量占总需水量的 33.0%~48.0%，同样 8 月的日需水强度也是最高的，为 4.81~7.49 mm/d。由表 2-12 还可以看出，武功夏玉米的需水量最大(452.88~576.51 mm)，漯河的次之(325.47~419.05 mm)，宿州的最小(388.58~412.47 mm)。

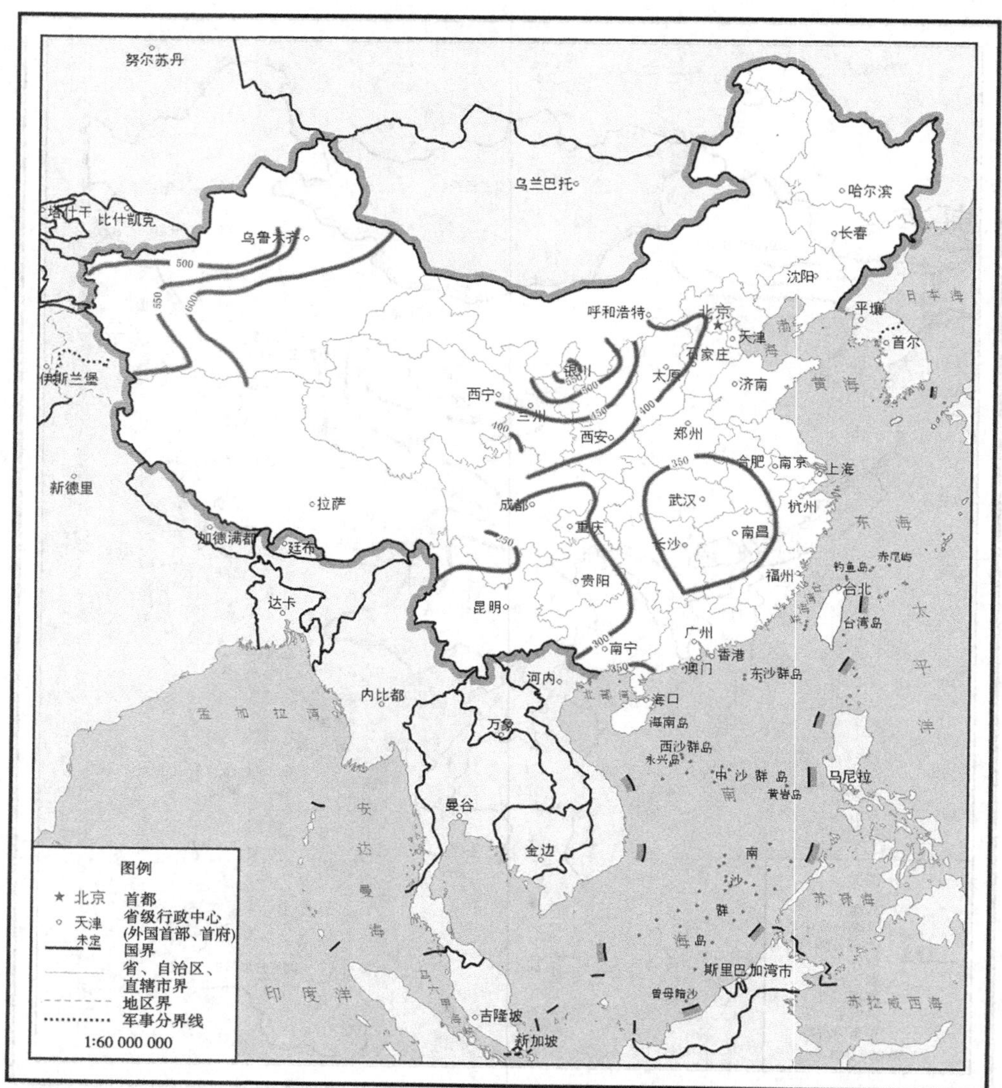

图 2-19 平水年(50%)夏玉米需水量等值线

二、不同供水量对夏玉米生长发育与产量的影响

不同灌水次数组合试验于 2014 年 6~9 月在河南省焦作广利试验站防雨棚下的测坑中进行,供试夏玉米品种为先玉 335。测坑上口面积为 2 m×3. 33 m ,深度为 1. 8 m,下部设 20 cm 的砂石滤层,土层深度为 1. 5 m。各测坑内的土壤条件一致,土壤为粉砂质黏土,0~100 cm 土层平均土壤体积质量 1. 45 g/cm^3,田间持水量为 26%(质量含水量)。试验采用随机区组设计,设置不同生育阶段(播种-拔节期、拔节-抽雄期、抽雄-灌浆期、灌浆-成熟期)不同灌水次数组合试验,共 10 个处理,如表 2-13 所示。采用开沟点种的方式,每坑开 2 沟,播前在其沟内均匀撒施玉米专用复合肥(N:P:K=22:8:11)0. 5 kg、尿素

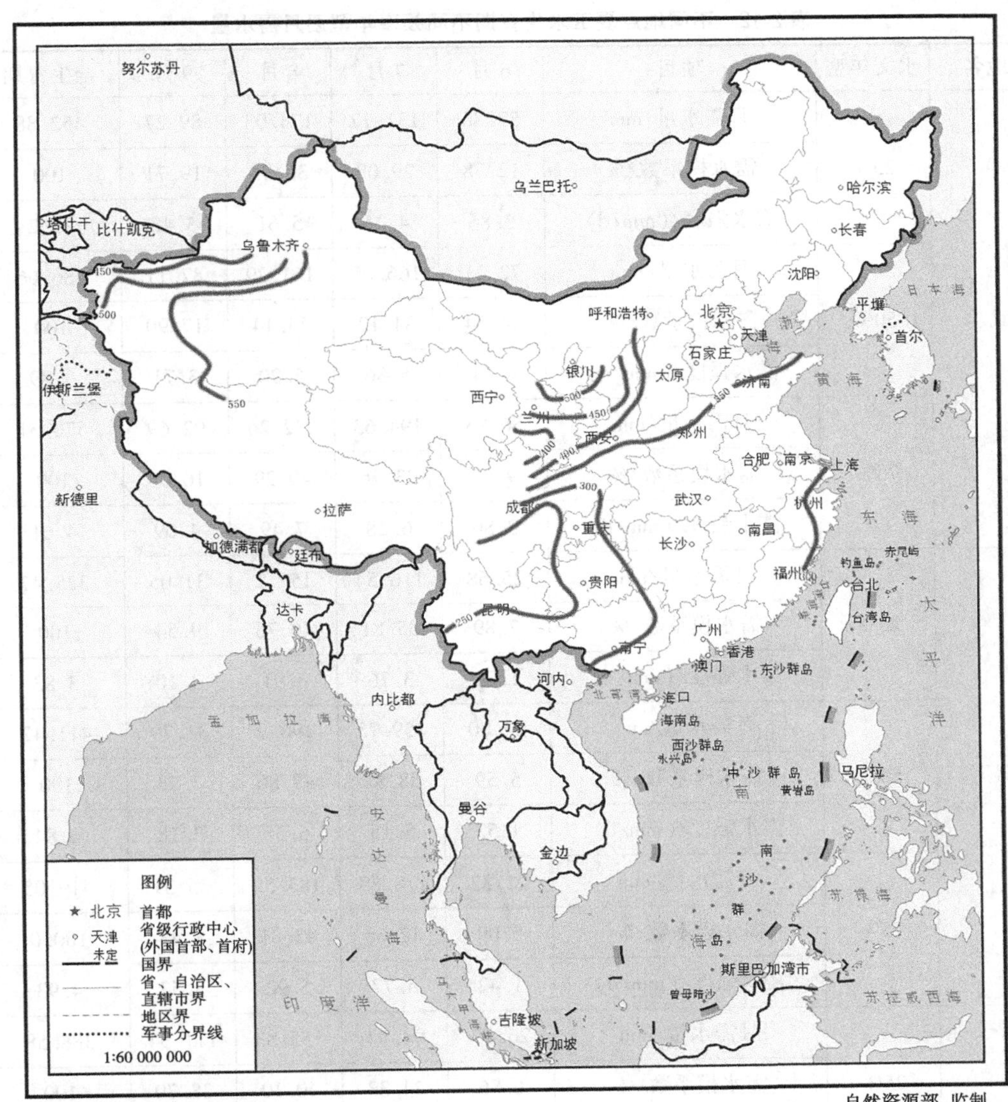

图 2-20　丰水年(25%)夏玉米需水量等值线

0.3 kg 作为底肥,施肥后覆土;6 月 12 日在每沟的两旁点种玉米,每坑点种 4 行,每行种 10 穴,每穴播 2~3 粒。播后覆土,耙平后每坑于 6 月 13 日灌蒙头水 90 mm。夏玉米于 6 月 19 日出苗,7 月 2 日定苗,每穴定苗 1 株,密度 60 000 株/hm^2,9 月 26 日收获。在监测土壤水分的条件下,对于设计的需要灌水的生育阶段土壤计划湿润层(苗期 0~40 cm、拔节-抽雄 0~60 cm、抽雄-成熟 0~80 cm)内的平均土壤含水量低于田间持水量 65%~70% 时(播种-拔节、拔节-抽雄、灌浆-成熟为 65%,抽雄期为 70%),就进行灌溉,每次灌水 90 mm,灌水量由水表计量。在夏玉米生育期内各处理均严格按照表 2-13 进行灌水处理,不同处理除灌水次数不同外,其他的田间管理措施均相同。

表 2-12　不同地点夏玉米生育期不同频率年型逐月需水量

地名	水文年型	项目	6月	7月	8月	9月	全生育期
武功	25%	月需水量/mm	57.86	131.72	174.03	89.27	452.88
		需水模系数/%	12.78	29.08	38.43	19.71	100
		需水强度/(mm/d)	3.86	4.25	5.61	3.48	3.62
	50%	月需水量/mm	72.21	166.05	161.29	87.11	486.66
		需水模系数/%	14.84	34.12	33.14	17.90	100
		需水强度/(mm/d)	4.81	5.36	5.20	3.71	3.89
	75%	月需水量/mm	56.93	194.63	232.26	92.69	576.51
		需水模系数/%	9.87	33.76	40.29	16.08	100
		需水强度/(mm/d)	3.80	6.28	7.49	4.09	4.61
漯河	25%	月需水量/mm	25.68	116.54	152.2	31.05	325.47
		需水模系数/%	7.89	35.81	46.76	9.54	100
		需水强度/(mm/d)	1.71	3.76	4.91	3.10	3.83
	50%	月需水量/mm	23.00	159.73	196.9	31.79	411.42
		需水模系数/%	5.59	38.82	47.86	7.73	100
		需水强度/(mm/d)	1.53	5.15	6.35	3.18	4.84
	75%	月需水量/mm	21.32	178.83	183.59	35.31	419.05
		需水模系数/%	5.09	42.68	43.81	8.43	100.0
		需水强度/(mm/d)	1.42	5.77	5.92	3.53	4.93
宿州	25%	月需水量/mm	26.67	94.54	155.83	111.54	388.58
		需水模系数/%	6.86	24.33	40.10	28.70	100
		需水强度/(mm/d)	1.33	3.05	5.03	3.72	3.53
	50%	月需水量/mm	22.55	107.82	159.49	101.75	391.61
		需水模系数/%	5.76	27.53	40.73	25.98	100
		需水强度/(mm/d)	1.13	3.48	5.14	3.39	3.56
	75%	月需水量/mm	21.44	114.46	149.05	127.52	412.47
		需水模系数/%	5.20	27.75	36.14	30.92	100
		需水强度/(mm/d)	1.07	3.69	4.81	4.25	3.75

表 2-13 不同灌水次数组合试验的灌水量

处理	阶段供水量			
	播种-拔节	拔节-抽雄	抽雄-灌浆	灌浆-成熟
T1(CK)	90	90	90	90
T2	0	90	90	90
T3	90	0	90	90
T4	90	90	0	90
T5	90	90	90	0
T6	90	0	90	0
T7	0	90	90	0
T8	0	90	0	90
T9	0	0	90	90
T10	0	90	0	0

(一)不同灌水处理对株高、叶面积的影响

由图 2-21 可以看出,夏玉米在播种灌完蒙头水后,开始萌发出苗,随着生育期的进行,植株逐渐生长,在前期由于土壤水分充足,不同处理对株高影响不大,不同处理间差异较小,随着玉米植株的进一步生长发育,土壤水分逐渐消耗,并产生水分胁迫,在苗期未灌水的处理株高增长变缓,其株高逐渐低于对照 T1(CK);玉米进入拔节期,生长速度加快,气温也逐渐增高,玉米蒸腾蒸发耗水变强,土壤水分进一步降低,未灌水处理的株高增长变慢,不同灌水处理间的株高差异变大,到了抽雄期(8 月 1 日),不同处理间的株高差异达到最大,直至灌浆初期,此时株高已稳定不再继续增长,各处理间的株高差异基本稳定。由此可以看出,任一生育时期不灌水都会对株高产生明显的影响,从 8 月 10 日测定的结果来看,在灌 3 次水的处理(T2、T3、T4、T5)中仅拔节期不灌水的处理(T3)的株高显著低于 CK,可见拔节期是影响玉米株高生长的关键期;随着灌水次数的减少,株高呈降低趋势,全生育期只灌 1 次水的 T10 处理的株高最低。

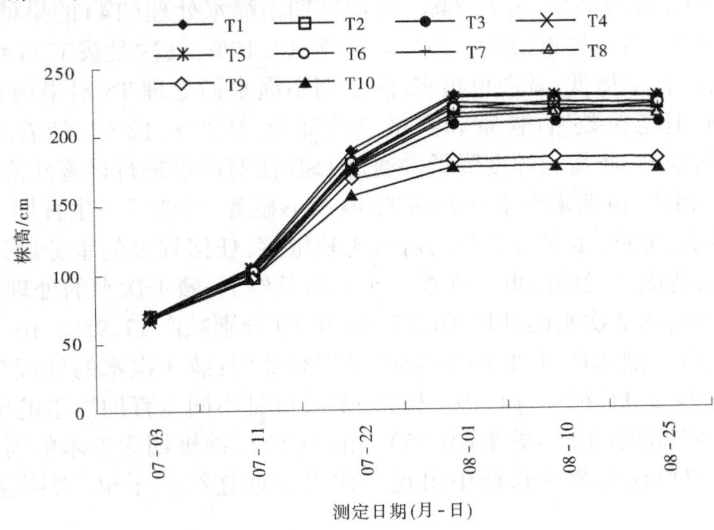

图 2-21 不同灌水处理对夏玉米株高的影响

由图 2-22 可知,不同灌水处理对玉米叶面积指数(LAI)的影响规律与株高基本相同,只是在灌浆以后,不同处理的 LAI 随着下部叶片的衰老死亡逐渐降低,灌水次数少的处理的 LAI 下降更快,特别是中期和后期不灌水的处理。在夏玉米全生育过程中 LAI 的变化规律为,在拔节期以后 LAI 迅速增长(7 月 11 日),至开花授粉期达到最大(8 月 10 日),此后随着下部叶片的死亡 LAI 逐渐降低;与充分供水处理 T1(每个生育阶段均灌 1 次水)相比,任一生育阶段不灌水都会造成 LAI 的降低,随着玉米生育进程的推进以及灌水次数的减少,其 LAI 亦呈递减趋势。

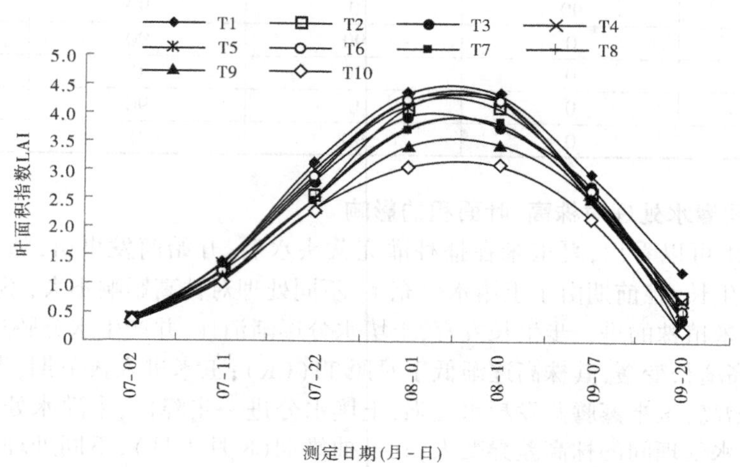

图 2-22　不同灌水处理对夏玉米叶面积指数的影响

(二)不同灌水处理对产量性状的影响

灌水次数组合,即灌水量在玉米生育期内的分配对夏玉米果穗性状及产量具有显著的影响。由表 2-14 可知,在灌 3 次水的处理(T2、T3、T4、T5)中,苗期不灌水处理(T2)对果穗性状影响较小,减产最少,为 6.74%,而抽雄期不灌水处理(T4)的果穗最短、穗粒数最少,行粒数也很少,但百粒重最大,减产最多,为 14.19%,其次是拔节期不灌水(T3)的处理,秃尖最长,出籽率最低,减产也很多;灌浆期不灌水的处理 T5 对果穗长、果穗粗、行粒数无显著影响,但穗粒数、百粒重和产量显著降低,减产 8.12%。随着灌水次数的减少,果穗性状逐渐变差,产量大幅度降低。通过 LSD 法对产量进行显著性检验表明,与 T1 处理(适宜水分)相比,苗期未灌水的处理 T2 减产不显著,其他任一生育期不灌水都会造成产量的显著降低,可见,玉米对水分的需求比较敏感,任何程度的水分胁迫都会对其生长发育产生影响,造成产量的降低。在灌蒙头水的条件下,灌 1 次水的处理(T10)的产量最低,减产 39.49%;灌 2 次水的处理 T6、T7、T8 和 T9 分别减产 17.95%、16.31%、25.93%和 21.70%,在抽雄期灌水的处理 T6 的减产率相对低些;灌 3 次水的处理 T2、T3、T4、T5 处理分别减产 6.74%、11.65%、14.19%和 8.12%,可见不同生育期灌水的增产作用排序为:抽雄期(T4)>拔节期(T3)>灌浆期(T5)>苗期(T2),抽雄期为玉米的需水敏感期,其次是拔节期。应避免在玉米生长期中出现一次以上或连续的干旱,否则会造成严重的减产。

表 2-14　不同灌水处理对夏玉米产量性状的影响

处理	果穗长/cm	秃尖长/cm	果穗粗/cm	穗行数	穗粒数/粒	行粒数/粒	百粒重/g	出籽率/%	产量/(kg/hm^2)	减产率/%
T1(CK)	19.45 a	1.10	4.74 a	15.4 a	146.6 a	15.4 a	28.53 b	87.28	8 793.0 a	0
T2	19.38 a	1.80	4.48 c	14.4 bcd	136.7 ab	14.4 bcd	26.83 e	87.00	8 200.5 ab	6.74
T3	19.37 a	1.85	4.58 abc	14.9 ab	129.5 bc	14.9 ab	28.03 c	86.28	7 768.5 bc	11.65
T4	19.05 a	1.14	4.70 ab	14.6 abc	125.7 bcd	14.6 abc	29.33 a	87.59	7 545.0bcd	14.19
T5	19.65 a	1.36	4.57 abc	15.3 ab	134.6 b	15.3 ab	27.43 d	87.06	8 079.0 b	8.12
T6	18.68 ab	1.09	4.53 bc	15.0 ab	120.3 cd	15.0 ab	26.22 f	86.92	7 215.0 cd	17.95
T7	18.62 ab	1.52	4.42 cd	14.4 bcd	122.7 cd	14.4 bcd	26.41 ef	86.53	7 359.0 cd	16.31
T8	18.25abc	2.15	4.23 e	13.6 d	108.6 e	13.6 d	24.59 g	85.25	6 513.0 e	25.93
T9	17.57 bc	1.96	4.28 de	13.9 cd	114.8 de	13.9 cd	27.47 d	84.99	6 885.0 de	21.70
T10	16.90 c	1.02	4.47 c	13.8 cd	88.7 f	13.8 cd	24.99 g	84.29	5 320.5 f	39.49

(三)对耗水规律的影响

由表2-15和图2-23可知,灌水次数及组合对夏玉米的耗水量及耗水规律具有显著影响。夏玉米全生育期耗水量和日耗水量随着灌水次数的减少而减少,充分供水处理T1的耗水量最大,T2处理的次之,T10处理的耗水量最低;在同样灌3次水的处理中,耗水量排序为T2>T5>T4>T3。夏玉米的日耗水量变化规律为:夏玉米出苗后随着植株的生长发育、群体的增大、气温的升高,其日耗水量逐渐增加,至抽雄期达到最大,此后随着植株的衰老、叶面积指数的下降、气温的降低而逐渐减少(见图2-23)。任一生育阶段不灌水,其阶段耗水量和日耗水量均减少,且灌水次数越少(或受旱越重)减少越多。

表 2-15　不同处理对夏玉米耗水量的影响　单位:mm

处理	阶段耗水量/mm				全生育期
	播种-拔节	拔节-抽雄	抽雄-灌浆	灌浆-成熟	
T1	87.33	109.97	82.34	135.40	415.04
T2	66.33	89.36	74.16	115.02	344.87
T3	83.46	58.17	60.63	110.20	312.47
T4	76.20	97.66	42.30	104.59	320.75
T5	80.38	106.13	77.95	68.15	332.62
T6	84.90	103.46	51.58	27.85	267.79
T7	61.39	88.45	64.80	29.79	244.43
T8	52.63	74.00	52.44	42.82	221.89
T9	55.45	53.03	55.73	46.60	210.81
T10	55.23	49.40	53.87	22.65	181.15

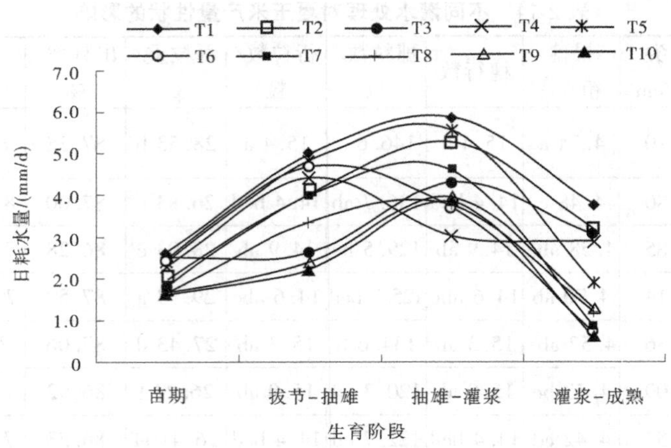

图 2-23　不同灌水处理下夏玉米日耗水量变化过程

(四)夏玉米产量与耗水量之间的关系

由图 2-24 可知,夏玉米的产量与耗水量之间呈明显的二次多项式关系,决定系数 R^2 为 0.890 6(相关系数为 0.943 7)。夏玉米的产量随着耗水量的增加而增加,当耗水量小于 250 mm 时,其产量随耗水量的增加快速增加,当耗水量大于 350 mm 时产量增加变缓。通过拟合的公式计算,夏玉米产量达到最大时的耗水量为 466 mm。可见,耗水量小于 300 mm,是通过灌溉提高夏玉米产量的最佳水分管理阶段,也是水分利用效率最高的阶段,在此阶段以较少的水分投入就可获得较高的产量,在水资源有保证的条件下,可以通过灌溉使夏玉米的耗水量达到 400 mm,此时其产量接近最高。在生产上,不能因为追求小面积的最高产量而过度灌溉,使玉米的耗水量超过 420 mm,造成过高的水分投入只能获得很小的增产,而应通过水分的合理调控使有限的水资源在全区域内进行优化配置,以提高大面积作物的总产量,使区域内作物的总产量达到最大。

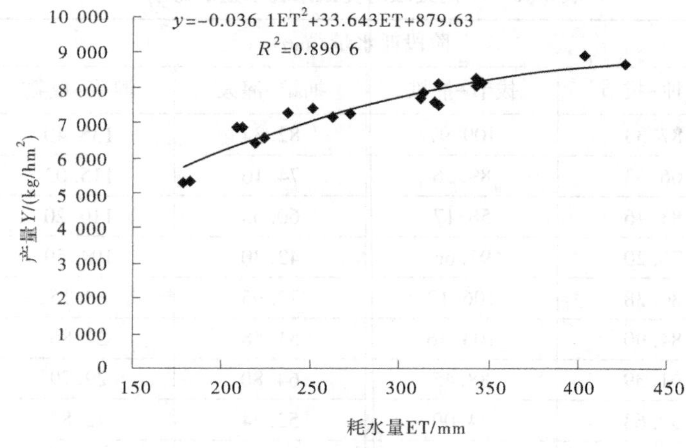

图 2-24　夏玉米产量与耗水量之间的关系

(五)对水分利用效率的影响

作物的水分利用效率(WUE)为作物消耗单位水量所生产的经济产量,即WUE=产量/耗水量。由表2-16可知,苗期和拔节期不灌水处理(T9)的WUE最高,为3.27 kg/m^3,T7处理的其次,充分供水的处理(T1)的最低,为2.12 kg/m^3。WUE均值大小依次为灌1次水处理(T10)>灌2次水处理(T6、T7、T8、T9)>灌3次水处理(T2、T3、T4、T5)>灌4次水处理(T1)。由此可知,充分灌溉并不能促进水分的高效利用,往往因为奢侈蒸腾降低WUE,也就是说,水分消耗多而产量增加少。基于作物不同生育阶段的抗旱性,在适宜的生育时期进行适当的水分控制,这样可以在减产较少的条件下,较多地减少作物耗水,提高作物的水分利用效率。因此,在夏玉米的苗期和灌浆期适当控水,产量降低较少(低于9%),可以使耗水量减少16.91%~19.86%、WUE提高12.22%~14.63%,故夏玉米最佳的控水时期是苗期,其次是灌浆期。

表2-16　不同灌水处理对夏玉米水分利用效率的影响

处理	产量/(kg/hm^2)	耗水量/(m^3/hm^2)	耗水减少率/%	WUE/(kg/m^3)	WUE变化率/%
T1(CK)	8 793.0	4 150.4	0	2.12	0
T2	8 200.5	3 448.7	16.91	2.38	12.22
T3	7 768.5	3 124.7	24.71	2.49	17.33
T4	7 545.0	3 207.5	22.72	2.35	11.01
T5	8 079.0	3 326.2	19.86	2.43	14.63
T6	7 215.0	2 677.9	35.48	2.69	27.15
T7	7 359.0	2 444.3	41.11	3.01	42.08
T8	6 513.0	2 218.9	46.54	2.94	38.52
T9	6 885.0	2 108.1	49.21	3.27	54.13
T10	5 320.5	1 811.5	56.35	2.94	38.60

三、黄淮海墒情监测点夏玉米的耗水动态与适宜水分控制指标

通过在黄淮海夏玉米主产区玉米体系主要试验站安装智墒仪连续定点监测夏玉米农田土壤剖面的土壤水分动态变化,基于各站点提供的气象数据、作物生长性状与产量等数据资料,分析了不同监测点高产农田夏玉米生育期内根系层的土壤水分变化过程和日耗水量动态变化特征,明确了黄淮海不同站点夏玉米各生育阶段的耗水量、耗水规律以及水分利用效率,确定了黄淮海不同站点夏玉米高产的灌水下限控制指标和节水高效灌溉制度。

（一）黄淮海不同监测点夏玉米生育期间土壤水分动态变化

黄淮海平原的降雨量及其分布状况年际间差异较大，造成不同站点不同年份间的灌水次数及灌水量均有较大差异，玉米生育期间的土壤水分波动较大。2017 年，河南新乡站和漯河站因降雨分配不均，在拔节后期和抽雄期出现了轻、中度干旱，且新乡站的土壤水分最低，其他站点通过适时补灌土壤水分较适宜［见图 2-25（a）］。2018 年，黄淮海不同监测站点夏玉米生育期间的土壤水分波动较大，特别是拔节后期或抽雄前后，因高温天气以及植株的旺盛生长，耗水达到高峰，土壤水分消耗很大，导致土壤水分达到低谷，因灌溉不及时，德州站、济宁站、宿州站玉米根层土壤水分在抽雄前后达到了轻度干旱水平，而其他站点的土壤水分基本处于适宜玉米生长的范围；河北石家庄站和河南鹤壁站因灌水及时，玉米全生育期间土壤水分较适宜，土壤水分变幅较小［见图 2-25（b）］。2019 年雨水偏小且分布不均，大部分站点夏玉米生育期间有效降雨在 200 mm 左右，除德州站降雨较多只需灌 1 次蒙头水外，其余站点均需要灌 3 次水（蒙头水、抽雄水和灌浆水），在灌水及降雨的影响下不同监测点夏玉米生育期间的土壤水分波动较大。2020 年雨水较多，部分站点出现了 1 次暴雨过程，夏玉米生育期间的灌水次数比往年少，特别是河南站点（除鹤壁站外）仅灌 1 次蒙头水就能保证玉米正常生长的需水要求；山东和河北因降雨分布不均，需要灌 2 次水（蒙头水、抽雄水或灌浆水）才能满足玉米的需水。多年的墒情监测结果表明，黄淮海夏玉米播种时往往底墒不足，年年都需要灌蒙头水才能保证玉米种子萌发和出苗，同时由于降雨分布不均，在拔节期、抽雄期或灌浆期经常出现季节性干旱，通过及时补灌，基本保证了夏玉米生长发育的水分需求，获得了较高的产量。

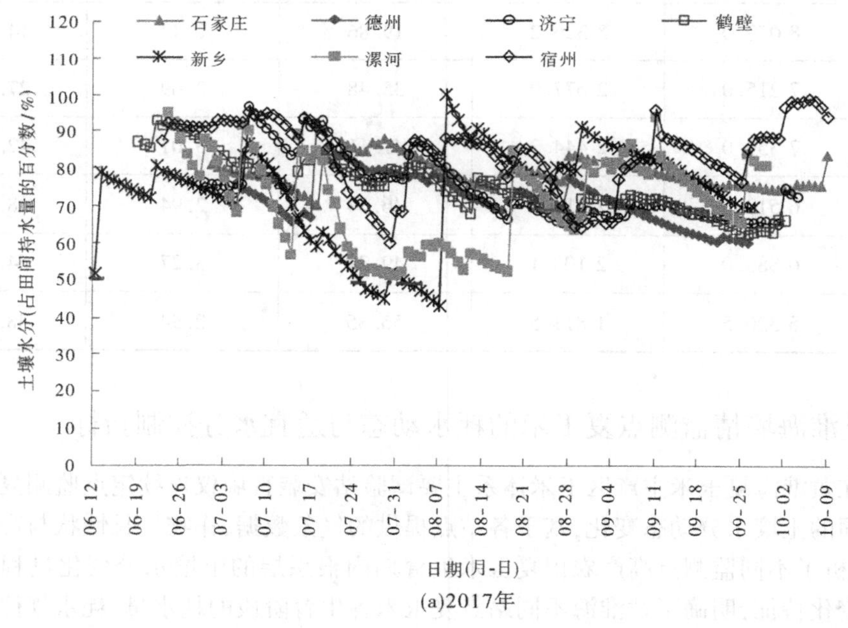

(a)2017年

图 2-25　黄淮海各监测点夏玉米生育期内根层（0~60 cm）土壤相对含水量动态变化

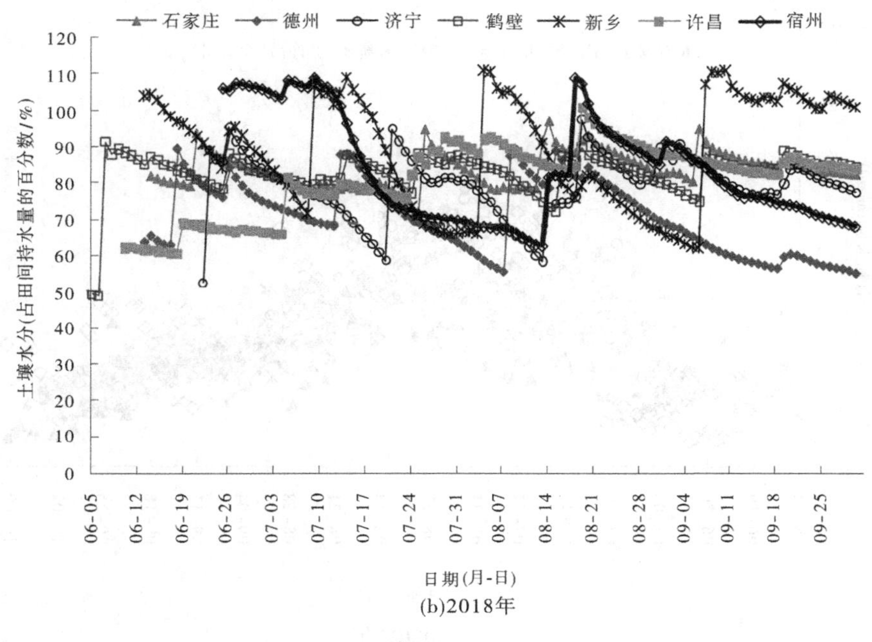

(b)2018年

续图 2-25

(二)不同监测点夏玉米的日耗水量动态变化

黄淮海夏玉米的日耗水量动态变化也是遵循“低-高-低”的变化规律,2017 年播种-拔节、拔节-抽雄、抽雄-灌浆和灌浆-成熟的日耗水量分别为 1.53~2.87 mm/d、3.79~5.37 mm/d、4.49~5.68 mm/d 和 2.48~3.44 mm/d[见图 2-26(a)];2018 年夏玉米播种-拔节、拔节-抽雄、抽雄-灌浆和灌浆-成熟阶段的日耗水量分别为 2.77~3.74 mm/d、4.10~5.36 mm/d、4.81~5.67 mm/d 和 2.51~3.38 mm/d[见图 2-26(b)]; 2019 年、2020 年播种-拔节、拔节-抽雄、抽雄-灌浆、灌浆-成熟阶段的日耗水量分别为 2.16~3.35 mm/d、3.91~4.87 mm/d、4.00~5.05 mm/d、2.64~3.40 mm/d 和 2.40~3.08 mm/d、3.45~4.21 mm/d、4.32~5.54 mm/d、2.26~3.31 mm/d。总之,黄淮海夏玉米抽雄-灌浆阶段的日耗水量最大,拔节期的次之,苗期的最小。

(三)不同监测点夏玉米的耗水量、产量及水分利用效率

黄淮海夏玉米的耗水量、产量和 WUE 分别为 347.7~461.3 mm、7 210.5~13 591.5 kg/hm^2 和 1.80~3.16 kg/m^3,鹤壁站的产量和 WUE 最高,其耗水量也相对较高,土质较差(砂姜黑土)的宿州站夏玉米耗水量、产量和 WUE 均最低。2017 年降雨分布较均匀,各监测站点(新乡站除外)灌水次数较少,2018 年和 2019 年降雨分布不均,在拔节期、抽雄期和灌浆期出现不同程度的干旱,因此灌水较多,一般灌水 2~3 次;2020 年降雨相对较多,玉米生育期间的灌水次数比往年少,特别是河南站点(除鹤壁站外),仅需灌 1 次蒙头水就能保证玉米正常生长的需水要求,而山东和河北因降雨分布不均,需要灌 2~3 次水(蒙头水、抽雄水或灌浆水)才能满足玉米的需水要求(见表 2-17)。

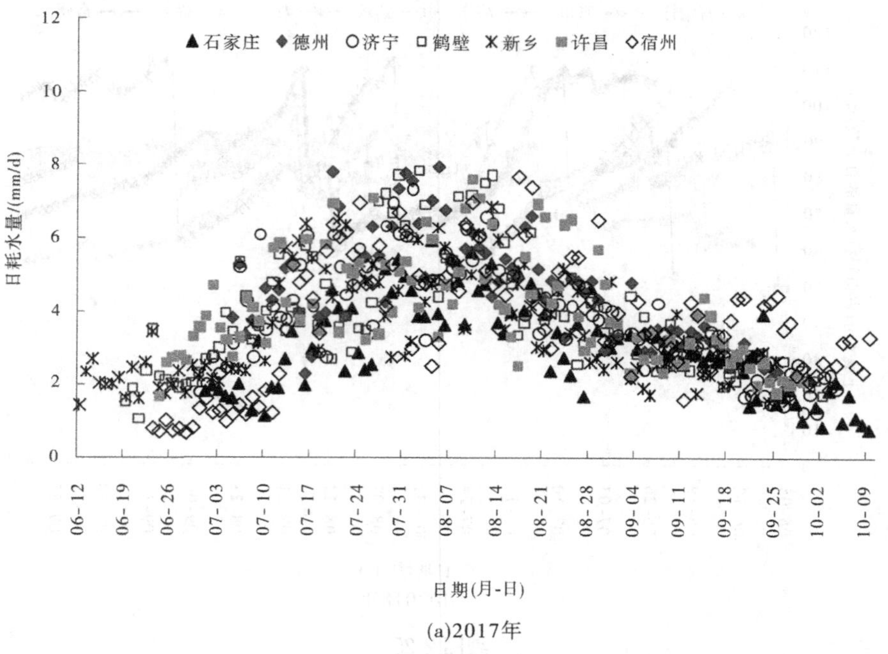

(a)2017年

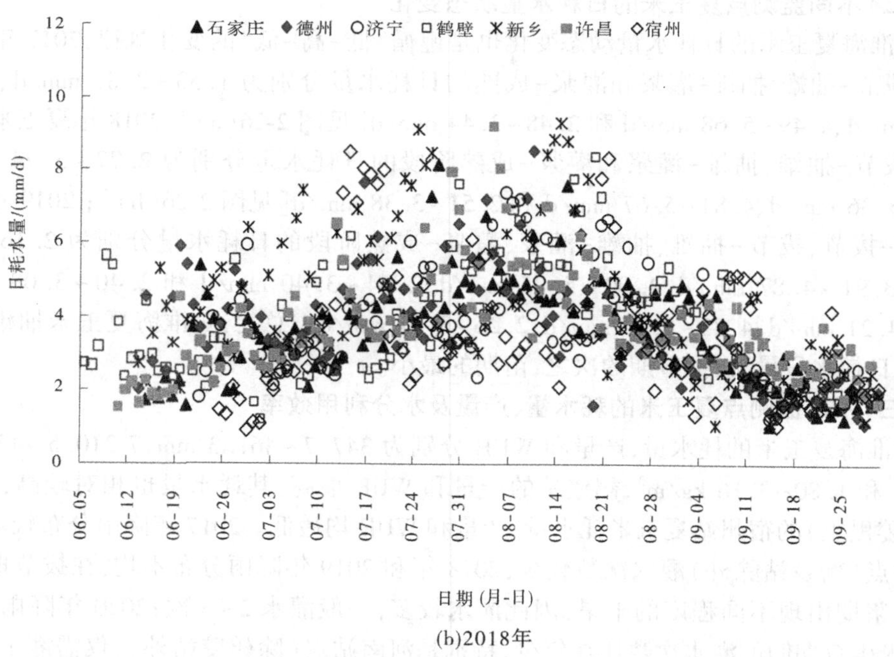

(b)2018年

图 2-26　黄淮海各监测点夏玉米生育期间日耗水量动态变化

表 2-17　黄淮海各监测站点夏玉米不同生育期耗水量、产量及 WUE

监测站点	年份	灌溉方式	灌水次数	灌水量/mm	阶段耗水量/mm				耗水量/mm	产量/(kg/hm²)	WUE/(kg/m³)
					播种-拔节	拔节-抽雄	抽雄-灌浆	灌浆-成熟			
石家庄	2017	畦灌	2	145	67.97	91.02	67.38	121.28	347.7	8 790.0	2.53
	2018	畦灌	3	210	72.13	134.81	91.45	94.51	392.9	7 210.5	1.84
	2019	畦灌	3	210	52.98	137.63	82.93	139.48	413.0	11 049.0	2.68
	2020	畦灌	3	210	61.45	115.66	86.25	121.04	384.4	10 243.5	2.66
邯郸	2019	喷灌	3	159	90.42	113.92	75.20	139.51	419.1	10 020.0	2.39
	2020	喷灌	2	159	64.59	139.77	95.42	79.02	378.8	10 305.0	2.72
德州	2017	喷灌	2	80	81.23	133.36	90.80	122.71	428.1	9 600.0	2.24
	2018	喷灌	1	35.7	102.91	101.96	98.73	102.73	406.3	7 318.5	1.80
	2019	喷灌	1	104.4	47.58	106.97	131.05	114.07	399.7	9 424.5	2.38
	2020	喷灌	2	126	73.89	95.65	88.33	114.03	371.9	11 619.0	3.12
济宁	2017	喷灌	2	85	63.21	115.38	83.74	128.37	390.7	9 489.0	2.43
	2018	喷灌	2	105	76.35	80.10	104.23	115.22	375.9	8 488.5	2.26
	2019	喷灌	3	135	55.74	130.43	88.19	100.73	375.1	10 338.0	2.83
	2020	喷灌	2	90	59.93	106.96	94.12	121.39	382.4	11 788.5	3.08
鹤壁	2017	畦灌	2	165	82.61	119.69	98.62	125.88	426.8	10 836.0	2.54
	2018	畦灌	2	165	93.32	98.50	114.33	145.25	451.4	10 630.5	2.36
	2019	畦灌	3	238.5	63.91	113.88	126.16	125.65	429.6	13 591.5	3.16
	2020	畦灌	2	165	70.28	113.50	104.08	107.74	395.6	11 253.0	2.84
新乡	2017	畦灌	2	150	67.94	105.07	94.54	104.45	372.0	7 030.5	1.89
	2018	畦灌	3	247.5	93.62	134.12	130.39	103.17	461.3	12 724.5	2.76
	2019	畦灌	3	322.5	80.43	113.42	100.08	98.17	392.1	9 943.5	2.54
	2020	畦灌	1	105	56.64	134.04	98.48	107.24	396.4	10 537.5	2.66
漯河	2017	畦灌	0	0	83.90	108.97	98.11	132.22	423.2	9 649.5	2.28
许昌	2018	畦灌	1	102.7	85.75	98.82	98.84	112.69	396.1	9 172.5	2.14
	2019	畦灌	3	225	71.07	121.64	100.92	108.43	402.1	10 999.5	2.74
	2020	喷灌	1	50	66.53	93.08	96.07	124.92	380.6	9 435.0	2.48
西平	2020	喷灌	1	50	67.00	86.21	95.10	143.39	391.7	10 300.5	2.63
宿州	2017	喷灌	2	80	33.72	125.82	80.64	156.92	397.1	7 989.0	2.01
	2018	喷灌	2	120	59.96	134.43	103.70	103.41	401.5	7 324.5	1.82
	2019	喷灌	3	180	38.03	137.55	98.79	111.73	386.1	7 956.0	2.06
	2020	喷灌	1	45	63.19	97.30	105.19	115.82	381.5	7 326.0	1.92

(四)不同监测点夏玉米的适宜土壤水分控制指标与灌溉制度

基于以前的研究表明，玉米播种–拔节、拔节–抽雄、抽雄–灌浆和灌浆–成熟阶段节水高产的适宜土壤水分控制下限指标分别为 65%～70%、65%～70%、70%～75%和 65%～70%，然后根据各监测点土壤的田间持水量(体积百分比,%)，初步确定了各试验站夏玉米不同生育期的土壤水分控制下限指标以及灌溉制度(见表 2-18)。往年各站点土壤墒情的实时监测结果分析表明,在当年降雨条件下,要维持玉米正常生长的适宜土壤水分状况(70%~80%),黄淮海夏玉米区一般需要灌1~3次水,绝大多数年份都需要灌蒙头水,此外在关键生育期(抽雄期或灌浆期)视降雨情况也需要进行补充灌溉。由于降雨年际间差异较大,因而不同年份间的灌水次数也存在差异;各站点需要根据实时监测的墒情状况,确定灌水时间和灌水量,每次灌水量的多少往往根据灌溉方式决定,畦灌、喷灌、膜下滴灌方式推荐的灌水定额分别为75~90 mm、40~50 mm和30~40 mm。因此,各站点的实际灌溉制度需要考虑夏玉米各生育期的实际土壤墒情状况、天气状况(是否有降雨)、作物长势及采用的灌溉方式等确定。

表 2-18　黄淮海各监测点夏玉米高产的灌溉控制指标与灌溉制度

监测点	土壤水分控制下限指标(体积百分比,%)				推荐的灌溉制度	
	苗期(0~40 cm)	拔节-抽雄(0~60 cm)	抽雄-灌浆(0~80 cm)	灌浆-乳熟(0~80 cm)	灌水次数	灌水时期
石家庄	21.5~23.2	21.5~23.2	23.2~24.8	21.5~23.2	2~3	蒙头水、抽雄水或灌浆水
邯郸	21.1~22.7	21.1~22.7	22.7~24.4	21.1~22.7	2~3	蒙头水、抽雄水或灌浆水
德州	22.4~24.2	22.4~24.2	24.2~25.9	22.4~24.2	1~2	蒙头水、抽雄水
济宁	22.4~24.2	22.4~24.2	24.2~25.9	22.4~24.2	2~3	蒙头水、抽雄水或灌浆水
莱州	22.4~24.2	22.4~24.2	24.2~25.9	22.4~24.2	1~2	蒙头水或拔节水
鹤壁	23.1~24.8	23.1~24.8	24.8~26.6	23.1~24.8	2~3	蒙头水、抽雄水或灌浆水
新乡	23.1~24.8	23.1~24.8	24.8~26.6	23.1~24.8	1~3	蒙头水、抽雄水或灌浆水
许昌	21.1~22.7	21.1~22.7	22.7~24.4	21.1~22.7	1~2	蒙头水、抽雄水或灌浆水
漯河	24.3~26.3	24.3~26.3	26.3~28.1	24.3~26.3	1~2	蒙头水、抽雄水或灌浆水
西平	24.4~26.3	24.4~26.3	26.3~28.1	24.4~26.3	1~2	蒙头水或抽雄水
宿州	24.3~26.3	24.3~26.3	26.3~28.1	24.3~26.3	1~3	蒙头水、抽雄水或灌浆水

第三节　西南玉米需水特征与适宜水分控制指标

一、西南玉米的需水特征

(一)西南玉米的需水量

我国南方及西南地区水热资源丰富,比较适合玉米的生长,玉米主要种植在坡地,由于灌溉条件差,所以西南玉米的生产以雨养方式为主。尽管降雨较多,但是降雨分布不均,季节性干旱时有发生,因此玉米的生长时常受到干旱的威胁,导致产量不稳。西南玉米主要采用适水种植,等雨播种,因而有春玉米、夏玉米、秋玉米,其中主要以春玉米和夏玉米为主。由于玉米生长在高温季节,故需水量相对较大。国内对玉米需水方面的研究主要集中在北方地区,涉及西南地区的相关研究较少。已有研究表明,西南玉米的需水量在 300~450 mm,其需水量的大小主要与播种时间、玉米的生育期长短以及生育期内降雨量有关,春玉米的生育期比夏玉米长,因此春玉米的需水量高于夏玉米。

由于西南地区地形复杂、土壤类型多、降水的空间分布差异大,从而导致玉米需水量的空间差异较大;降水的空间分布与玉米需水空间分布并不匹配,玉米各生育阶段均出现降水高的地区需水较低,而需水较高的地区降水较少的状况。从大的范围来看,从东南往西北,玉米需水量呈增加趋势,从东北往西南需水量呈降低趋势。刘钰等(2009)的研究表明,云贵区春玉米、夏玉米的需水量分别为 300~500 mm、300~450 mm;川渝区春玉米、夏玉米的需水量分别为 300~400 mm、300~450 mm,华南区春玉米、夏玉米的需水量分别为 200~400 mm、250~420 mm;长江区春玉米、夏玉米的需水量分别为 250~550 mm、330~450 mm。从一个省份来说,由于不同地区间地形、地貌、土壤及气候的差异,导致玉米的需水量在某省的地区间也存在差异。比如,贵州省 1959~2011 年夏玉米全生育期需水量为 319~470 mm,53 年的平均值为 386 mm;各个区域需水量差别比较大,其中湄潭、安顺、思南、贵阳等站点玉米全生育期的需水量较大,盘县、望谟、三穗、榕江等地区较小,表现为需水量呈现中部较高、周边较低的分布趋势。从整个贵州省来看,夏玉米不同生育阶段的多年平均需水量一般小于同期降水量,对灌溉的依赖程度不是很高。

(二)不同水文年西南玉米需水量等值线图

在我国南方或西南地区,各水文年不论是春玉米需水量还是夏玉米需水量均表现为丰水年(25%降水保证率)需水量小于平水年(50%降水保证率)需水量,平水年需水量小于干旱年(75%降水保证率)需水量,但不同水文年之间的玉米需水量差异较小。一般来说,西南春玉米的需水量比夏玉米的高,春玉米的需水量为 300~500 mm,夏玉米的需水量为 250~400 mm。对比图 2-3~图 2-5 与图 2-18 和图 2-20 可以看出,我国南方或西南春玉米和夏玉米需水量等值线的走向不一致;春玉米需水量由东南向西北呈增加趋势,而夏玉米需水量由东向西呈降低趋势。

二、西南墒情监测站点玉米的耗水动态与适宜土壤水分控制指标

(一)西南不同监测站点玉米生育期间土壤水分动态变化

2018 年西南玉米区在夏玉米生育期间降雨较多,绵阳站和西昌站因降雨分布较均匀,玉米全生育期根层土壤水分波动较小,一直处于适宜于玉米正常生长的范围之内(>70%),未发生季节性干旱,不需要灌溉。2019 年西南玉米区降雨量也较充沛,除上海站在玉米苗期灌 1 次水外,其他站点全部采用雨养方式,而绵阳站由于降雨分布不均,其玉米苗期和抽雄期出现轻度干旱,且抽雄期的土壤水分最低,其他站点的土壤水分均处于适宜于玉米生长的范围[见图 2-27(a)]。2020 年除上海站外,全部采用雨养方式,由于降雨分布不均,绵阳站、曲靖站、长沙站在玉米苗期出现了轻度干旱,曲靖站的玉米在灌浆期还出现了短暂的轻旱,各监测站点玉米生长过程中绝大部分时间的土壤水分均适宜于玉米的生长发育[见图 2-27(b)]。

(二)西南不同监测站点玉米的日耗水量动态变化

由图 2-28(a)可知, 2019 年由于不同站点的播期不同,其日耗水量高峰出现错位,其波动性也比其他地区的小,播种−拔节、拔节−抽雄、抽雄−灌浆及灌浆−成熟等阶段的玉米

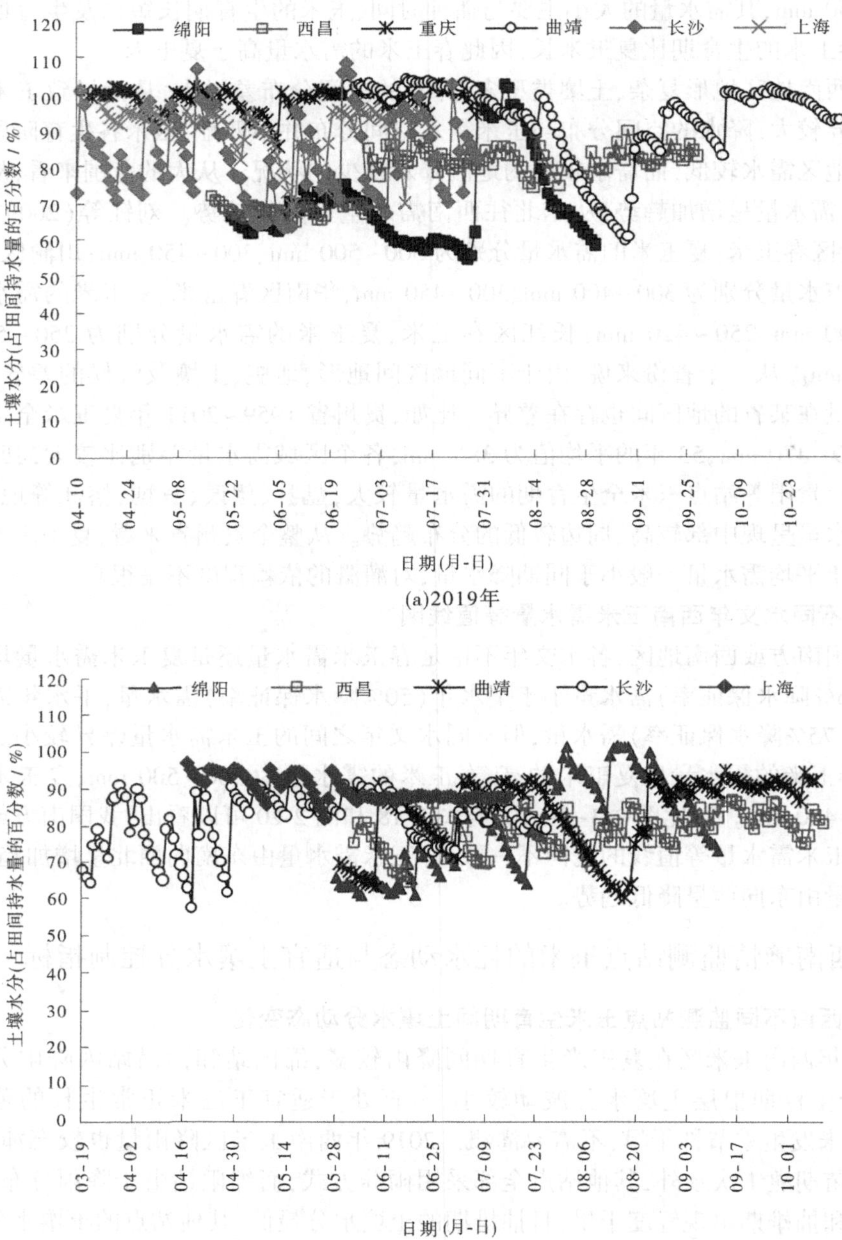

图 2-27　西南各监测点玉米生育期内根层(0~60 cm)土壤水分动态变化

日耗水量分别为 1.53~3.47 mm/d、2.54~4.15 mm/d、3.68~4.63 mm/d 及 2.27~3.87 mm/d;重庆站与长沙站的玉米播期相近,生育期相似,其日耗水动态一致,上海站、绵阳站与西昌站的日耗水量变化趋势也一致,曲靖站的玉米播种最晚,收获也晚。西南区 2020 年同样因不同监测点播期不同,其日耗水量高峰出现错位现象,播种-拔节、拔节-抽雄、抽雄-灌浆及灌浆-成熟等阶段的玉米日耗水量分别为 2.20~3.04 mm/d、3.22~4.15 mm/d、4.03~5.34 mm/d 及 2.30~3.37 mm/d[见图 2-28(b)]；各监测点玉米抽雄-灌浆阶段的日耗水量最高，拔节-抽雄阶段的次之，苗期的最小。

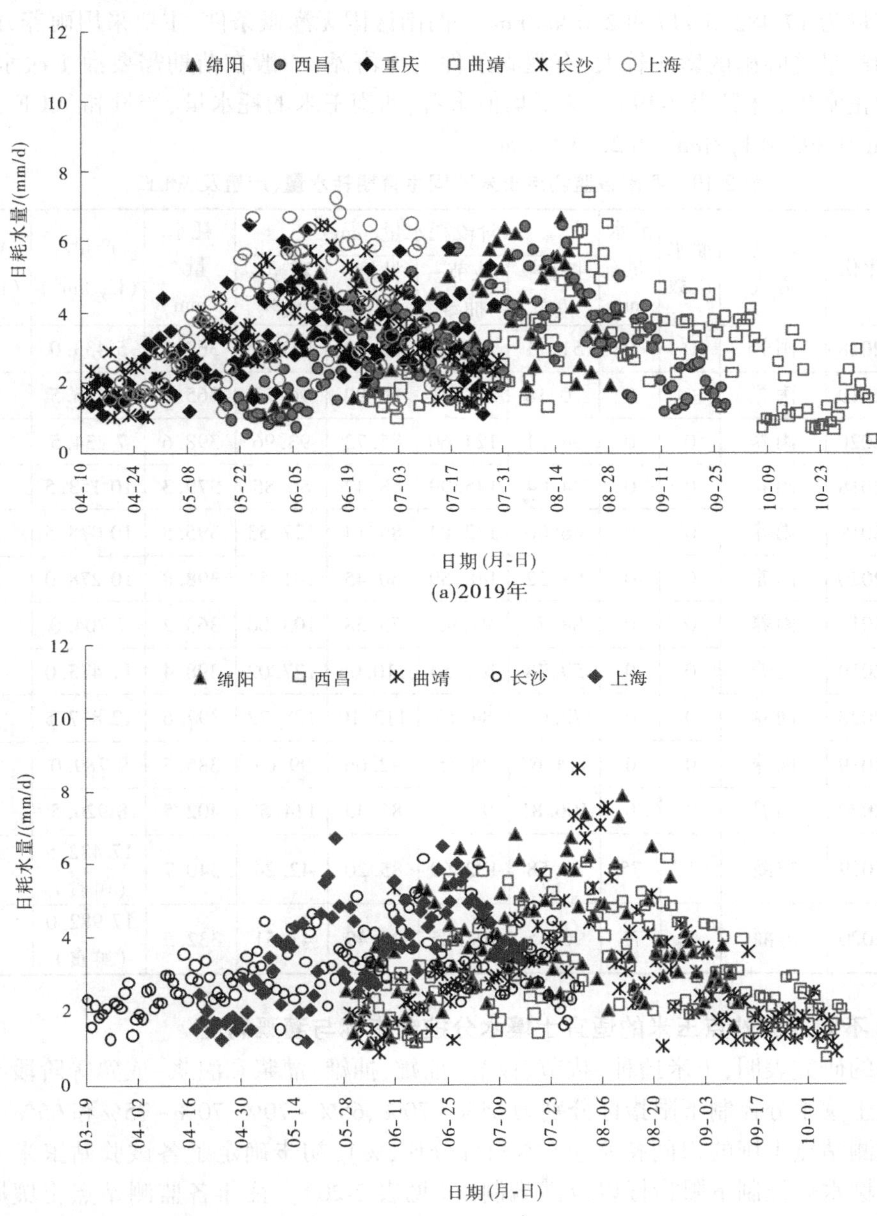

图 2-28　西南各监测点玉米生育期间日耗水量动态变化

(三)不同监测站点夏玉米的耗水量、产量及水分利用效率

西南区收籽粒玉米耗水量、产量和 WUE 分别为 362.9~402.5 mm、5 433.0~12 817.5

kg/hm² 和 1.50～3.22 kg/m³，四川绵阳站常发生季节性干旱，因无灌溉条件而采用雨养方式，其玉米的耗水量、产量和 WUE 最低，云南曲靖站的耗水量、产量和 WUE 均最高，西昌站的次之，而收鲜食甜玉米的上海站，因生育期短其耗水量最低，为 332.5～340.7 mm，鲜玉米产量为 17 482.5～17 982.0 kg/hm²。西南区因无灌溉条件，主要采用雨养方式，其耗水量和产量受降雨的影响较大；有灌溉条件的上海站，一般在苗期需要灌 1 次水，以保证植株的正常生长（见表 2-19）。从平均值来看，西南玉米的耗水量、产量和 WUE 分别为 386.1 mm、9 393.0 kg/hm² 和 2.43 kg/m³。

表 2-19 西南各监测点玉米不同生育期耗水量、产量及 WUE

监测站点	年份	灌溉方式	灌水次数	灌水量/mm	阶段耗水量/mm				耗水量/mm	产量/(kg/hm²)	WUE/(kg/m³)
					播种-拔节	拔节-抽雄	抽雄-灌浆	灌浆-成熟			
绵阳	2018	雨养	0	0	51.11	84.42	63.92	163.45	362.9	5 433.0	1.50
	2019	雨养	0	0	70.18	101.37	96.92	96.73	365.2	9 436.5	2.58
	2020	雨养	0	0	94.31	124.60	85.73	93.96	398.6	7 234.5	1.81
西昌	2018	雨养	0	0	94.04	145.99	58.42	80.85	379.3	10 153.5	2.68
	2019	雨养	0	0	46.00	132.84	89.14	127.53	395.5	10 078.5	2.55
	2020	雨养	0	0	88.22	148.59	60.45	101.54	398.8	10 278.0	2.58
重庆	2019	雨养	0	0	88.70	97.92	73.58	103.00	363.2	7 704.0	2.12
曲靖	2019	雨养	0	0	59.78	101.54	110.06	127.02	398.4	11 475.0	2.88
	2020	雨养	0	0	72.63	84.15	112.10	128.72	397.6	12 817.5	3.22
长沙	2019	雨养	0	0	114.62	78.55	92.66	99.67	385.5	9 789.0	2.54
	2020	雨养	0	0	106.81	99.67	81.43	114.59	402.5	8 926.5	2.22
上海	2019	畦灌	1	75	80.58	132.69	85.20	42.24	340.7	17 482.5（鲜食）	
	2020	畦灌	1	75	90.65	102.85	97.49	41.51	332.5	17 982.0（鲜食）	

（四）不同监测站点玉米的适宜土壤水分控制指标与灌溉制度

以前的研究表明，玉米播种-拔节、拔节-抽雄、抽雄-灌浆和灌浆-成熟等阶段节水高产的适宜土壤水分控制下限指标分别为 65%～70%、65%～70%、70%～75%和 65%～70%，根据各监测站点土壤的田间持水量（体积百分比，%），初步确定了各试验站玉米不同生育期的土壤水分控制下限指标以及灌溉制度（见表 2-20）。往年各监测站点土壤墒情的实时监测结果分析表明，西南区降雨虽然较多，但因季节性干旱也需要灌 1～2 次水。各监测站点需要根据实时监测的墒情状况，确定灌水时间和灌水量，每次灌水量往往根据灌溉方式确定，畦灌、喷灌、膜下滴灌方式推荐的灌水定额分别为 75～90 mm、40～50 mm、30～40 mm。因此，各监测站点的实际灌溉制度需要考虑玉米各生育期的实际土壤墒情状况、天气状况（是否有降雨）、作物长势以及采用的灌溉方式等确定。

表 2-20　西南各监测点玉米高产的土壤水分控制指标与灌溉制度

监测站点	土壤水分控制下限指标(体积百分比/%)				推荐的灌溉制度	
	苗期(0~40 cm)	拔节-抽雄(0~60 cm)	抽雄-灌浆(0~80 cm)	灌浆-乳熟(0~80 cm)	灌水次数	灌水时期
绵阳	23.3~25.1	23.3~25.1	25.1~26.9	23.3~25.1	2	苗期水、拔节水
西昌	22.1~23.8	22.1~23.8	23.8~25.5	22.1~23.8	0~1	拔节水或抽雄水
重庆	26.3~28.3	26.3~28.3	28.3~30.3	26.3~28.3	0	
长沙	24.0~25.9	24.0~25.9	25.9~27.8	24.0~25.9	1~2	苗期水、抽雄水
曲靖	24.7~26.6	24.7~26.6	26.6~28.5	24.7~26.6	1~2	苗期水、灌浆水
上海	24.7~26.6	24.7~26.6	26.6~28.5	24.7~26.6	1	苗期水

第三章　玉米植株水分监测与诊断技术

玉米植株的水分状况与农田土壤水分密切相关，监测与诊断植株的水分状况可间接反映农田的土壤墒情，并为玉米农田的精准水分管理提供指标。本章利用光谱技术通过冠气温差、作物水分胁迫指数（CWSI）、植株生物量等参数来反演植株的水分状况，在深入剖析不同水分处理下夏玉米地上部干物质、叶面积指数和植株含水量变化规律的基础上，采用系统建模方法，构建了基于冠层干物质和叶面积指数的夏玉米植株临界含水量模型和植株水分诊断指数（water diagnosis，WDI）模型，并利用高光谱遥感作为工具，建立一项快速无损的植株水分诊断技术，以期为夏玉米水分状况的实时精确诊断提供一条操作性较强的新途径，为区域农田的墒情监测以及玉米农田的精准水分管理提供理论依据，并有助于推动夏玉米水分管理向数字化和定量化方向发展。

第一节　基于水分胁迫指数的玉米植株水分诊断

为了得到黄淮井灌区冬小麦-夏玉米的最优 CWSI 经验模型，本研究利用红外测温技术，提取作物的冠层温度，旨在利用温度信息探索其与 CWSI 的关系。通过确定 CWSI、GY 和 WUE 之间的关系，在作物营养生长阶段（vegetative stage，V 期）、生殖期（reproductive stage，R 期）和成熟期（maturation stage，M 期）分别进行不同灌溉水平处理，通过对比分析上述 CWSI 经验模型对灌溉/降雨事件的响应情况以及对不同灌溉处理水平的识别能力，获得了冬小麦和夏玉米的最佳 CWSI 阈值，寻求建立 CWSI 经验模型的最优方式。本研究的主要目的是确定冬小麦-夏玉米种植系统灌溉调度的 CWSI 和 $T_c \sim T_a$ 的可靠阈值，为实现黄淮井灌区的精确灌溉提供理论和技术支撑。

一、研究方法

（一）实施方案

1. 试验区概况

2019 年 10 月至 2020 年 12 月在许昌市灌溉试验站（34°76′ N，113°24′ E，海拔 73 m）开展田间试验。试验区为大陆性季风气候，年平均气温为 14.7 ℃，年降水量为 546 mm，年日照时数为 2 280 h。试验区 0~60 cm 土层的土壤容重（应为土壤密度，在农学中常称为土壤容重，全书同）为 1.35 g/cm^3，全氮含量为 1.28 g/kg、全磷含量为 1.71 g/kg、有机质含量为 20.3 g/kg。

2. 试验设计

冬小麦品种为新麦 26，10 月中旬播种，次年 6 月初收获；小麦行距 12 cm，基本苗数 225 万株/hm^2。夏玉米品种为登海 605，6 月上旬播种，9 月底收获。玉米株距为 30 cm，行距为 50 cm，定苗后种植密度为 6.75 万株/hm^2。冬小麦的施氮量为 180 kg/hm^2，夏玉米为 300 kg/hm²;其中,60%的氮肥播种前基施,40%在小麦、玉米拔节期追施;小麦、玉米磷钾肥施肥量均为 180 kg/hm² 和 55 kg/hm²,播种前作为基肥一次性施入。

中心支轴喷灌机主要包括中心支座、桁架和悬臂等部件。中心支轴喷灌自动化程度高,喷灌动作由行走和喷洒完成。喷洒系统对距圆心不同距离的喷头进行优化组合,确保灌溉均匀度达 90%以上。本试验中,玉米属高秆作物,因此桁架跨高大于 3 m。另外,针对冬小麦-夏玉米不同生育期株高,利用喷头的软管吊杆来调整喷头距地面的高度,以适应不同株高。总控制水表安装于水泵出水口,用于计量灌溉量(见表 3-1)。

表 3-1　中心支轴喷灌机跨长与流量参数

喷灌机跨长/m	末端悬臂/m	总长度/m	灌溉面积/hm²	灌水深度/mm				
				6	7	8	9	10
				喷灌机流量/(m³/h)				
56.5	3.5	60	1.13	24.7	28.8	32.9	37.1	41.2

试验采用不完全随机区组设计,3 次重复。小区位于同一喷灌扇形中,其中Ⅰ区:小区面积为 353 m²($R_{Ⅰ}$ = 30 m);Ⅱ区:小区面积为 551 m²($R_{Ⅱ-Ⅰ}$ = 18 m),Ⅲ区:小区面积为 509 m²($R_{Ⅲ-Ⅱ}$ = 12 m)。为保证出苗率,播种后进行测墒补灌,灌至田间持水量。出苗后,作物生育期内的灌溉依据智墒水分仪实时监测的土壤墒情下限值进行。在冬小麦-夏玉米不同生育期设置 4 种不同水分下限处理:苗期、灌浆期,45%FC、55%FC、65%FC、75%FC;其他生育期,55%FC、65%FC、75%FC、85%FC(见表 3-2)。每次灌溉至田间持水量,用下式计算每次不同处理的灌水量:

表 3-2　冬小麦-夏玉米启动灌溉的土壤水分下限指标(占田间持水量的百分比)　%

处理	小麦生育期				玉米生育期
	苗期	拔节期	孕穗期	灌浆期	苗期
I1	45	55	55	45	45
I2	55	65	65	55	55
I3	65	75	75	65	65
I4	75	85	85	75	75

注:玉米生育期中,只有苗期进行了水分处理,其他生育期未进行水分处理。

$$Q = 10 \times \sum_i (\mathrm{FC} - \mathrm{FC}_{limit}) \times D_i \tag{3-1}$$

式中　Q——每次灌水量,mm;

FC——田间持水量(%);

FC_{limit}——土壤水分下限值(%);

D——计划湿润层深度,cm;

i——计划湿润层的土层数。

根据田间调查,小麦生育期为:苗期 2019 年 10 月 15 日至 11 月 15 日、越冬期 2019 年 11 月 15 日至 2020 年 2 月 25 日、返青拔节期 2020 年 2 月 25 日至 4 月 15 日、开花孕穗期 2020

年 4 月 15 日至 5 月 5 日、灌浆期 2020 年 5 月 5 日至 5 月 20 日、成熟期 2020 年 5 月 20 日至 6 月 1 日。玉米生育期为：苗期 2020 年 6 月 5 日至 6 月 25 日、拔节期 2020 年 6 月 25 日至 7 月 15 日、喇叭口期 2020 年 7 月 15 日至 8 月 5 日、吐丝期 2020 年 8 月 5 日至 8 月 20 日、灌浆期 2020 年 8 月 20 日至 9 月 15 日、成熟期 2020 年 9 月 15 日至 9 月 30 日。

试验采用不完全随机区组设计，3 次重复。处理包括：不同灌溉保证率（满足作物需水量的百分比，%）和不同灌溉启动手段（由土壤水分下限或 ET_c 累积阈值启动灌溉）。小区为扇形结构，其中重复Ⅰ区：小区面积为 353 m^2；重复Ⅱ区：小区面积为 551 m^2，重复Ⅲ区：小区面积为 509 m^2（见图 3-1）。

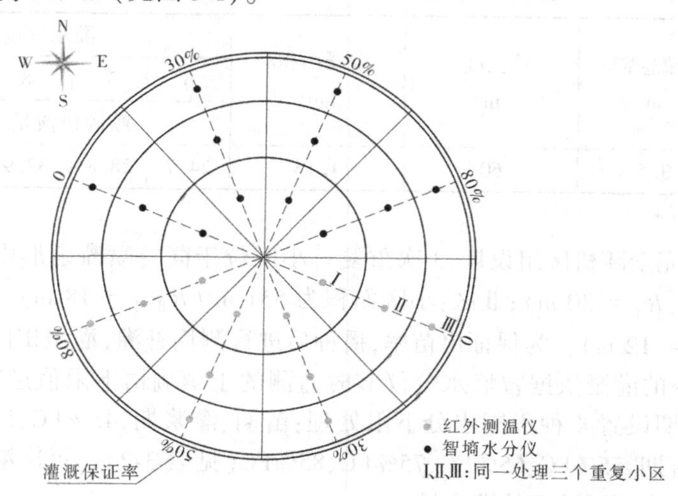

图 3-1　中心支轴灌溉不同灌溉保证率及启动手段试验处理设置

（二）观测项目

1. 作物冠层红外温度

世敖 SA20RS485/RS232 在线式红外测温仪（无锡世敖科技有限公司）的精度为±0.1 ℃，测定范围 0～200 ℃。传感器通过太阳能供电，24 h 连续监测，通过内置物联网卡，将存储多点的作物冠层温度数据通过无线传输的方式传输至网络平台。

2. 土壤含水量

使用智墒水分传感仪［东方智感（浙江）科技股份有限公司］每 10 cm 分层，测定 0～100 cm 土壤体积含水量。该水分传感器通过太阳能供电，24 h 连续监测。通过内置物联网卡，实现土壤水分数据的无线传输和网络平台共享。

3. 植株水分指标测定

与红外热像仪采集数据的时期同步，在每个小区选取 10 株长势一致有代表性的植株，分别称取叶片和植株的鲜重，并采用 LI-3100 叶面积仪测定叶面积后，烘箱 105 ℃杀青 30 min 后，将温度调至 80 ℃烘干至恒重，测定冠层叶片含水量和植株含水量。

4. 产量和穗部性状

每个小区实打实收测定产量，折算成标准含水量（14%）计量。取样考种，包括穗长、穗粗、秃尖长、穗行数、行粒数、百粒重等产量构成因素。

5. 气象数据

在许昌市灌溉试验站安装天圻-智能生态气象站[东方智感(浙江)科技股份有限公司]测定气象数据。可测定的气象要素包括风速(u)、风向(φ_u)、大气温度(T_a)、相对湿度(RH)、大气压力(P_a)、降雨量(P)、太阳辐射(R_S)等。

6. CWSI 经验模型建立方法

CWSI 经验模型计算公式为

$$\mathrm{CWSI} = \frac{T_c - T_a - T_L}{T_U - T_L} \tag{3-2}$$

式中 CWSI——作物水分胁迫指数；

T_c——冠层温度,℃；

T_a——空气温度,℃；

T_L——冠气温差下限,℃；

T_U——冠气温差上限,℃。

CWSI 为 0 表示没有水分胁迫现象,CWSI 为 1 表示水分胁迫现状最为严重。研究表明,在当地时间 10:00~14:00,T_L 和 T_U 分别为

$$T_L = a \cdot \mathrm{VPD} + b \cdot \mathrm{PD} + c \tag{3-3}$$

$$T_U = a \cdot \mathrm{VPD} + b \tag{3-4}$$

$$\mathrm{VPD} = 0.610\,8 \times \frac{100 - \mathrm{RH}}{100} \exp\left(\frac{17.27 T_a}{T_a + 273.3}\right) \tag{3-5}$$

式中 a——斜率；

b——截距；

VPD——饱和水汽压差,kPa；

PD——饱和水汽压梯度,kPa,即当空气温度 T_a 增加 b 时饱和水汽压差的变化；

RH——空气相对湿度(%)。

由于 CWSI 经验模型易受云层等因素的影响,为了保证数据的有效性,需要根据天气情况对得到的 CWSI 数据进行剔除。在本研究中,以冠层温度数据采集时间段的太阳净辐射与无云晴天太阳净辐射的比值判断天气状况是否良好。两者之比大于 0.7 时,认为天气状况良好。

7. 确定 CWSI 和 $T_c \sim T_a$ 的阈值

将产量(GY)和水分利用效率(WUE)的数据通过最小-最大标准化计算,标准化为 0 和 1.0 之间的标准值(normalized value, NV),对应于 CWSI 的范围。用式(3-6)拟合小麦的 CWSI 与 GY 标准值之间的关系,用式(3-7)拟合玉米的 CWSI 与 WUE 标准值之间的关系。为了实现高 GY 和高 WUE 的双重目标,使用 CWSI-GY 线和 CWSI-WUE 线的交点值确定启动灌溉的 CWSI 阈值:

$$\mathrm{NV} = a \cdot \mathrm{CWSI} + b \tag{3-6}$$

$$\mathrm{NV} = a \cdot \mathrm{CWSI}^2 + b \cdot \mathrm{CWSI} + c \tag{3-7}$$

式中 NV——小麦或玉米 GY 或 WUE 的标准化值；

CWSI——作物水分胁迫指数；

a、b、c——拟合方程的参数。

二、结果与讨论

（一）2019～2020 年冬小麦-夏玉米降水量与气温变化

2019～2020 年小麦季降水量为 202 mm，玉米季降水量为 567 mm，总降水量为 769 mm（见图 3-2）。其中，小麦越冬期降水量 40 mm，占 19%；返青期至拔节期降水量 26 mm，占 13%；拔节期至灌浆期降水量 45 mm，占 23%；灌浆期至成熟期降水量 91 mm，占 45%。玉米苗期至拔节期降水量 147 mm，占 26%；拔节期至吐丝期降水量 255 mm，占 46%；吐丝期至成熟期降水量 159 mm，占 28%。2019～2020 年小麦季在 0 ℃以上时为 2 513 ℃，平均温度 11 ℃；2020 年玉米季在 0 ℃以上时为 3 144 ℃，平均温度 26 ℃。小麦季最低气温发生在 2020 年 1 月 14 日，为 1.9 ℃；最高气温发生在 2020 年 5 月 3 日，为 28.2 ℃。玉米季最低气温发生在 2020 年 9 月 21 日，为 18.8 ℃；最高气温发生在 2020 年 7 月 7 日，为 31.1 ℃。

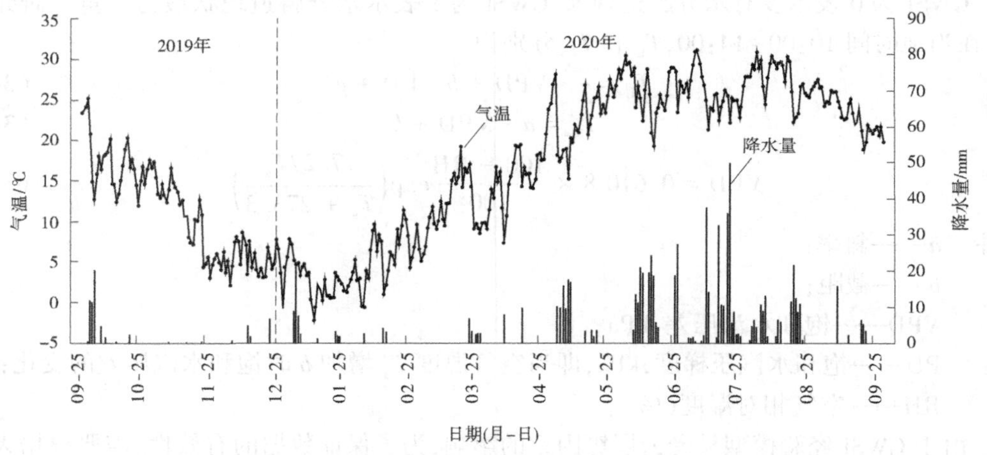

图 3-2 2019～2020 年冬小麦-夏玉米降水量与气温变化

（二）冬小麦-夏玉米 0～100 cm 土壤温度变化

冬小麦播种至返青拔节期 30～100 cm 土壤温度（T_s）显著高于 0～30 cm 表层的，返青拔节期至成熟期 0～30 cm T_s 逐渐上升，高于 30～100 cm 的地温（见表 3-3）。除 I2 处理外，夏玉米生育期 0～30 cm 表层 T_s 高于 30～100 cm 土层的。小麦季地表最低 T_s 出现在越冬期，为 2.7 ℃；最高出现在成熟期，为 26.3 ℃。玉米季地表最低 T_s 出现在成熟期，为 19.9 ℃；最高 T_s 出现在抽雄期，为 29.4 ℃。I3 处理和 I4 处理冬小麦苗期至返青期 0～30 cm T_s 为 10.3 ℃，较 I1 处理和 I2 处理提高了 16%～25%。其中，I3 处理返青拔节期至成熟期的 T_s 最高，为 15.3 ℃，较同时期 I1 处理、I2 处理、I4 处理提高了 15%～27%。玉米季 I1 处理 0～30 cmT_s 最高，为 27.3 ℃，分别较 I2 处理、I4 处理提高 4%～14%。

表 3-3　2019～2020 年冬小麦-夏玉米生育期平均土壤温度

作物	处理	土层深度/cm	土壤温度/℃						
			苗期	越冬期	返青拔节期	开花孕穗期	灌浆期	成熟期	平均
冬小麦	I1	0～30	12.6 d	4.6 d	7.6 de	11.6 b	21.3 a	26.3 a	14.0 ab
		30～60	16.0 b	7.2 b	9.4 b	11.6 b	16.4 c	19.2 de	13.3 b
		60～100	17.2 a	9.2 a	9.4 b	11.5 b	15.0 d	17.2 f	13.3 b
	I2	0～30	12.6 d	2.7 e	6.9 e	9.4 c	15.8 cd	18.5 e	11.0 c
		30～60	16.3 ab	7.3 b	9.3 bc	11.3 b	16.0 c	18.6 e	13.1 b
		60～100	17.2 a	9.7 a	9.6 b	11.5 b	14.7 d	16.8	13.3 b
	I3	0～30	13.3 d	7.4 b	12.4 a	14.0 a	18.9 b	21.0 c	14.5 a
		30～60	15.9 b	7.1 b	9.2 bc	11.4 b	16.4 c	19.1 de	13.2 b
		60～100	17.3 a	9.6 a	9.6 b	11.5 b	14.8 d	16.9 f	13.3 b
	I4	0～30	14.8 c	5.7 c	8.3 cd	11.4 b	18.9 b	23.0 b	13.7 b
		30～60	15.9 b	7.5 b	9.4 b	11.4 b	16.0 c	18.5 e	13.1 b
		60～100	17.3 a	9.8 a	9.7 b	11.6 b	14.7 d	16.8	13.3 b
作物	处理	土层深度/cm	土壤温度/℃						
			苗期	拔节期	大喇叭口期	抽雄期	灌浆期	成熟期	平均
夏玉米	I1	0～30	26.8 a	28.8 a	28.2 a	29.4 a	26.5 a	24.0 a	27.3 a
		30～60	23.5 c	25.4 c	25.0 c	26.4 c	24.8 cd	22.8 b	24.7 c
		60～100	21.2 d	23.2 d	23.5 de	24.6 d	24.0 de	22.7 b	23.2 d
	I2	0～30	23.6 c	25.4 c	24.8 c	26.6 c	23.6 e	19.9 c	24.1 c
		30～60	23.0 c	25.2 c	25.0 c	26.5 c	25.0 bc	23.0 b	24.6 c
		60～100	20.3 d	22.5 d	23.0 e	24.1 d	23.6 d	22.3 b	22.6 d
	I3	0～30	24.7 b	26.4 b	26.1 b	27.8 b	26.3 a	23.9 a	24.7 c
		30～60	23.1 c	24.9 c	24.5 cd	25.8 c	24.2 de	22.3 b	23.1 d
		60～100	20.6 d	22.7 d	23.0 e	24.1 d	23.6 e	22.3 b	20.6 e
	I4	0～30	26.3 a	27.8 a	26.6 b	27.9 b	25.8 ab	23.6 a	26.3 b
		30～60	22.8 c	24.8 c	24.4 c	26.0 c	24.5 d	22.6 b	24.2 c
		60～100	20.5 d	22.7 d	23.0 e	24.2 d	23.7 e	22.5 b	22.8 d

(三)冬小麦-夏玉米 0~100 cm 土壤水分变化

不同灌溉处理冬小麦-夏玉米 0~30 cm 土壤含水量(SWC)变异幅度较大,30~100 cm SWC 变异幅度较小,变化趋势较一致(见图 3-3)。冬小麦播种至拔节期,I1 处理、I2 处理、I3 处理、I4 处理 0~30 cm 平均 SWC 为 19.1%~21.7%。拔节后,灌溉处理对冬小麦 10 cm SWC 有显著影响。拔节期至成熟期 I3 处理和 I4 处理 10 cm SWC 最高,为 18.8%,较 I1 处理和 I2 处理提高 11%~52%;I1 处理 10~30 cm SWC 最低,平均为 15.1%,较其他处理降低了 10.5%。拔节期至成熟期各处理 30~100 cm SWC 在 19.5%~21.0%,处理间差异不显著。这表明,灌溉处理冬小麦土壤贮水量变异主要集中在 0~30 cm 土层,该土层 SWC 对小麦 ET_c 变化将产生主要影响。玉米季除苗期外,降水量充沛,除蒙头水外,没有进行灌溉。玉米季 I1 处理、I2 处理、I3 处理、I4 处理 0~100 cm SWC 在 24.3%~25.1%,各处理间差异不显著。

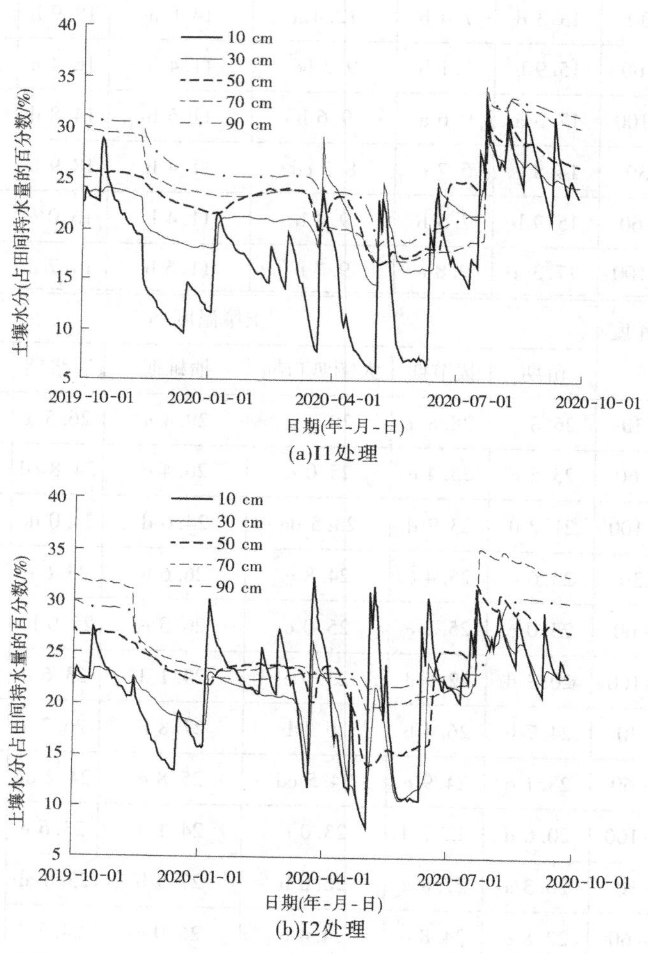

图 3-3 2019~2020 年冬小麦-夏玉米 0~100 cm 土壤水分动态变化

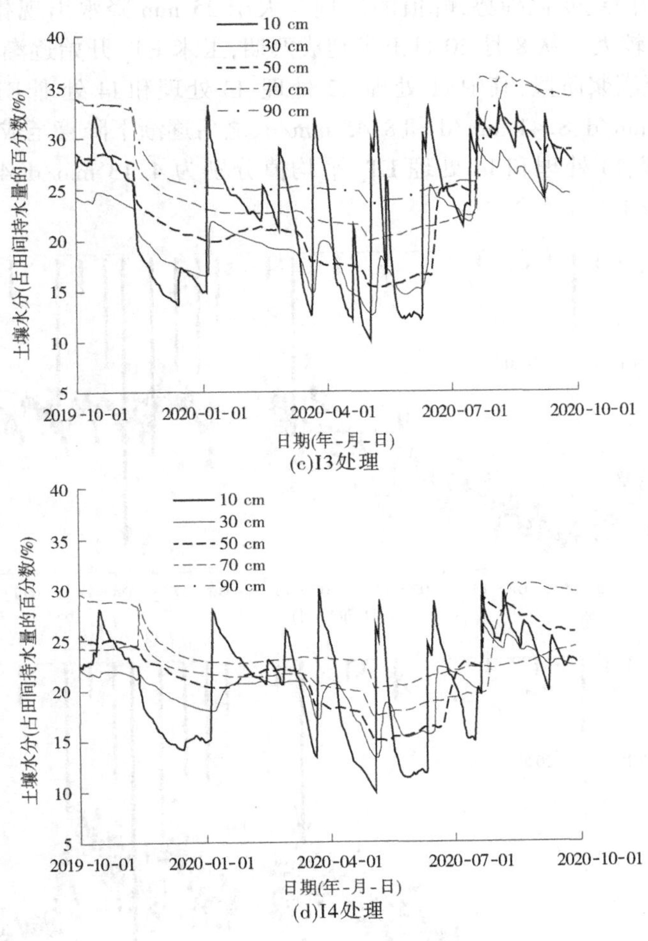

(c)I3处理

(d)I4处理

续图 3-3

(四)2019~2020 年冬小麦-夏玉米作物冠层温度和日蒸散量变化

冠层温度(T_c)可用于预测水分胁迫,因为它与土壤水分状况有关。例如,T_c 的显著降低通常发生在灌溉和降水(>10 mm)事件之后(见图 3-4)。最低 T_c(-1.1 ℃)出现在冬小麦越冬期间,而最高 T_c(40.4 ℃)出现在冬小麦成熟期。平均而言,I1 处理、I2 处理、I3 处理和 I4 处理的季节平均 T_c 分别为 23.5 ℃、22.3 ℃、21.9 ℃和 21.2℃。对于玉米作物,最低 T_c(18.2 ℃)出现在成熟期,而最高 T_c(37.4 ℃)出现在抽雄期。

2019~2020 年冬小麦的日蒸散量在播种到越冬期前较为稳定,各处理平均 ET_c 为 1.80 mm/d,从越冬期至返青期前逐渐降低至 0.09 mm/d。之后随着气温升高,至灌浆中期(水分敏感期)达到最高,其中 I1 处理、I2 处理、I3 处理和 I4 处理 ET_c 最大值分别为 5.95 mm/d、8.06 mm/d、8.36 mm/d 和 8.45 mm/d,之后逐渐下降直至成熟。从返青期至成熟期,I1 处理、I2 处理、I3 处理和 I4 处理 ET_c 平均值分别为 3.48 mm/d、4.02 mm/d、4.25 mm/d、4.71 mm/d。2020 年夏玉米的日蒸散量由苗期逐渐升高,在抽雄期、灌浆期和成熟期呈现多峰曲线变化趋势，峰值的出现与大于 25 mm 降水出现相重合，说明玉米 ET_c 受降水量影响较大。从 8 月 20 日玉米到成熟期，玉米 ET_c 开始逐渐下降。玉米水分敏感期是抽雄期至灌浆阶段，其中 I1 处理、I2 处理、I3 处理和 I4 处理 ET_c 最大值分别为 7.71 mm/d、8.27 mm/d、8.41 mm/d 和 8.45 mm/d，之后逐渐下降直至成熟。玉米全生育期 I1 处理、I2 处理、I3 处理和 I4 处理 ET_c 平均值分别为 4.13 mm/d、4.38 mm/d、4.38 mm/d 和 4.79 mm/d。

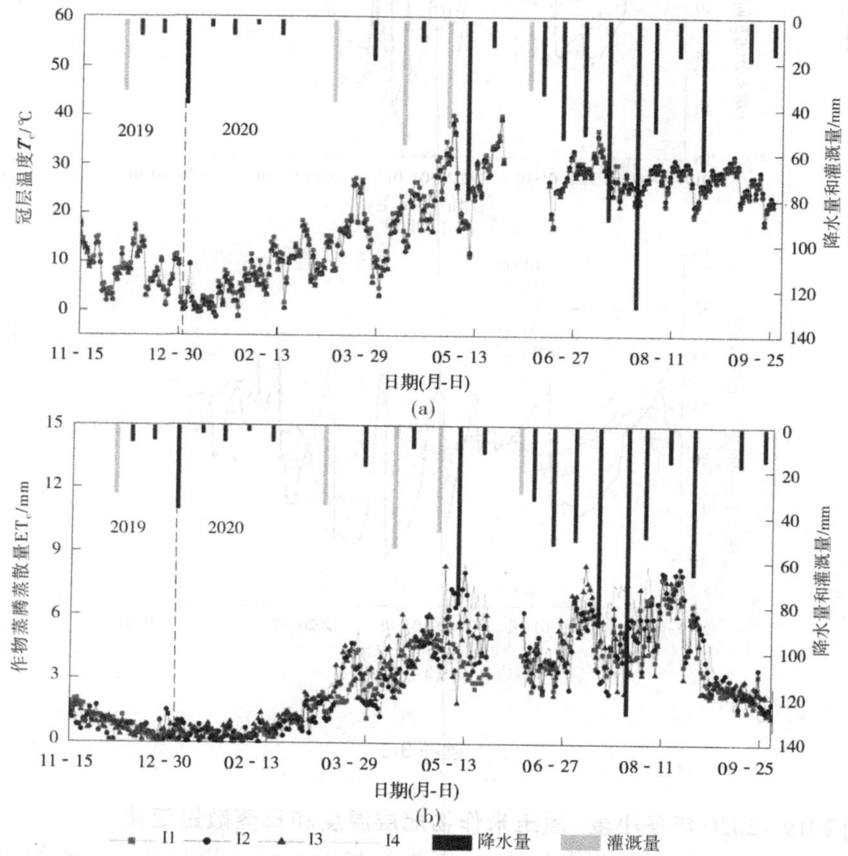

图 3-4　2019~2020 年冬小麦-夏玉米冠层温度与作物日蒸散量动态变化

（五）冬小麦-夏玉米 ET_c 与 0~30 cm 土壤温度、含水量的多元线性关系

回归分析表明，2019~2020 年冬小麦-夏玉米的日蒸散量与 0~30 cm 土壤温度（T_s）、0~30 cm 土壤含水量（SWC）呈极显著多元线性相关关系（$p<0.001$）（见表 3-4、表 3-5）。其中，小麦季 T_s 和 SWC 对 ET_c 的决定系数 R^2 为 0.744~0.839，高于玉米季的，说明玉米季 ET_c 受其他因子的影响较小麦季大。从小麦季土壤温度对 ET_c 的影响权重上看，20 cm 土壤温度显著高于 10 cm 和 30 cm 土壤温度的影响，而表层 0 cm 土壤温度的影响权重最小，为 0.049~0.470，显著低于 10~30 cm T_s 的权重；小麦季 20 cm 和 30 cm 的 SWC 对 ET_c 的影响权重差异不显著，但显著高于 10 cm 的 SWC 权重。玉米季各处理土壤温度对 ET_c 影响的权重以 10 cm、20 cm 或 30 cm 的 T_s 为主，0 cm T_s 的权重最小。I2 处理至 I4

处理 20 cm 土层的 SWC 对 ET_c 的权重影响均小于 0.071，说明 2020 年玉米季 SWC 不是影响 ET_c 变异的主要因子。而 I1 处理 SWC 的影响权重与小麦季 I1 处理较相似，表明小麦季干旱处理对玉米季 ET_c 仍存在延续性影响。

表 3-4 冬小麦 ET_c 与 0~30 cm 土壤温度(T_s)及含水量(SWC)的多元线性回归

处理	土壤温度/℃				土壤含水量/%			截距	R^2
	0 cm	10 cm	20 cm	30 cm	10 cm	20 cm	30 cm		
I1	0.470	-2.252	4.807	-2.781	0.034	-0.202	0.202	-2.360	0.744**
I2	0.275	-1.862	4.240	-2.500	-0.001	0.212	-0.367	0.242	0.825**
I3	0.049	0.232	0.459	-0.492	-0.033	0.037	-0.104	1.656	0.839**
I4	0.272	-2.569	6.275	-3.827	-0.198	0.531	-0.513	6.307	0.817**

注：** 表示极显著相关水平($p< 0.001$)。

表 3-5 夏玉米 ET_c 与 0~30 cm 土壤温度(T_s)及含水量(SWC)的多元线性回归

处理	土壤温度/℃				土壤含水量/%			截距	R^2
	0 cm	10 cm	20 cm	30 cm	10 cm	20 cm	30 cm		
I1	-0.459	3.093	-5.187	3.217	-0.073	0.335	-0.133	-14.642	0.752**
I2	0.249	0.168	0.513	-0.291	-0.01	0.071	0.052	-14.199	0.648**
I3	-0.394	1.552	-1.398	0.871	0.005	-0.041	0.067	-12.047	0.653**
I4	-1.042	3.045	-1.145	-0.264	0.045	0.059	-0.041	-11.734	0.681**

注：** 表示极显著相关水平($p< 0.001$)。

(六)冬小麦-夏玉米水分胁迫指数阈值的确定

确定可靠的水分胁迫指数(CWSI)阈值对于精量灌溉至关重要，因为它直接影响 GY 和 WUE。为了使相关分析具有可比性，将 GY 和 WUE 数据标准化为 0 到 1.0 的范围(见图 3-5)。对于小麦，GY(R^2=0.915)和 WUE(R^2=0.873)分别与 CWSI 阈值的增加呈线性减少和增加关系。同时，对于玉米，GY(R^2=0.856)和 WUE(R^2=0.629)均建立了二次方程。在以往的文献中，CWSI 的阈值主要凭研究人员的经验获取。针对小麦和玉米作物，本书采用了一种截然不同的解决方案来确定可靠的 CWSI 阈值。在本书中，可靠阈值被定义为能够实现高 GY 和高 WUE 双重目标的阈值。根据定义，认为两个函数的交叉值是满足双重目标的阈值。例如，在冬小麦的 CWSI 阈值为 0.322 时，标准化值为 0.575 是可取的。同样，夏玉米的最佳阈值为 0.299，因为它获得了 0.765 的高标准化值。与本研究中的亚湿润气候相比，地中海半干旱气候下的玉米 CWSI 限值为 0.22，这意味着气候条件对 CWSI 阈值有显著影响。

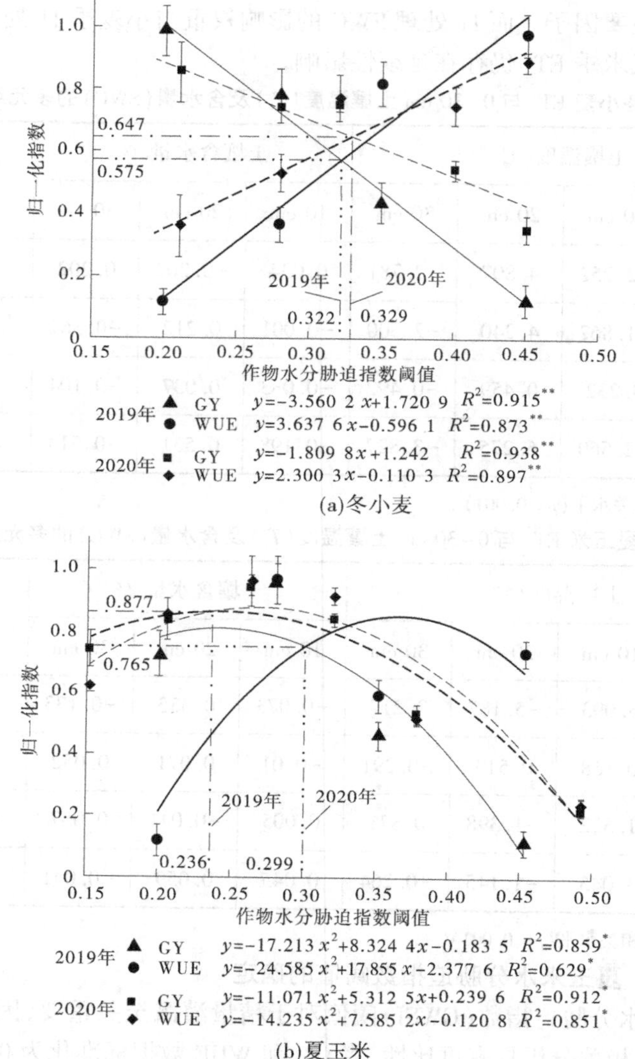

图3-5　2019~2020年冬小麦-夏玉米水分胁迫阈值的确定

第二节　基于光谱特征的玉米植株水分诊断

通过开展多年多生态点、品种、灌溉量、灌溉时期和灌溉方式的夏玉米田间试验，定量分析在不同水分处理下夏玉米生长过程中地上部干物质、叶面积指数、植株含水量的动态变化规律，探明夏玉米地上部干物质和叶面积指数与植株含水量的相互关系，研究建立基于地上部干物质和叶面积指数的夏玉米植株临界含水量模型，并利用独立的试验资料验证模型的准确性和稳定性。在夏玉米植株临界含水量模型基础上构建了植株水分诊断指数模型,分析在不同水分处理下植株水分诊断指数随生育进程的变化规律,建立水分诊断指数与夏玉米叶片光合作用的关系。综合不同试验的植株水分诊断指数与冠层高光谱反射率及特征光谱参数的相关分析,采用减量精细采样法优选出对植株水分诊断指数最敏感的光谱波段组合,建立反演模型,进一步利用独立的试验数据对模型的精确性和稳定性进行测试验证。

一、试验材料与方法

(一)开展了夏玉米测坑和田间试验

2017~2019 年试验分别在中国农业科学院农田灌溉研究所新乡七里营基地(简称七里营基地)和河南省焦作市广利灌区试验站防雨棚下的测坑内进行,均选用当地主栽品种,播期为 6 月中旬,播种量为 7.5 万株/hm^2 左右,七里营基地的灌溉方式为滴灌、广利灌区的灌溉方式为喷灌,两个地点的试验均设计了品种和水分两个因子,采用裂区试验设计,每个试验点主区为 2 个品种,裂区为 5 个水分处理,重复 3 次,共 30 个测坑。本试验采用测墒补灌的方法设置水分处理。在夏玉米生育期内目标土壤计划湿润层为 60 cm,当计划湿润层平均含水量低于目标土壤含水量的上限时补灌。目标土壤含水量通过田间持水量乘以目标土壤相对含水量计算得出,目标土壤相对含水量设置 5 个水平,分别为 W0(45%~50%)、W1(55%~60%)、W2(65%~70%)、W3(75%~80%)。播种-拔节每 15 d 测墒一次,拔节后每 10 d 测墒一次。采用取土法测定土壤含水量。在播种前为保证出苗,统一浇灌 30 mm 水,出苗后严格按照试验设计控制水分,每个试验区灌水量用单独的水表计量。每个小区内在播前施入 150 kg/hm^2 氮肥(N),150 kg/hm^2 磷肥(P_2O_5)和 150 kg/hm^2 钾肥(K_2O),拔节期追施 150 kg/hm^2 氮肥(N),其他栽培管理措施同一般高产田。

(二)试验指标测定

1. 气象数据采集

在试验地点安装有自动气象观测站,可以记录每小时的温度、湿度、气压、风向、蒸发、雨量等气象数据。

2. 叶面积指数测定

在取样日 08:00~10:00,每小区取夏玉米 5 株,按茎、叶、雌穗和雄穗等器官进行分离,立即装入自封袋中,带回室内称取各部分鲜样重后,使用 LAI-3000 叶面积仪测量所有绿色叶片的叶面积,折算出单位土地面积上的绿叶片总面积,即叶面积指数。

3. 地上部干物质和植株含水量的测定

在测量完取样植株叶面积后,植株各器官样品在 105 ℃下杀青 30 min,并在 80 ℃下烘干至恒重后称重,得到各器官的干物重,并累加计算出地上部干物质量,进而折算出单位土地面积上的地上部干物质量。植株含水量(%)=(地上部鲜样重-地上部干物质量)/地上部鲜样重 100%。

4. 叶片光合作用测定

使用 LI-COR 公司生产的 LI-6400 型便携式光合作用测定仪在 10:00~12:00 测定夏玉米叶片的净光合速率。每个处理随机选取 3 株长势良好的玉米,抽雄以前测定样株顶

3 叶，抽雄期以后测定穗位叶。测定使用开放式气路，选择红蓝主动光源。

5. 夏玉米冠层高光谱数据测定

夏玉米冠层光谱测量采用美国 Analytical Spectral Device（ASD）公司的 FieldSpec 4 便携式光谱仪。在夏玉米的拔节期、小喇叭口期、大喇叭口期、抽雄期、开花期、抽丝期、灌浆期测定冠层光谱反射率，选择在天气晴朗、无风或风速很小时进行，测定时间为 10:00～14:00，以 10 个光谱为一采样光谱，每个观测点记录 10 个采样光谱，以其平均值作为该观测点的光谱反射值。

6. 籽粒品质和产量测定

在玉米吐丝期，每处理选择生长一致、同日吐丝的植株不少于 25 株当日挂牌。从吐丝之日起，每处理间隔 10 d 取 3 穗同日吐丝的果穗，每穗取中下部籽粒各 100 粒，分别测定籽粒鲜重、干重，并将烘干后的籽粒粉碎，备测不同成熟阶段的籽粒营养物质含量。分别用凯氏定氮法测定籽粒氮含量，用硫酸蒽酮法测定籽粒可溶性糖含量，用索式提取法测定籽粒脂肪含量。在玉米成熟期分别在各处理的每个小区未取样处选择 1 m 长双行调查单位土地穗数，并取 5 株做室内考种分析，获得产量构成三因素。每小区收获 1 m^2 面积，脱粒测产。

（三）模型构建与检验

1. 植株临界含水量模型

本项目分别构建了基于地上部干物质和叶面积指数的植株临界含水量模型，两个模型的构建方法相同，因此以基于地上部干物质的植株临界含水量模型为例，详细介绍此模型的构建方法。其步骤如下：利用方差分析将不同水分处理下的地上部干物质分为两类，第一类为地上部干物质积累显著受到水分的影响，其地上干物质与植株含水量的关系进行线性拟合，第二类为地上部干物质积累不受水分的影响，用其地上部干物质的平均值代表最大干物质，植株临界含水量由上述线性曲线与以最大干物质为横坐标的垂线相交、其交点的纵坐标决定（见图 3-6），将每个取样日计算出的临界含水量与对应的地上部干物质量进行拟合，得出基于地上部干物质的夏玉米植株临界含水量（W_c）模型。

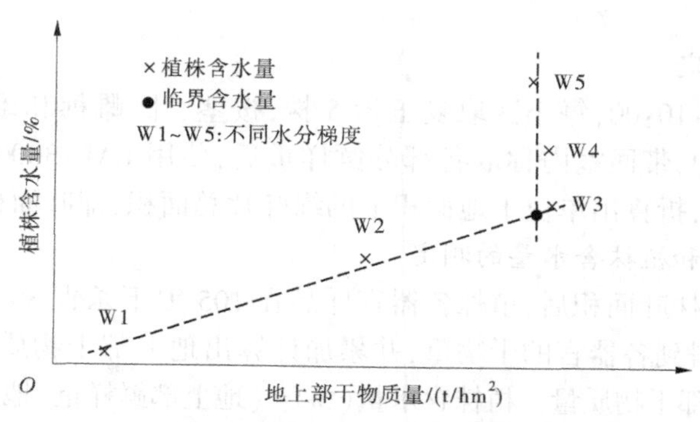

图 3-6　计算夏玉米植株临界含水量的示意图

2. 植株水分诊断指数模型

在临界含水量模型的基础上，进一步建立了植株水分诊断指数（WDI）模型：

$$WDI = W_a / W_c \tag{3-8}$$

式中　WDI——水分诊断指数；

W_a——地上部植株含水量的实测值；

W_c——以相同地上部干物质根据临界含水量模型求得的临界含水量值。

WDI 可以定量地反映作物体内水分状况，若 WDI = 1，表明作物体内水分状况处于最佳状态；若 WDI 高于 1，表明水分过剩；若 WDI 低于 1，则表明水分不足。

3. 模型测试和检验

利用独立试验数据，采用国际上常用的均方根误差（RMSE）对模型的模拟值和观测值拟合度进行统计分析，并绘制观测值与模拟值之间的 1∶1关系图，以直观展示模拟值和观测值的拟合度和可靠性。RMSE 的计算公式如下：

$$RMSE = \sqrt{\frac{\sum_{i=1}^{n}(P_i - Q_i)^2}{n}} \times \frac{100}{\overline{Q_i}} \tag{3-9}$$

式中　n——模型测试检验样本数；

P_i——模型估测值；

Q_i——模型观测值；

$\overline{Q_i}$——模型观测值的平均值。

使用软件 GenStat12 的简单分组线性回归功能，测试本研究所构建的临界含水量模型在不同生态区、品种之间是否有差异，曲线拟合方程为

$$Y = cX + d \tag{3-10}$$

式中　Y——依变数；

X——自变数；

c、d——拟合参数。

采用 Excel 软件完成全部数据处理和作图，SPSS 统计软件进行统计分析。

（四）高光谱数据分析与利用

1. 光谱指数的构建

基于 350～2 500 nm 波段范围内的原始光谱反射率（R_λ）、一阶导数光谱反射率（FD_λ）、反对数光谱反射率（AL_λ）和倒数光谱反射率（RC_λ），构建由任意两波段（λ_1、λ_2）组合而成的归一化光谱指数 NDSI、比值光谱指数 RVI 和差值光谱指数 DSI，具体见表 3-6。根据 NDSI、RVI 和 DSI 对夏玉米植株水分诊断指数的估测能力，筛选出表现最好的光谱指数及敏感波段组合。

2. 敏感光谱指数的选择

为了从海量的光谱波段中选择对植株水分诊断指数最敏感的波段，本研究选择了减量精细采样法，具体分为以下 2 个模块。

首先，采用降采样法构建估算植株水分诊断指数的光谱指数（NDSI、RSI 和 DSI），即在 350～2 500 nm 范围内每隔 10 个波段读取光谱反射率数据，采用矩阵的形式，将两两组合的所有可能波段构建的光谱指数（X）与夏玉米植株水分诊断指数（Y）拟合方程 Y=

$f(X)$（式中 X 为光谱指数，Y 为植株水分诊断指数），计算相应的决定系数（R^2），绘制决定系数的浓度等高线图，确定 R^2 较大的波段范围。

表 3-6 本研究所构建的光谱指数及其算法

光谱类型	光谱指数及其算法		
	NDSI	RSI	DSI
原始光谱	$(R_{\lambda1}-R_{\lambda2})/(R_{\lambda1}+R_{\lambda2})$	$R_{\lambda1}/R_{\lambda2}$	$R_{\lambda1}-R_{\lambda2}$
一阶导数光谱	$(FD_{\lambda1}-FD_{\lambda2})/(FD_{\lambda1}+FD_{\lambda2})$	$FD_{\lambda1}/FD_{\lambda2}$	$FD_{\lambda1}-FD_{\lambda2}$
反对数光谱	$(AL_{\lambda1}-AL_{\lambda2})/(AL_{\lambda1}+AL_{\lambda2})$	$AL_{\lambda1}/AL_{\lambda2}$	$AL_{\lambda1}-AL_{\lambda2}$
倒数光谱	$(RC_{\lambda1}-RC_{\lambda2})/(RC_{\lambda1}+RC_{\lambda2})$	$RC_{\lambda1}/RC_{\lambda2}$	$RC_{\lambda1}-RC_{\lambda2}$

然后，在选取敏感波段范围的基础上，采用精细采样法，逐个波段读取光谱反射率数据，两两组合构建所有可能的光谱指数，并与夏玉米植株水分诊断指数进行方程拟合，基于决定系数（R^2）和标准误（SE）及光谱学原理，确立最佳敏感波段和相应的光谱指数。

最后，采用独立年份的试验资料对确定的敏感波段和相应的光谱指数进行检验，基于 R^2 较大、RMSE 较小的原则，测试检验敏感波段和相应的光谱指数。本书中的统计工作和等高线图均在 Matlab7.0 平台中通过自编程序实现。

二、试验结果与分析

（一）夏玉米冠层生物量、叶面积指数和植株含水量的变化规律

1. 不同水分梯度下夏玉米冠层生物量变化规律

在夏玉米生长阶段，灌溉量对冠层干物质的积累具有明显的影响。冠层干物质随着灌溉量的增加而增加（见图 3-7）。在 2017 年试验中，郑单 958（ZD958）冠层干物质的变化范围为 0.19~3.6 t/hm²［见图 3-7(a)］，登海 605（DH605）冠层干物质的变化范围为 0.17~3.26 t/hm²［图 3-7(b)］；在 2018 年试验中，郑单 958 冠层干物质的变化范围为 0.26~3.52 t/hm²［见图 3-7(c)］，登海 605（DH605）冠层干物质的变化范围为 0.28~3.24 t/hm²［见图 3-7(d)］。在 2017 年夏玉米生长季，叶片干物质的增加是从 W0 处理到 W2 处理，然而 W2 处理和 W3 处理间的叶片干物质没有显著性差异。在 2018 年夏玉米生长季，不同灌溉处理间冠层干物质的变化趋势与 2017 年生长季相仿。因此，不同灌溉处理间冠层干物质的变化趋势可以用下面的不等式表达：

$$LDM_0<LDM_1<LDM_2=LDM_3 \tag{3-11}$$

式中 LDM_0、LDM_1、LDM_2、LDM_3——W0、W1、W2、W3 处理的冠层干物质量。

2. 不同水分梯度下夏玉米叶面积指数变化规律

夏玉米叶面积指数（LAI）随生育进程逐渐增加，在开花期到达最大值（见表 3-7）。在不同水分处理之间随灌溉量的增加，夏玉米叶面积指数不断增大，在充足灌溉条件下，夏玉米叶面积指数趋于饱和。对不同水分处理之间 LAI 的方差分析可得，2017 年和 2018 年水分梯度试验夏玉米 LAI 在 W2 处理、W3 处理内差异不显著，但显著大于 W0 处理和 W1

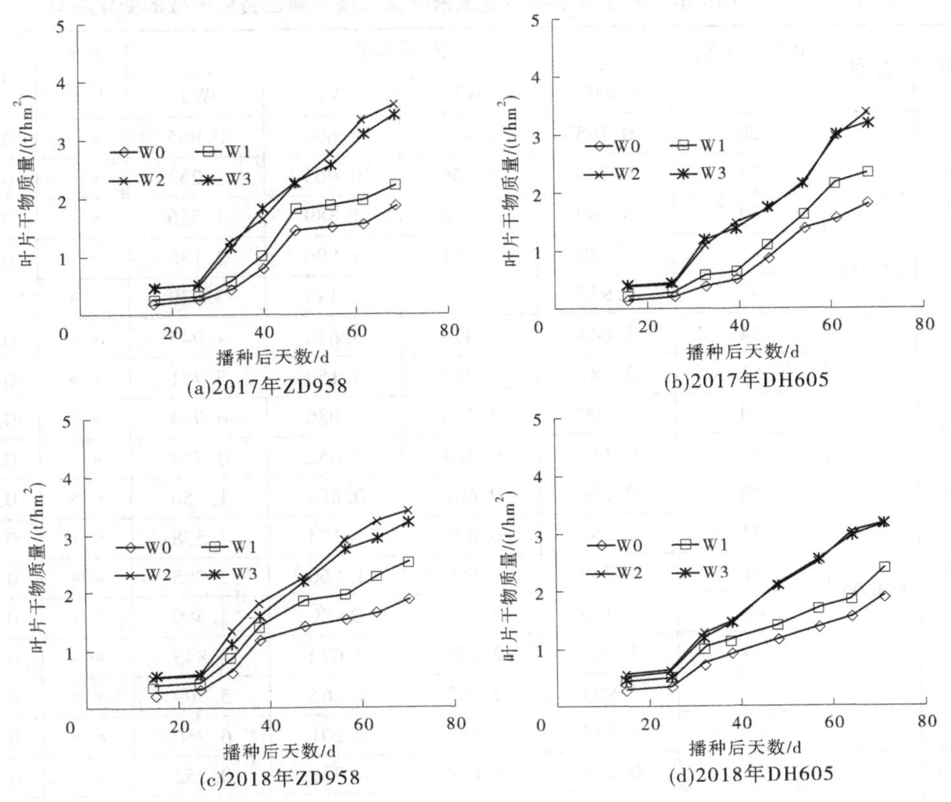

图 3-7 不同水分梯度处理下夏玉米冠层干物质的变化趋势

处理,而且水分对 LAI 的促进效应在抽雄期最为显著,2017 年试验中 W3 处理较 W0 处理的 LAI 增加了 2.15 倍,2018 年试验中 W3 处理较 W0 处理 LAI 增加了 3.47 倍。综上所述,2 年水分梯度试验的夏玉米 LAI 满足下列统计意义上的不等式:

$$LAI_0 < LAI_1 < LAI_2 = LAI_3 \tag{3-12}$$

式中 LAI_0、LAI_1、LAI_2、LAI_3——W0、W1、W2、W3 水平下的夏玉米叶面积指数。

3. 不同水分梯度下夏玉米冠层含水量变化规律

在 2017 年和 2018 年夏玉米生长季,冠层含水量随着灌溉量的增加而增加。在夏玉米生长早期,冠层含水量保持了相对的稳定;而当夏玉米到达拔节期以后,冠层含水量逐渐下降。在 2017 年夏玉米生长季,在不同水分梯度下郑单 958 的冠层含水量为 74.48%~93.82%[见图 3-8(a)],在不同水分梯度下登海 605 的冠层含水量为 75.85%~93.49%[见图 3-8(b)]。在 2018 年夏玉米生长季,在不同水分梯度下郑单 958 的冠层含水量为 74.55%~93.87%[见图 3-8(c)],在不同水分梯度下登海 605 的冠层含水量为 75.1%~93.73%[见图 3-8(d)]。经过两年的田间试验,通过对比夏玉米品种间的冠层含水量,发现冠层含水量在品种之间的变化不明显。

表 3-7　2007~2018 年不同灌溉水平下夏玉米叶面积指数随出苗后天数的变化趋势

年份	品种	出苗后天数/d	灌溉水平				F 值检验	LSD
			W0	W1	W2	W3		
2017	ZD958	20	0. 165	0. 412	0. 698	0. 895	* *	0. 10
		28	0. 229	0. 756	0. 965	1. 253	* *	0. 19
		34	0. 569	1. 185	1. 389	1. 556	* *	0. 13
		41	0. 740	1. 401	1. 896	2. 136	* *	0. 20
		48	0. 934	1. 797	2. 148	3. 639	* *	0. 28
		54	2. 043	2. 414	3. 648	4. 945	* *	0. 50
		61	2. 287	2. 994	4. 159	5. 781	* *	0. 58
		69	2. 400	3. 255	5. 086	6. 914	* *	0. 63
	DH605	20	0. 115	0. 423	0. 652	0. 758	* *	0. 12
		28	0. 289	0. 687	0. 854	1. 156	* *	0. 05
		34	0. 568	0. 875	1. 125	1. 538	* *	0. 29
		41	0. 749	1. 080	1. 860	2. 795	* *	0. 33
		48	1. 420	2. 007	2. 78	3. 589	* *	0. 33
		54	1. 802	2. 126	3. 672	4. 845	* *	0. 18
		61	1. 983	2. 507	4. 265	5. 509	* *	0. 33
		69	2. 134	3. 142	5. 201	6. 956	* *	0. 31
2018	ZD958	21	0. 258	0. 658	0. 738	0. 752	* *	0. 11
		29	0. 418	0. 735	0. 851	0. 952	* *	0. 09
		35	0. 784	1. 139	1. 405	1. 594	* *	0. 21
		43	1. 018	1. 666	2. 357	2. 447	* *	0. 25
		50	1. 518	2. 266	3. 037	3. 447	* *	0. 48
		56	3. 223	3. 841	4. 884	5. 288	* *	0. 46
		63	3. 885	4. 636	6. 386	6. 453	* *	0. 54
		71	3. 439	5. 064	7. 245	7. 256	* *	0. 45
	DH605	21	0. 368	0. 524	0. 683	0. 712	* *	0. 09
		29	0. 569	0. 756	0. 869	0. 902	* *	0. 25
		35	0. 756	1. 123	1. 469	1. 383	* *	0. 36
		43	1. 018	1. 466	1. 937	1. 747	* *	0. 31
		50	1. 418	2. 066	2. 637	2. 747	* *	0. 37
		56	3. 023	3. 841	5. 424	4. 948	* *	0. 42
		63	3. 485	4. 436	6. 286	6. 153	* *	0. 50
		71	3. 339	5. 064	6. 245	6. 236	* *	0. 58

注：表中 F 值为方差分析中两个均分的比值，* * 表示 F 值达到极显著水平（$p<0.01$），LSD 为最小显著差异值。

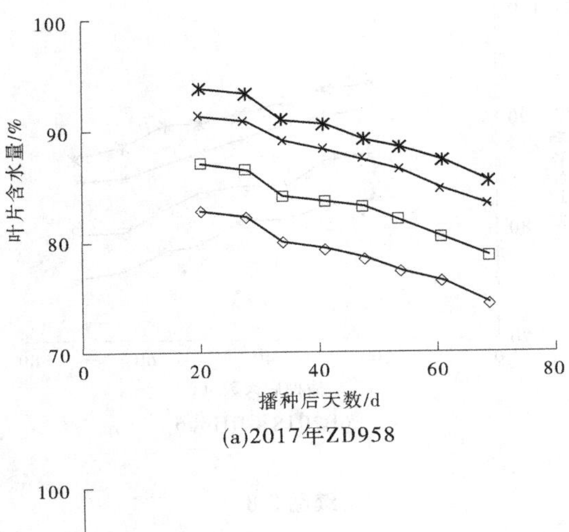

(a)2017年ZD958

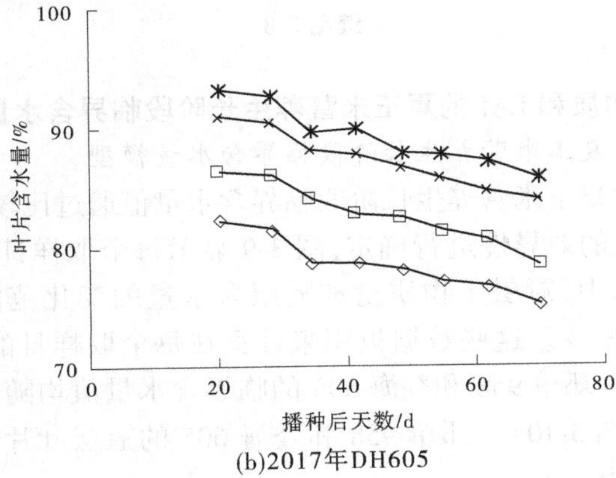

(b)2017年DH605

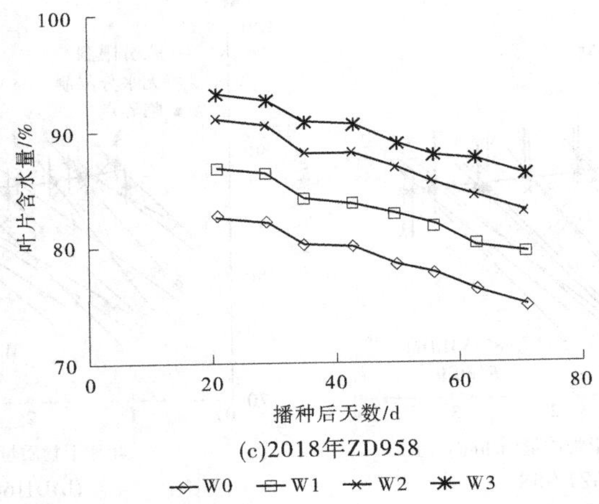

(c)2018年ZD958

图 3-8 不同水分梯度下夏玉米冠层含水量的变化趋势

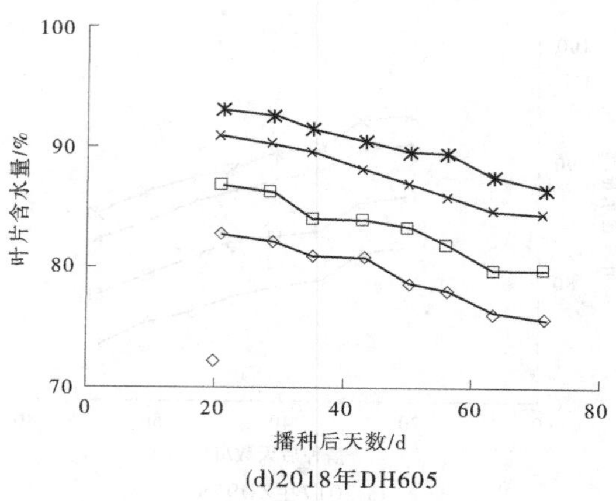

(d)2018年DH605

续图 3-8

(二)基于冠层干物质和 LAI 的夏玉米营养生长阶段临界含水量模型

1. 基于冠层干物质夏玉米营养生长阶段临界含水量模型

基于冠层干物质的夏玉米营养生长阶段临界含水量值通过比较不同水分梯度下夏玉米植株干物质和含水量的差异性进行确定,图 3-9 显示每个取样日期的冠层临界含水量值的计算过程。在本书中,冠层干物质量和冠层含水量的变化范围分别为 0. 17~3. 52 t/hm^2 和 74. 48%~93. 87%。这些数据被用来计算在每个取样日的冠层临界含水量值。在夏玉米的两个品种间,郑单 958 和登海 605 的临界含水量值均随着叶片干物质(LDM)的增加而逐渐下降(见图 3-10)。郑单 958 和登海 605 的冠层叶片临界含水量曲线均能够被幂函数拟合,分别为

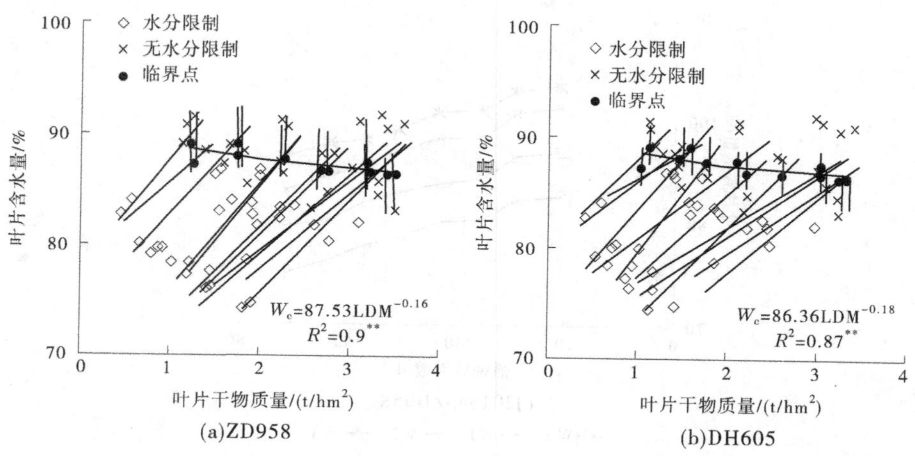

图 3-9　不同水分处理下基于冠层干物质量的夏玉米营养生长阶段叶片临界含水量模型的构建过程

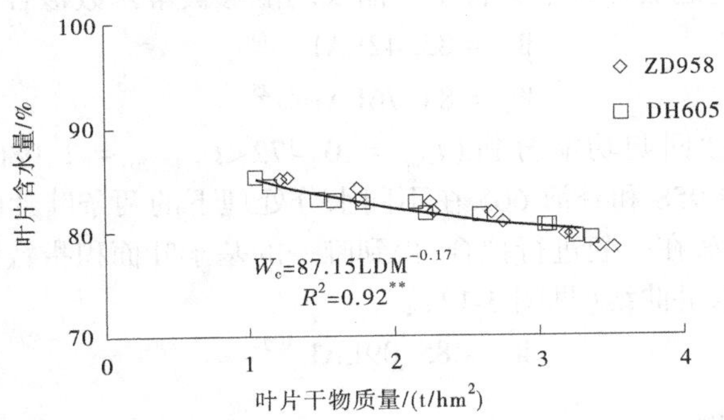

图 3-10　基于叶片干物质量的夏玉米营养生长阶段临界含水量模型

郑单 958：
$$W_c = 87.53\text{LDM}^{-0.16} \tag{3-13}$$
登海 605：
$$W_c = 86.36\text{LDM}^{-0.18} \tag{3-14}$$

经过简单分组线性回归功能分析($t_{slope} = 0.358 < t_{(0.05,20)} = 2.086$，$t_{intercept} = 0.212 < t_{(0.05,20)} = 2.086$)，郑单 958 和登海 605 在不同水分处理下的两条临界含水量曲线没有明显差异，因此可以放在一起进行拟合，得到唯一的基于叶片干物质的夏玉米营养生长阶段冠层叶片临界含水量(W_c)曲线(见图 3-10)：

$$W_c = 87.15\text{LDM}^{-0.17} \tag{3-15}$$

2. 基于叶面积指数的夏玉米营养生长阶段冠层临界含水量模型建立

与基于叶片干物质的夏玉米临界含水值计算方法相同，基于叶面积指数的夏玉米营养生长阶段叶片临界含水值是通过比较不同水分梯度下夏玉米植株叶面积指数和叶片含水量之间的差异性进行确定，图 3-11 显示每个取样日期的冠层临界含水量值的计算过程。在本书中，叶面积指数和冠层含水量的变化分别为 0.26~3.78 和 74.48%~93.87%。这些数据被用来计算在每个取样日的冠层临界含水量值。在夏玉米的两个品种间，郑单 958 和登海 605 的冠层临界含水量值均随着 LAI 的增加而逐渐下降(见图 3-12)。

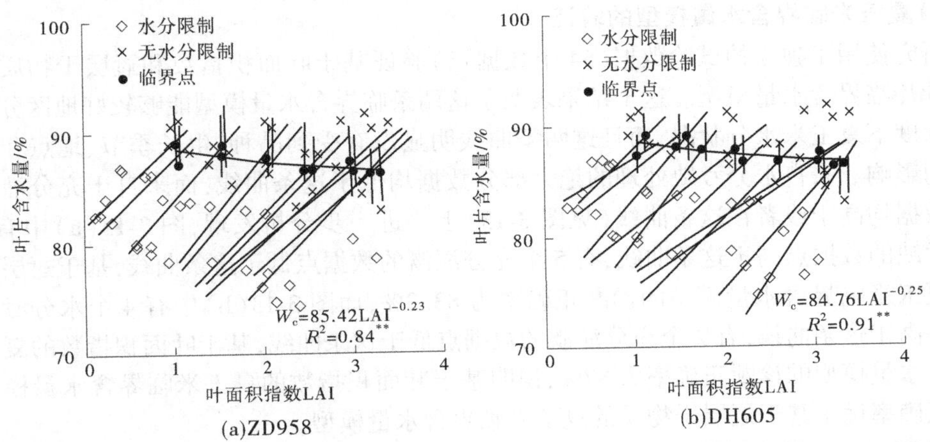

图 3-11　不同水分处理下基于叶面积指数的夏玉米营养生长阶段叶片临界含水量模型的构建过程

郑单 958 和登海 605 的冠层叶片临界含水量曲线均能够被幂函数拟合,分别为

郑单 958:　$$W_c = 85.42\mathrm{LAI}^{-0.23} \qquad (3\text{-}16)$$

登海 605:　$$W_c = 84.76\mathrm{LAI}^{-0.25} \qquad (3\text{-}17)$$

经过简单分组线性回归功能分析($t_{slope} = 0.472 < t_{(0.05,20)} = 2.086$, $t_{intercept} = 0.263 < t_{(0.05,20)} = 2.086$),郑单 958 和登海 605 在不同水分处理下的两条叶片临界含水量曲线没有明显差异,因此可以放在一起进行拟合,得到唯一的基于叶面积指数的夏玉米营养生长阶段冠层叶片临界含水量曲线(见图 3-12):

$$W_c = 85.09\mathrm{LAI}^{-0.24} \qquad (3\text{-}18)$$

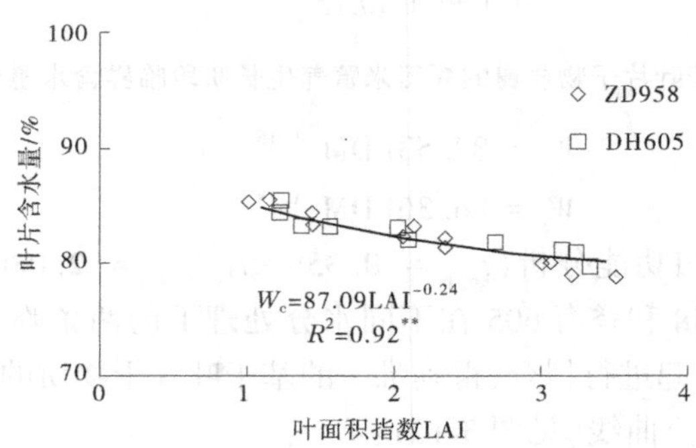

图 3-12　基于叶面积指数的夏玉米营养生长阶段临界含水量模型

对基于冠层干物质和叶面积指数的夏玉米临界含水量模型参数进行对比,可以发现基于冠层干物质的临界含水量模型参数 a 的值要高于基于叶面积指数的临界含水量模型参数 a 的值,说明当冠层干物质为 1 t/hm^2 时,夏玉米临界含水量的值要高于叶面积指数为 1 的临界含水量值;而基于冠层干物质的临界含水量模型参数 b 的值要低于基于叶面积指数的临界含水量模型参数 b 的值,说明冠层干物质对冠层含水量的稀释程度不如叶面积指数的稀释程度高。

(三)夏玉米临界含水量模型的验证

本研究使用了独立的试验数据(54 个数据点)验证基于叶面积指数和冠层干物质的夏玉米叶片临界含水量模型。这个结果表明了这两条临界含水量模型能够较好地区分不同水分梯度下夏玉米水分状况,而且这两条曲线明显没有受到品种、生长季节、地点和生长阶段的影响。来自水分亏缺处理的绝大部分数据均低于这条曲线,而来自于充分灌溉处理的数据均高于或者在这条曲线(见图 3-13)上。进一步分析发现,图 3-13(a)中有 4 个水分亏缺的数据点高于这条曲线,有 5 个充分灌溉的数据点低于这条曲线,基于冠层干物质的夏玉米临界含水量模型的诊断正确率为 83.3%,而图 3-13(b)中有 4 个水分亏缺的数据点高于这条曲线,有 2 个充分灌溉的数据点低于这条曲线,基于叶面积指数的夏玉米临界含水量模型的诊断正确率为 87%,说明基于叶面积指数的夏玉米临界含水量模型的诊断正确率优于基于冠层干物质的夏玉米临界含水量模型。

(四)不同水分梯度下夏玉米水分诊断指数的变化趋势

基于夏玉米冠层叶片临界含水量模型,进一步计算了 2019 年夏玉米不同生育阶段的

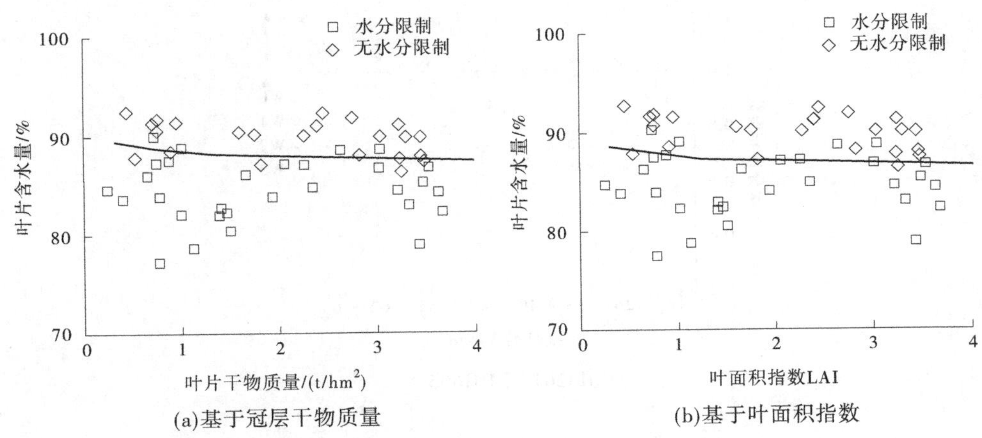

(a)基于冠层干物质量 (b)基于叶面积指数

图 3-13 夏玉米临界含水量模型的验证

水分诊断指数(WDI)。水分诊断指数在不同水分梯度下存在着较大的变化。在播种后 15 d,水分诊断指数开始随着灌溉量的减少而下降。在 2019 年夏玉米生长季,郑单 958 的水分诊断指数的变化范围为 0.52~1.16[见图 3-14(a)];登海 605 的水分诊断指数的变化范围为 0.7~1.12[见图 3-14(b)];登优 919(DY919)的水分诊断指数的变化范围为 0.49~1.16[见图 3-14(c)];登海 618(DH618)的水分诊断指数的变化范围为 0.62~1.11[见图 3-14(d)]。水分诊断指数在 W2 处理和 W3 处理间是大于或等于 1 的,表明夏玉米的生长没有受到水分影响,而水分诊断指数在 W0 处理和 W1 处理间是小于 1 的,表明夏玉米的生长受到了水分亏缺的影响。这些结果表明水分诊断指数能够提供一个精确定量的夏玉米水分状况诊断。

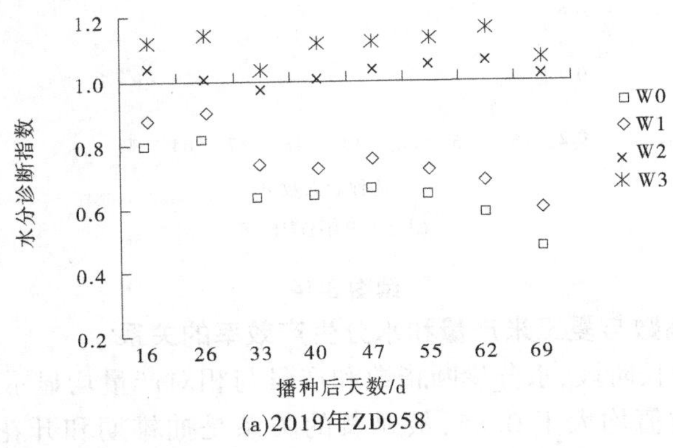

(a)2019年ZD958

图 3-14 不同灌溉处理下夏玉米水分诊断指数的变化趋势

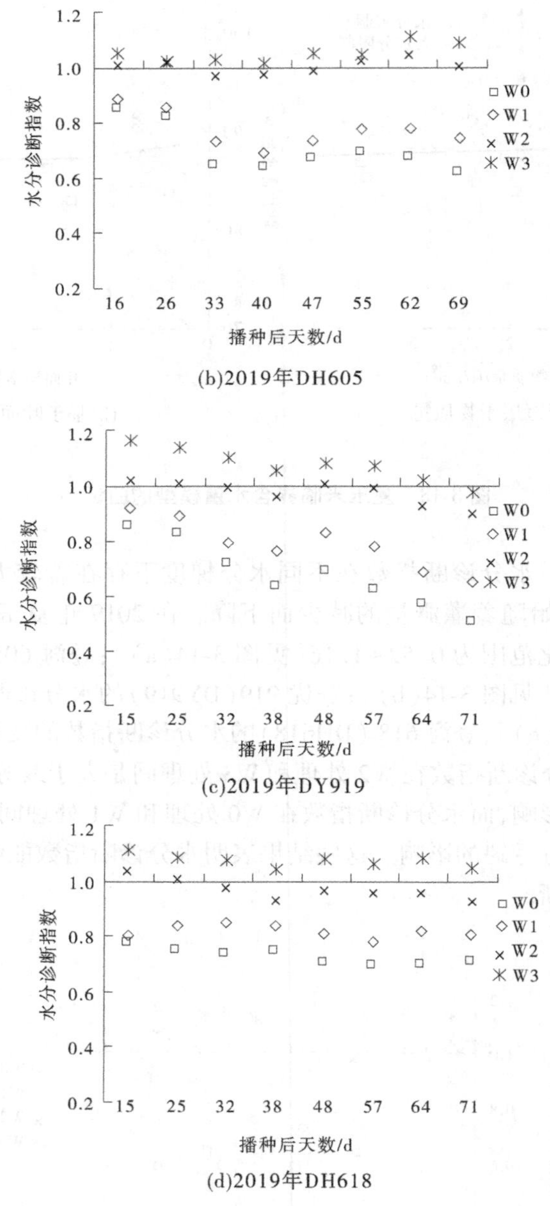

(b)2019年DH605

(c)2019年DY919

(d)2019年DH618

续图 3-14

(五)水分诊断指数与夏玉米产量和水分生产效率的关系

在夏玉米不同生长阶段,水分诊断指数和产量与相对产量均显示显著正相关。所有这些关系的相关系数值均大于 0. 85,最显著的关系是抽雄期和开花期,相关系数高达 0. 91。这些显著的产量与水分诊断指数的关系能够较好地反映产量对灌溉量的反馈。然而,不同生长阶段的水分诊断指数与水分生产效率(WPE)之间呈显著的负相关(见表 3-8)。

表 3-8　不同生育期水分诊断指数与产量和水分生产效率的相关系数

项目	拔节期 WDI	抽雄期 WDI	开花期 WDI	产量 GY	相对产量 RY	WPE
拔节期 WDI	—	0.91**	0.87**	0.88**	0.88**	-0.60*
抽雄期 WDI		—	0.92**	0.91**	0.85**	-0.50*
开花期 WDI			—	0.91**	0.85**	-0.47*
产量 GY				—	0.92**	0.10
相对产量 RY					—	0.30
WPE						—

(六)建立了基于高光谱遥感的夏玉米水分诊断指数反演模型

1. 夏玉米干物质量、含水量、水分积累量和水分诊断指数的方差分析

夏玉米干物质量、含水量、水分积累量和水分诊断指数在年份和品种之间没有显著的差异,在不同的水分处理间表现为显著差异(见表 3-9),年份和品种的交互作用在干物质、含水量、水分积累量和水分诊断指数之间没有显著差异,年份和水分处理的交互作用及品种和水分处理间的交互作用在干物质、含水量、水分积累量和水分诊断指数间存在显著差异。年份、品种和水分处理三者间在干物质、含水量、水分积累量和水分诊断指数间存在显著差异。

表 3-9　夏玉米干物质、含水量、水分积累量和水分诊断指数在年份、品种、灌溉处理及其交互作用的方差分析

参数	年份(Y)	品种(C)	水分处理(W)	Y×C	Y×W	C×W	Y×C×W
干物质/(t/hm^2)	NS	NS	***	NS	***	***	**
含水量/%	NS	NS	***	NS	**	***	*
水分累积量/(kg/hm^2)	NS	NS	***	NS	***	***	**
水分诊断指数 WDI	NS	NS	***	NS	**	**	*

注:表中 NS 表示没有显著差异;*代表 5%显著性水平,**代表 1%显著性水平,***代表 0.1%显著性水平;×表示两因素或三因素的交互作用。

2. 不同水分处理下夏玉米水分诊断指数的变化趋势

在不同水分处理间,水分诊断指数存在着较大的变化。随着灌溉水平的提高,郑单 958 和登海 605 的水分诊断指数不断上升,其值在 0.67~1.28。其中,2017 年 W3 处理和 2018 年 W2 处理、W3 处理的水分诊断指数在 1 附近变化,可以认为此时灌溉量较适宜(见图 3-15)。2017 年郑单 958 的 W0 处理下,由于没有进行灌溉,夏玉米水分诊断指数从拔节期到抽雄期逐渐下降,从 0.73 降低到 0.67;低水分处理(W1)下,夏玉米在拔节期已经表现出水分不足,植株水分诊断指数为 0.84,在拔节期灌溉后,夏玉米在拔节期后水分诊断指数提高到 0.92,但由于灌溉量较少,水分供应不足,植株水分诊断指数在大喇叭口和抽雄期后又慢慢下降到 0.76;高水分处理(W3)和适宜水分处理(W2)下,玉米拔节期基本没有出现水分需求,所以灌溉以后植株水分诊断指数都大于或等于 1,且随生育进

程 WDI 出现轻微波动,说明这些小区的水分供应充足,甚至过量。以上分析表明,水分诊断指数是一个较好的夏玉米植株水分状况诊断指标。

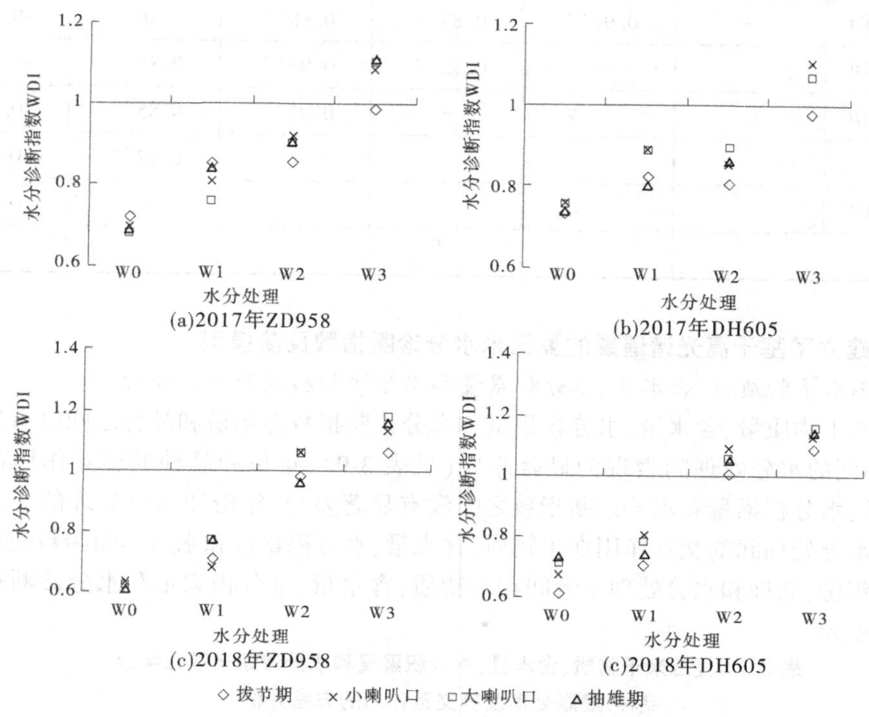

图 3-15　2017 年和 2018 年不同水分梯度下夏玉米水分诊断指数变化趋势

3. 在不同水分处理下夏玉米冠层光谱反射率的变化趋势

在不同水分处理下,夏玉米不同生长阶段的冠层光谱反射率存在明显的差异。在 2017 年和 2018 年生长季,夏玉米冠层光谱反射率的变化趋势相仿,因此本书在图 3-16(a)中展示了 2017 年不同水分处理间郑单 958 大喇叭口期的冠层光谱反射率变化趋势和在 W2 处理下不同生长阶段的郑单 958 冠层光谱反射率的变化趋势。在可见光波段,W0 处理的冠层光谱反射率高于其他水分处理的光谱反射率,然而在 W1 处理到 W3 处理间冠层光谱发射率没有存在明显的差异。在近红外波段,冠层光谱反射率随着灌溉量的增加而增加。在不同的水分处理间,与可见光波段相比,较大的差异存在于近红外波段。不同灌溉处理间近红外波段的光谱反射率比可见光波段的反应更加敏感。在图 3-16(b)中,对于光谱反射率的变化,不同的生长阶段展示了一个明显的影响,这种明显的影响主要体现在可见光和近红外波段的变化。随着夏玉米生育进程的推进,光谱反射率在可见光波段逐渐下降,而在近红外波段逐渐上升。在不同灌溉处理和生长阶段间的冠层光谱反射率动态改变为分析和构建水分诊断指数与冠层光谱反射率间的定量关系提供了一个较好的理论基础。

4. 通过直接方法构建水分诊断指数估算模型

本书所指的直接方法是通过构建的光谱指数直接反演水分诊断指数。利用直接方法

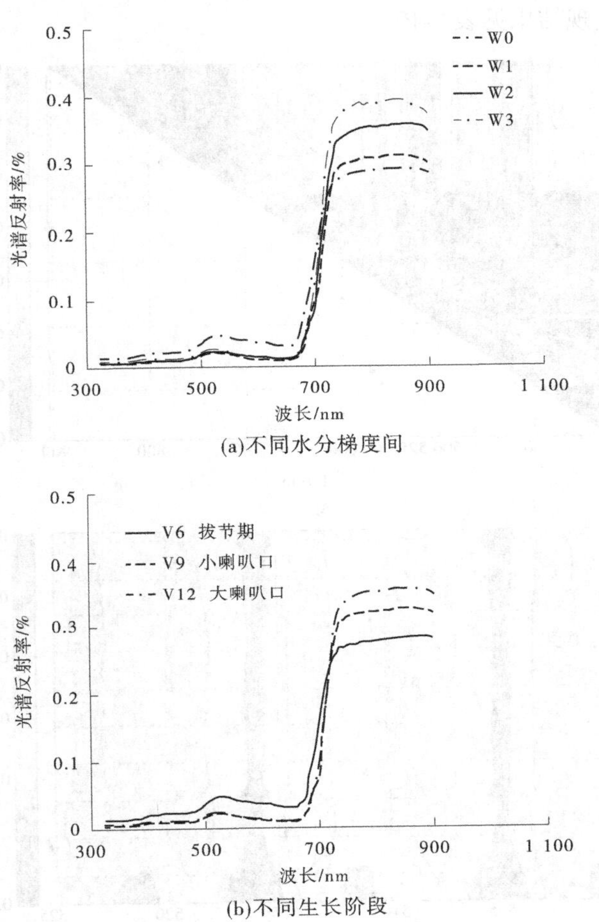

(a)不同水分梯度间

(b)不同生长阶段

图 3-16　2017 年夏玉米生长季不同水分处理间和不同生长阶段冠层光谱变化趋势

评估水分诊断指数最优的植被指数是通过线性函数、指数函数、幂函数和对数函数分别对水分诊断指数与植被指数(NDSI 和 RSI)的相关性进行分析测试。从拔节期到大喇叭口期建立了所有 2 个波段组合的植被指数与水分诊断指数间的关系。这个决定系数被计算和显示在等高线图中。图 3-17(a)中展示了水分诊断指数与归一化植被指数的线性关系等高线。这种回归分析显示了水分诊断指数与归一化植被指数在不同的光谱波段间有着显著的关系。在四种回归类型(线性函数、指数函数、幂函数和对数函数)下,决定系数大于 0.7 的波段范围主要集中在 500~525 nm 和 705~905 nm。然后进一步在已确定的敏感波段内通过以 1 nm 为间隔的精确采样,在线性函数、指数函数、幂函数和对数函数拟合下更加详细地确定了决定系数等高线[见图 3-17(b)]。根据决定系数的大小,分别确定了选择归一化植被指数的线性函数、指数函数、幂函数和对数函数的最优表现波段组合,线性函数的最优波段组合为 NDSI(R_{710}, R_{512})(R^2,0.77),指数函数的最优波段组合为 NDSI(R_{721}, R_{511})(R^2,0.74),幂函数的最优波段组合为 NDSI(R_{726}, R_{516})(R^2,0.72),对数函数的最优波段组 NDSI(R_{732}, R_{505})(R^2,0.71)。归一化植被指数和水分诊断指数间四种回归模型的最优表现结果见表 3-10。

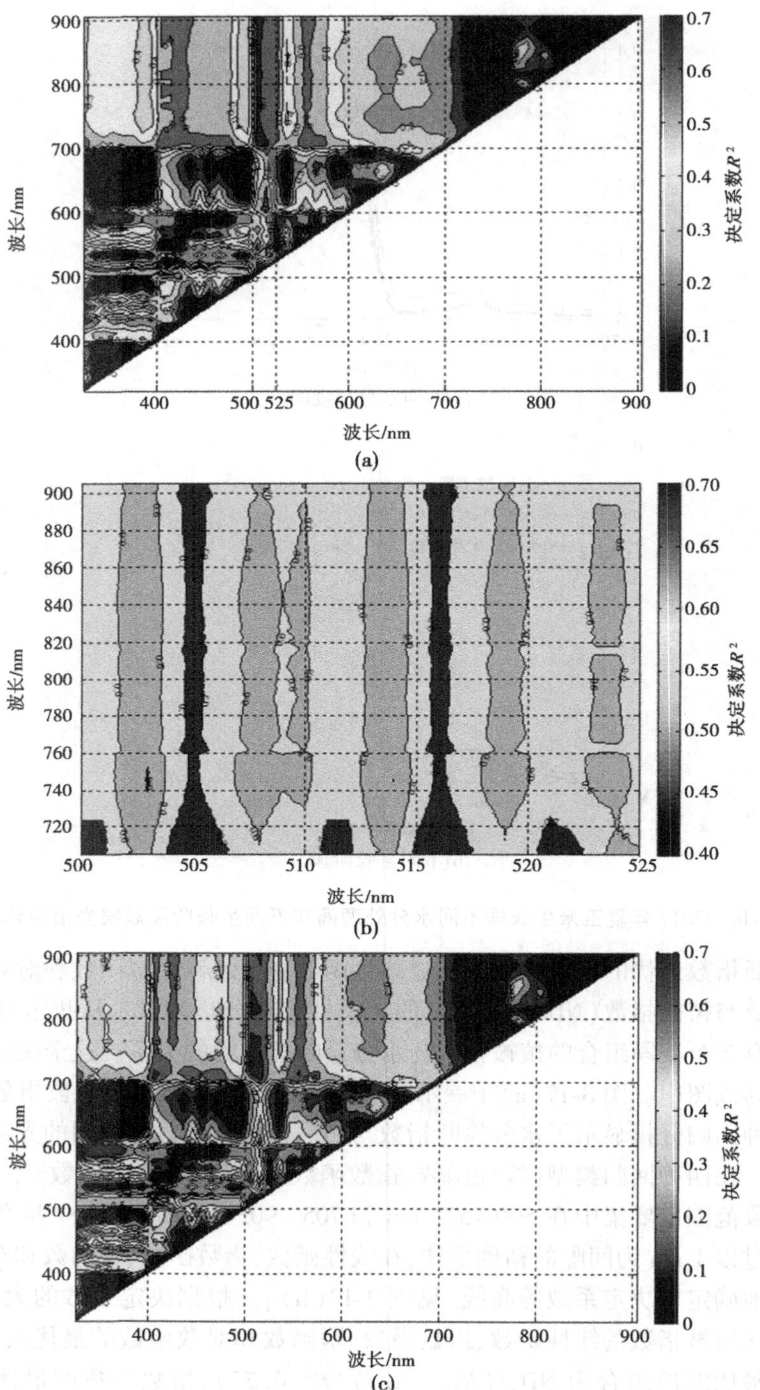

图 3-17　归一化植被指数和比值植被指数与水分诊断指数的线性关系等高线图

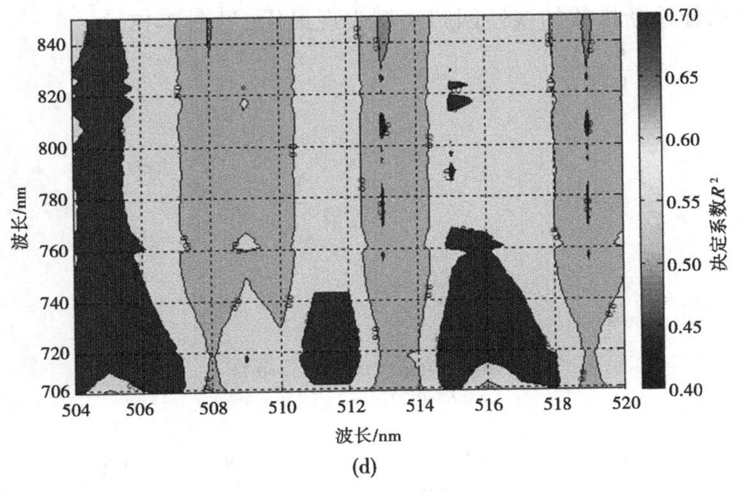

(d)

续图 3-17

表 3-10 归一化植被指数和比值植被指数与水分诊断指数间四种回归模型的最优表现结果

光谱指数	回归方程	决定系数 R^2	和方差 SSE
NDSI(R_{732},R_{505})	$Y=0.96\ln X+0.81$	0.71	0.19
NDSI(R_{710},R_{512})	$Y=0.95X+0.14$	0.77	0.13
NDSI(R_{721},R_{511})	$Y=0.99X^{0.89}$	0.74	0.15
NDSI(R_{726},R_{516})	$Y=0.28e^{1.11X}$	0.72	0.18
RSI(R_{716},R_{507})	$Y=1.51\ln X-3.83$	0.74	0.19
RSI(R_{706},R_{518})	$Y=0.05X-0.34$	0.72	0.18
RSI(R_{716},R_{518})	$Y=0.01X^{1.64}$	0.73	0.16
RSI(R_{705},R_{507})	$Y=0.18e^{0.07X}$	0.72	0.15

利用相同的分析方法，比值植被指数与水分诊断指数间的决定系数等高线如图 3-17(c)所示。回归分析表明，不同的光谱波段间水分诊断指数与比值植被指数有着显著的关系。在四种回归类型(线性函数、指数函数、幂函数和对数函数)下，决定系数大于0.7的波段范围主要集中在 504~520 nm 和 705~850 nm。然后进一步在已确定的敏感波段内通过以 1 nm 为间隔的精确采样，在线性函数、指数函数、幂函数和对数函数拟合下更加详细地确定了决定系数等高线[见图 3-17(d)]。根据决定系数值的大小，分别确定了选择归一化植被指数的线性函数、指数函数、幂函数和对数函数的最优表现波段组合，线性函数的最优波段组合为 NDSI(R_{706},R_{518})(R^2,0.72)，指数函数的最优波段组合为 NDSI(R_{716}, R_{518})(R^2,0.73)，幂函数的最优波段组合为 NDSI(R_{705},R_{507})(R^2,0.72)，对数函数的最优波段组合 NDSI(R_{716},R_{507})(R^2,0.74)。比值植被指数与水分诊断指数间四种回归模型的最优表现结果见表 3-10。在表 3-10 的所有回归模型中，归一化植被指数

(R_{710},R_{512})与水分诊断指数的线性回归模型表现最优(见图 3-18)。

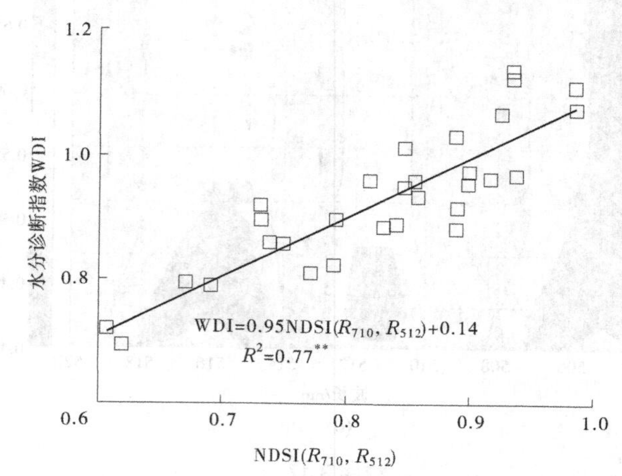

图 3-18 水分诊断指数与归一化植被指数(R_{710},R_{512})的定量关系

土壤调节植被指数(SAVI)可以用来减少土壤背景对归一化植被指数(R_{710},R_{512})的影响,以提高归一化植被指数(R_{710},R_{512})的评估精度。为了确定最适合的土壤调节植被指数(R_{710},R_{512})步长,设定步长在-10~10 变化,土壤调节植被指数(R_{710},R_{512})与水分诊断指数之间的回归模型决定系数显示于图 3-19 中。结果表明,决定系数的变化趋势在不同的步长值下是不同的,步长值有着相应的敏感区域。在敏感区域内,决定系数的改变会更加明显,然而超过这个敏感区域,决定系数的改变相对更低。在本研究内,土壤调节植被指数(R_{710},R_{512})步长的敏感区域在-1.0~0.1。在这个区域内,回归模型的决定系数迅速增大并达到最大值。当步长为 0.05 时,土壤调节植被指数 SAVI(R_{710},R_{512})的表现最优(见图 3-19)。

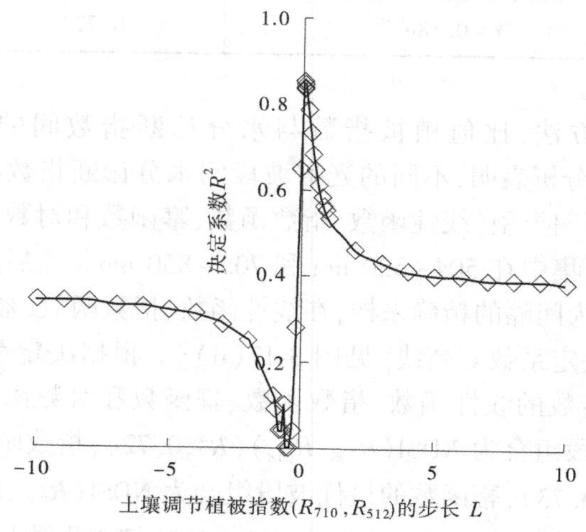

图 3-19 步长在-10~10 的土壤调节植被指数 SAVI(R_{710},R_{512})的回归模型测试表现

5. 通过间接方法构建水分诊断指数估算模型

本书所指的间接方法是利用已存在的光谱指数分别反演水分诊断指数模型中的干物质和含水量,然后将两个反演模型整合到一起对水分诊断指数进行评估。通过查询大量文献,筛选出具有代表性的估算夏玉米干物质量和含水量植被指数,分别列于表 3-11 和表 3-12 中。与夏玉米含水量相关的最优植被指数是通过线性函数、指数函数、幂函数和对数函数进行回归分析确定的。本书筛选出的植被指数与夏玉米含水量间最优的决定系数和函数类型列于表 3-11 中。结果表明,比值植被指数Ⅱ(RVI Ⅱ)与夏玉米含水量的关系最优,决定系数为 0.74,独立的试验数据验证的均方根误差(RMSE)为 12.6%,其次为比值植被指数Ⅰ(RVI Ⅰ)与夏玉米含水量的关系,决定系数为 0.72,独立的试验数据进行验证的 RMSE 为 13.8%。夏玉米含水量与 CCI 植被指数的关系最差,决定系数为 0.17,独立的试验数据的 RMSE 为 23.4%。其他的一些植被指数与夏玉米含水量的相关关系居中,其决定系数为 0.34~0.67,RMSE 的范围为 14.0%~34.1%。因此,本书选择比值植被指数Ⅱ(RVI Ⅱ)作为评估夏玉米含水量的植被指数[见图 3-20(a)]。

表 3-11 已建立的反演夏玉米含水量的光谱指数

指标	指标名称	方程	引用文献
Vi_{opt}	最佳植被指数	$(1+0.45)(R_{800}^2+1)/(R_{670}+0.45)$	Reyniers 等(2006)
RVI Ⅰ	比值植被指数Ⅰ	R_{810}/R_{660}	Zhu 等(2008)
RVI Ⅱ	比值植被指数Ⅱ	R_{810}/R_{560}	Xue 等(2004)
MCARI/MTVI2	联合指数	MCARI:$[R_{700}-R_{670}-0.2(R_{670}-R_{550})](R_{700}/R_{670})$ MTVI2:$1.5\times[1.2\times(R_{800}-R_{550})-2.5\times(R_{670}-R_{550})]\times[\sqrt{(2R_{800}+1)^2-(6R_{800}-5\sqrt{R_{670}}}]-0.5$	Eital 等(2007)
DCNI	双峰冠层氮指数	$(R_{720}-R_{700})/(R_{700}-R_{670})/(R_{720}-R_{670}+0.03)$	Chen 等(2010)
MCARI	修正的叶绿素吸收比值指数	$[(R_{700}-R_{670}-0.2\times(R_{700}-R_{550})](R_{700}/R_{670})$	Daughtry 等(2000)
TCARI	转换的叶绿素吸收反射指数	$[(R_{700}-R_{670}-0.2\times(R_{700}-R_{550})](R_{700}/R_{670})$	Haboudane 等(2002)
TCARI/OSAVI	联合指数	TCARI:$[3R_{700}-R_{670}-0.2\times(R_{700}-R_{550})](R_{700}/R_{670})$ OSAVI:$1.16(R_{800}-R_{670})/(R_{800}+R_{670}+0.16)$	Haboudane 等(2008)
MTCI	MERIS 陆地叶绿素指数	$(R_{750}-R_{710})/(R_{710}-R_{680})$	Dash,Curran (2004)
R-M	红光模型 Red Model	$R_{750}/R_{720}-1$	Gitelson 等(2005)
CCI	冠层叶绿素指数	R_{720}/R_{700}	Sims 等(2006)
REIP-LI	红边拐点:线性插值法	$700+40(R_{re}-R_{700})/(R_{740}-R_{700})$ Re:$(R_{670}+R_{780})/2$	Guyout 等(1988)

表 3-12　已建立的反演夏玉米干物质的光谱指数

指标	指标名称	方程	引用文献
NDSI	标准化差异植被指数	$(R_{800}-R_{670})/(R_{800}+R_{670})$	Rouse 等(1974)
RVI	比值植被指数	R_{800}/R_{670}	Pearson 等(1972)
EVI	增强植被指数	$2.5\times(R_{800}-R_{670})/(R_{800}+6R_{670}-7.5R_{470}+1)$	Huete 等(1994)
TVI	三角植被指数	$0.5\times[120(R_{750}-R_{550})-200\times(R_{670}-R_{550})]$	Broge, Leblanc (2001)
MSAVI	修正的土壤调节植被指数	$(2R_{800}+1-\sqrt{(2R_{800}+1)^2-8\times(R_{800}-R_{670})}/2$	Qi 等(1994)
OSAVI	优化的土壤调节植被指数	$1.16\times(R_{800}-R_{670})/(R_{800}+R_{670}+0.16)$	Rondeaux 等(1996)
GNDSI	绿色标准化差异植被指数	$(R_{800}-R_{550})/(R_{800}+R_{550})$	Gitelson 等(1996)
MTVI2	修正的三角植被指数 2	$1.5\times[1.2\times(R_{800}-R_{500})-2.5\times(R_{670}-R_{550})]/\sqrt{(2R_{800}+1)^2-(6R_{800}-5\sqrt{R_{670}}-0.5}$	Haboudance 等 (2004)
RTVI	红边三角植被指数	$100\times(R_{750}-R_{730})-10\times(R_{750}-R_{550})\sqrt{R_{700}/R_{670}}$	Chen 等(2010)

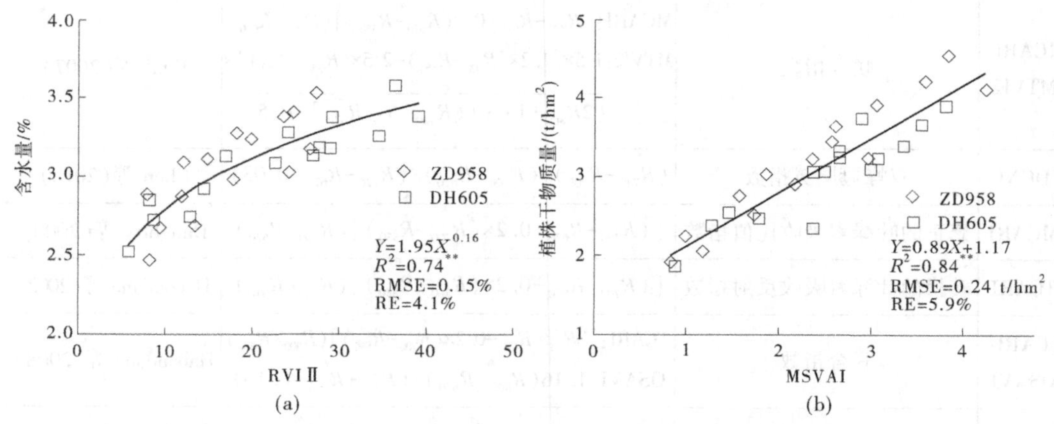

图 3-20　筛选出的最优植被指数与夏玉米含水量和干物质之间的相关关系

与夏玉米植株干物质相关的最优植被指数也是通过线性函数、指数函数、幂函数和对数函数进行回归分析确定的。本书筛选出的植被指数与夏玉米干物质间最优的决定系数和函数类型显示在表 3-13 中。结果表明，MSAVI 与夏玉米植株干物质的关系最优，决定系数为 0.80，独立的试验数据验证的 RMSE 为 14%。因此，本书选择修正的土壤调节植被指数（MSAVI）作为评估夏玉米植株干物质的植被指数［见图 3-20(b)］。

最后，基于比值植被指数 RVI Ⅱ和修正的土壤调节植被指数 MSVAI 的统计模型分别

估算夏玉米含水量和干物质，通过间接方法评估水分诊断指数 WDI 的模型为

$$\mathrm{WDI}=\frac{1.95\mathrm{RVI}\,\mathrm{II}^{0.16}}{2.72(0.89\mathrm{MSVAI}+1.17)^{-0.27}} \tag{3-19}$$

表 3-13 本研究建立的水分诊断指数反演模型与已建立的模型验证比较

植被指数	回归模型	验证	
		R^2	RMSE
SR	$Y=0.54e^{0.52X}$	0.48	0.27
RVI	$Y=0.42e^{0.07X}$	0.68	0.26
NIR/G	$Y=0.74\ln X-0.72$	0.61	0.28
NIR/NIR	$Y=0.62X+0.49$	0.10	0.42
REIP	$Y=0.005X-2.53$	0.59	0.21
SRPI	$Y=0.51e^{0.6X}$	0.41	0.31
NRI	$Y=0.062X+0.28$	0.41	0.27
mSR705	$Y=0.86X+0.13$	0.50	0.28
NPCI	$Y=1.12X^{0.11}$	0.17	0.37
ND705	$Y=0.37e^{1.04X}$	0.52	0.28
RI~1dB	$Y=1.29\ln X-0.02$	0.50	0.29
VOG	$Y=0.49X^{0.52}$	0.53	0.20
DCNI	$Y=0.013X+0.53$	0.52	0.24
PRI	$Y=3.24X+0.69$	0.65	0.22
NDSI(R_{710},R_{512})	$Y=0.95X+0.14$	0.77	0.13
SAVI(R_{710},R_{512})$_{(L=0.05)}$	$Y=1.03X+0.11$	0.80	0.14

6. 水分诊断指数评估模型的验证

为了验证新建立的水分诊断指数模型，本书利用独立的试验数据对已经发表的水分诊断指数与新建立的模型进行分析比较。结果表明，新建模型的表现优于其他已经存在的模型，模型更加稳定和可靠。利用直接方法建立的归一化植被指数(R_{710},R_{512})和利用间接方法建立的水分诊断指数估算模型与水分诊断指数的统计关系(见图 3-21)，并进行了验证。然而，其他已经存在的水分诊断指数评估模型的验证结果均不理想。以上的验证结果说明，本研究通过直接方法和间接方法建立的水分诊断指数评估模型均能够较好地反演作物真实的水分诊断指数。

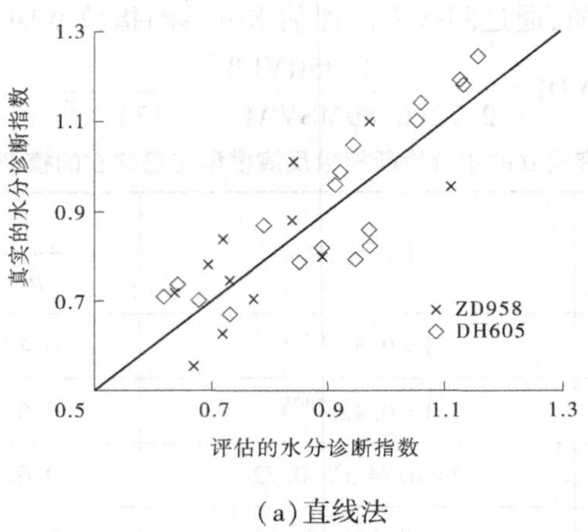

(a)直线法

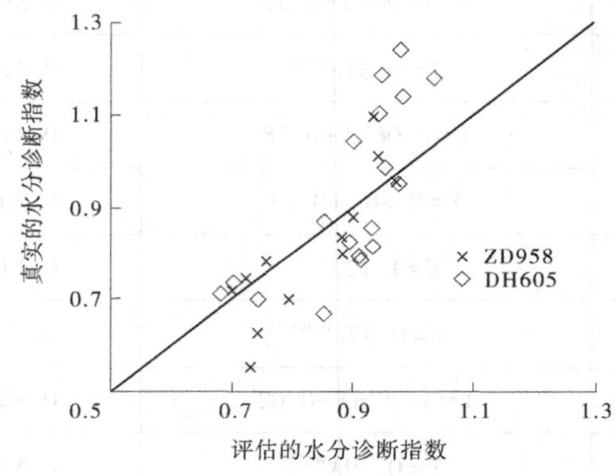

(b)间接法

图 3-21　评估的水分诊断指数与真实的水分诊断指数比较

(七)夏玉米光合指标与水分诊断指数间的定量关系

1. 不同水分处理下夏玉米光合指标的变化趋势

在夏玉米的各关键生育时期测定了冠层的光合速率、蒸腾速率和气孔导度。其中,夏玉米光合速率在不同生育时期的变化范围较大,规律性不明显,夏玉米拔节期光合速率显著大于大喇叭口期和抽雄期;郑单 958 的冠层光合速率略高于登海 605 的光合速率。随灌溉量的增加,冠层光合速率逐渐增大(见表 3-14)。夏玉米蒸腾速率在不同生育时期变化不大,规律性亦不明显。郑单 958 处理的蒸腾速率在大部分灌溉处理下略高于登海 605 的蒸腾速率;随灌溉量的增加,冠层蒸腾速率逐渐增大(见表 3-14)。夏玉米气孔导度在不同生育时期的变化规律不明显,拔节期的气孔导度显著高于其他两个时期的气孔导度。郑单 958 的气孔导度略高于登海 605 的气孔导度。随着灌溉量的增加,气孔导度逐渐增大(见表 3-14)。

表 3-14　不同水分处理下夏玉米光合速率变化趋势

生育期	品种	光合速率 P_n/[μmol/(m^2·s)]				蒸腾速率 T_r/[mmol/(m^2·s)]				气孔导度 G_s/[10^{-2}mol/(m^2·s)]			
		W0	W1	W2	W3	W0	W1	W2	W3	W0	W1	W2	W3
拔节期	ZD958	26.02	28.11	32.77	34.67	5.08	5.41	6.34	6.1	21.58	24.56	26.35	27.32
	DH605	24.56	26.54	31.12	32.46	4.91	5.71	6.38	5.88	17.56	19.56	22.54	24.56
大喇叭口期	ZD958	7.98	10.36	12.2	13.42	2.56	2.84	3.36	3.74	3.6	4.21	4.85	5.23
	DH605	7.22	9.58	10.25	12.45	2.75	3.25	4.13	4.35	2.65	3.85	4.65	5.21
抽雄期	ZD958	10.52	14.23	17.54	19.45	3.54	4.87	5.23	6.23	1.13	2.81	3.24	4.23
	DH605	9.33	12.34	15.64	17.23	3.61	4.35	4.48	5.42	1.1	1.56	2.57	3.89

2. 不同水分梯度下水分诊断指数与冠层光合指标的变化趋势

在明确不同灌溉水平下夏玉米光合速率、蒸腾速率和气孔导度变化趋势的基础上，进一步建立了水分诊断指数与夏玉米光合速率、蒸腾速率和气孔导度间的定量关系。本书发现在不同生长阶段，夏玉米光合速率、蒸腾速率和气孔导度与水分诊断指数均呈显著正相关。光合速率与水分诊断指数间的定量关系以拔节期最优，决定系数为 0.93，蒸腾速率与水分诊断指数间的定量关系以大喇叭口期最优，决定系数为 0.93（见图 3-22）；气孔导度与水分诊断指数间的定量关系也以大喇叭口期最优，决定系数为 0.90（见图 3-23）。以上这些结果说明，水分诊断指数能够较好地反映不同灌溉处理下夏玉米冠层光合指标的变化趋势。

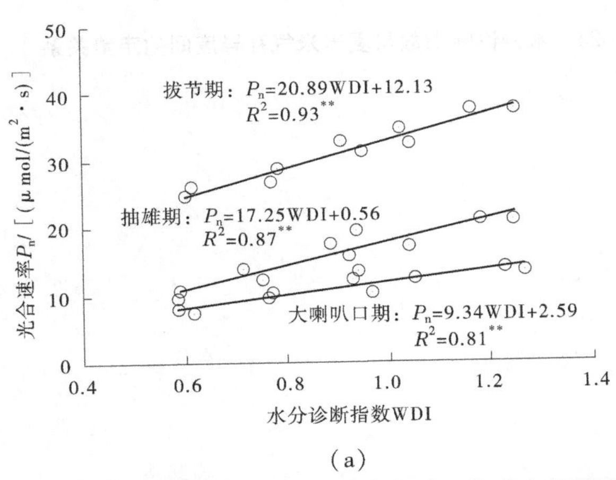

(a)

图 3-22　水分诊断指数与夏玉米光合速率和蒸腾速率间的定量关系

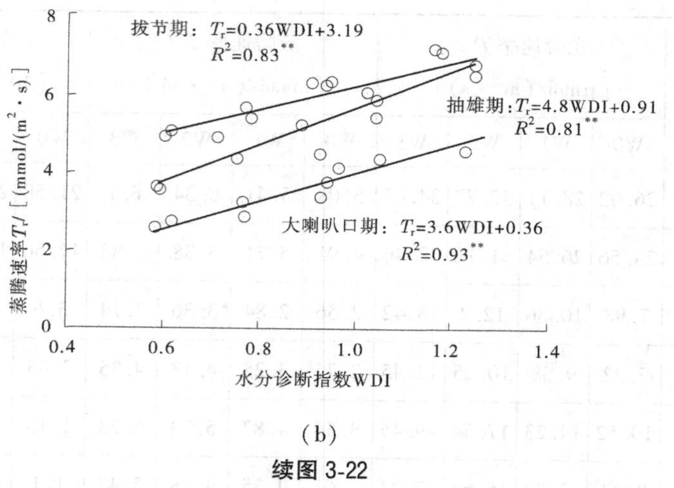

(b)

续图 3-22

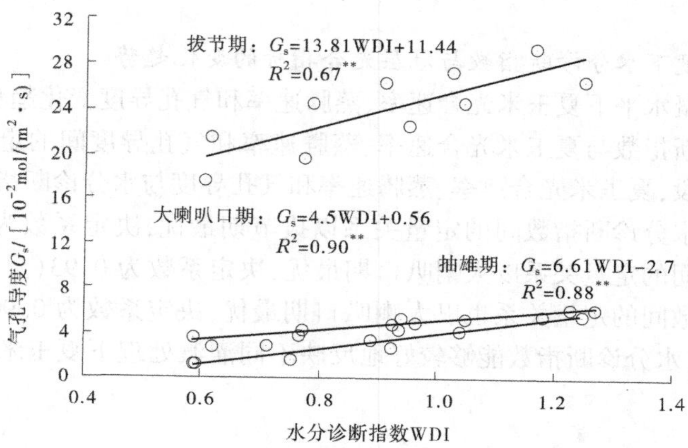

图 3-23　水分诊断指数与夏玉米气孔导度间的定量关系

第四章　玉米生理对水分胁迫的响应

玉米对水分逆境胁迫(干旱、淹涝)非常敏感,不同生育阶段的胁迫对玉米生长发育及生理特性的影响存在差异,研究玉米生理对水分胁迫的响应可为玉米高产栽培的农田水分管理提供理论依据。为此,利用中国农业科学院农田灌溉研究所新乡七里营基地防雨棚下的桶栽试验设施,研究了夏玉米不同生育期旱涝胁迫对其生理特性(光合速率、气孔导度、叶绿素相对含量 SPAD 等)及产量构成因素的影响规律,分析了夏玉米应对旱涝逆境的生理响应机制。本书可为旱涝胁迫造成的灾害损失评估提供依据,也能为玉米高产的农田水分管理提供有效支撑。

第一节　干旱对玉米生长发育的影响

试验于 2016~2017 年在七里营基地防雨棚下的桶栽试验区进行,桶为钢板焊接加工而成,呈方形(40 cm×40 cm×110 cm),桶中装过筛后的粉砂壤土,装土深度 100 cm,土壤容重为 1.3 g/cm^3。供试品种为登海 605,在夏玉米苗期、拔节期、抽雄期和灌浆期分别设置轻旱(60%田间持水量)、中旱(50%田间持水量)和重旱(40%田间持水量)处理,以适宜水分(水分控制下限为 65%~70%田间持水量)为对照,共 13 个处理,每处理重复 3 次。采用称重法控制土壤水分,当土壤水分达到其控制下限时采用量杯补水至控制上限。不同处理除土壤水分控制标准不同,其他的田间管理措施相同。观测项目为株高、叶面积、气孔导度 G_s、叶绿素相对含量 SPAD、净光合速率 P_n 和产量性状等。

一、干旱对玉米株高和叶面积影响

(一)干旱对玉米株高的影响

图 4-1 表明,株高是玉米对水分比较敏感的生长性状,在不同的生育时期遭受干旱胁迫对其影响的程度不同,在玉米的生长前期和中期对株高最大,特别是重旱处理,即使恢复正常供水,受旱处理的株高也难以恢复到适宜水分处理(对照)的水平,受旱越重,其株高越低;抽雄期干旱对株高的影响较小,而灌浆期干旱对株高影响不明显。2016 年,夏玉米苗期、拔节期、抽雄期、灌浆期干旱的株高多次观测结果平均分别比适宜水分处理降低 6.4%~19.9%、8.2%~19.3%、4.8%~16.1%、3.0%~4.9%;2017 年,株高平均分别降低 12.3%~28.3%、7.6%~19.4%、1.3%~15.5%、1.0%~4.0%。由此可见,苗期干旱对株高的影响最大,拔节期干旱的影响次之,灌浆期干旱的影响最小,且受旱越重,株高越低。

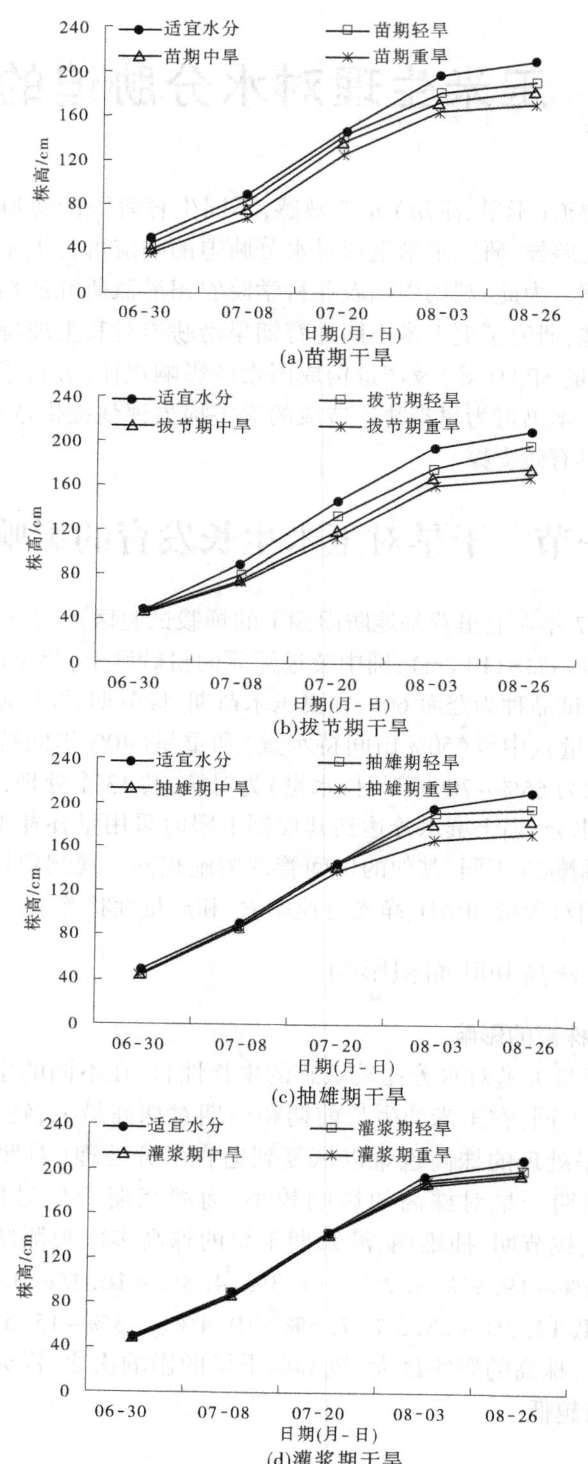

图 4-1　不同生育期干旱对玉米株高的影响

（二）干旱对玉米叶面积的影响

图 4-2 显示，玉米叶面积在干旱胁迫下的生长会受到显著影响，干旱胁迫抑制细胞的分裂与扩张，使得受旱处理植株的叶面积小，且不同生育时期的干旱均对叶面积造成显著影响，干旱越重，叶面积越小；即使恢复正常供水，受旱处理的叶面积也难以恢复到适宜水分处理（对照）的水平。灌浆期干旱对叶面积的影响最大，拔节期次之，特别是重旱处理，灌浆期干旱会加速叶片的衰老，造成叶面积快速下降。2016 年，夏玉米苗期、拔节期、抽雄期、灌浆期干旱的叶面积多次观测结果平均分别比适宜水分处理降低 6.8%～23.6%、6.9%～31.9%、6.2%～21.8%、18.3%～37.0%；2017 年，叶面积平均分别降低 19.1%～39.5%、4.5%～13.7%、6.4%～21.8%、9.1%～44.8%；受旱越重，叶面积降低越大。

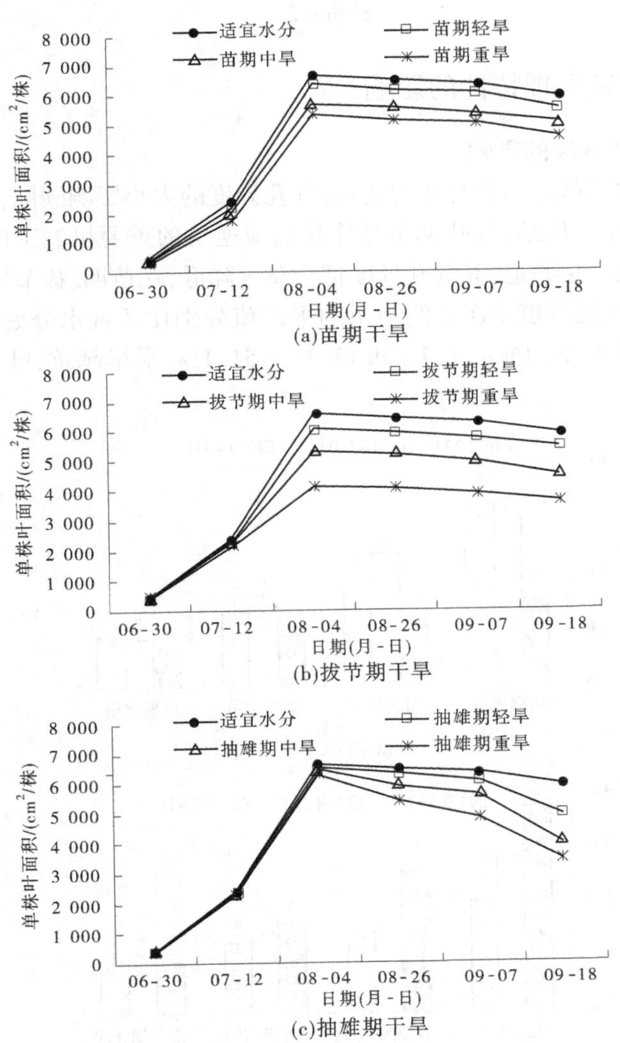

图 4-2　不同生育期干旱对玉米叶面积的影响

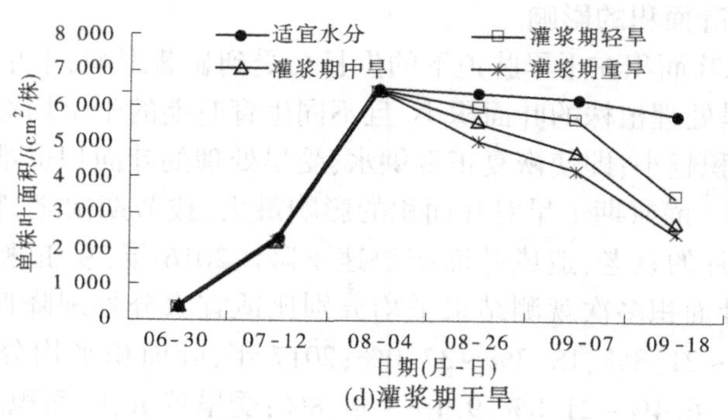

(d)灌浆期干旱

续图 4-2

二、干旱对玉米生理特性的影响

(一)干旱对气孔导度的影响

气孔是空气和水蒸气进出植物体的通道,气孔导度的大小影响碳同化、呼吸和蒸腾作用,它对外界环境因子很敏感,气孔调节是作物适应逆境的重要机制。图4-3表明,夏玉米在不同生育期受到干旱胁迫,其气孔导度都会显著降低,在苗期、拔节期、抽雄期和灌浆期发生干旱胁迫,其气孔导度多次观测结果的平均值分别比适宜水分处理降低23.4%~65.9%、34.9%~65.1%、29.1%~71.7%和13.3%~51.1%,受旱越重,叶片气孔导度降低越大。

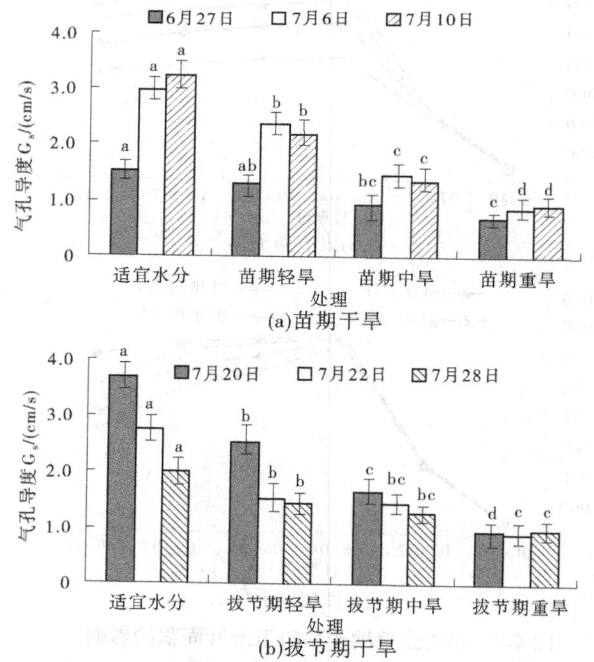

注:图中日期柱状图上不同的小写字母表示处理间的差并达到显著水平($p<0.05$),下同。

图 4-3 不同生育期干旱对夏玉米叶片气孔导度的影响(2016年)

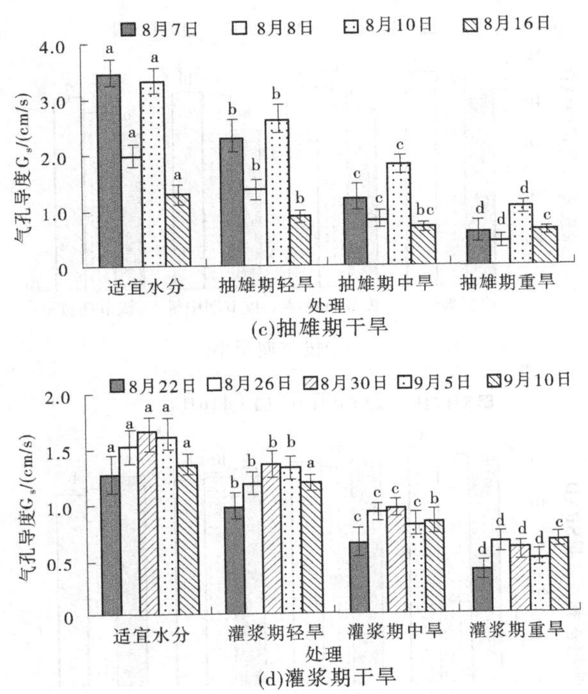

(c)抽雄期干旱

(d)灌浆期干旱

续图 4-3

(二)干旱对叶绿素相对含量的影响

植物叶绿素含量是判断植物受胁迫状况以及光合作用效果的重要参考指标，当作物遭受某种环境因子的胁迫时，其叶绿素相对含量(SPAD)会降低。由图 4-4 可知，夏玉米受到不同程度的干旱胁迫后，其叶片叶绿素相对含量显著下降，轻旱胁迫处理的 SPAD 降低不显著，特别是抽雄期和灌浆期干旱的处理，而中旱处理和重旱处理的 SPAD 降低显著。与适宜水分处理相比，2016 年苗期、拔节期、抽雄期和灌浆期干旱导致的 SPAD 平均分别降低 5.6%~13.8%、6.3%~15.5%、3.5%~12.3%和 5.2%~9.3%，2017 年分别降低 4.9%~13.8%、4.6%~9.1%、3.3%~13.5%和 1.2%~19.1%；受旱越重，叶片叶绿素相对含量越低。

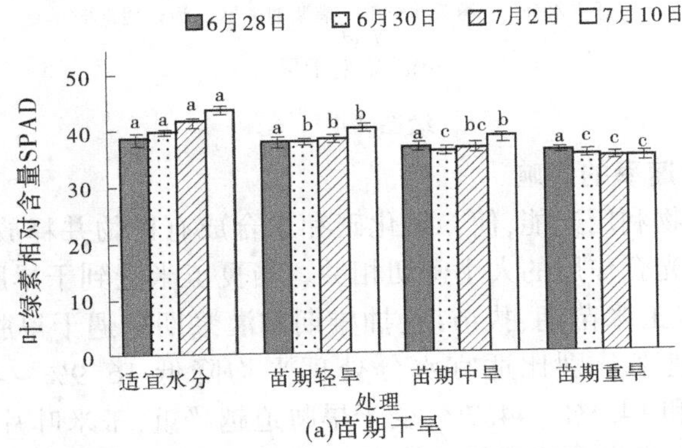

(a)苗期干旱

图 4-4　不同生育期干旱对玉米叶片叶绿素相对含量的影响(2016 年)

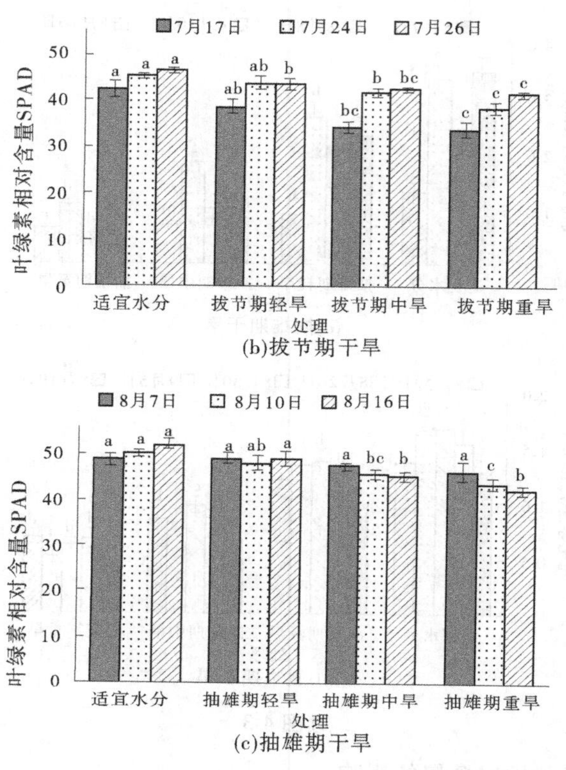

(b)拔节期干旱

(c)抽雄期干旱

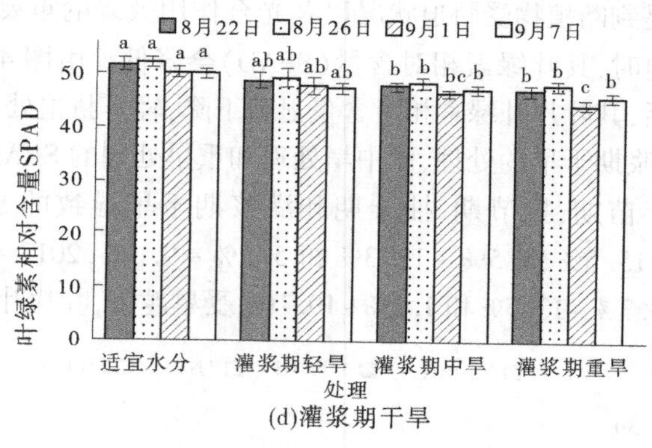

(d)灌浆期干旱

续图 4-4

(三)干旱对净光合速率的影响

光合作用是绿色植物利用光能,使二氧化碳和水合成有机物并释放氧的过程。作物产量的高低与作物叶片光合作用的大小密切相关。当夏玉米受到干旱胁迫后,其叶片净光合速率显著降低;在夏玉米苗期、拔节期、抽雄期和灌浆期遭遇干旱胁迫(轻度、中度、重度),其叶片净光合速率分别比适宜水分处理平均降低 16.9%~48.0%、23.9%~52.9%、22.2%~53.9%和 14.5%~44.7%,受干旱胁迫越严重,玉米叶片净光合速率越小(见图 4-5)。受旱后夏玉米光合速率降低主要是由供水不足引起气孔开度减小、气孔导度降低以及叶绿素含量下降引起的。

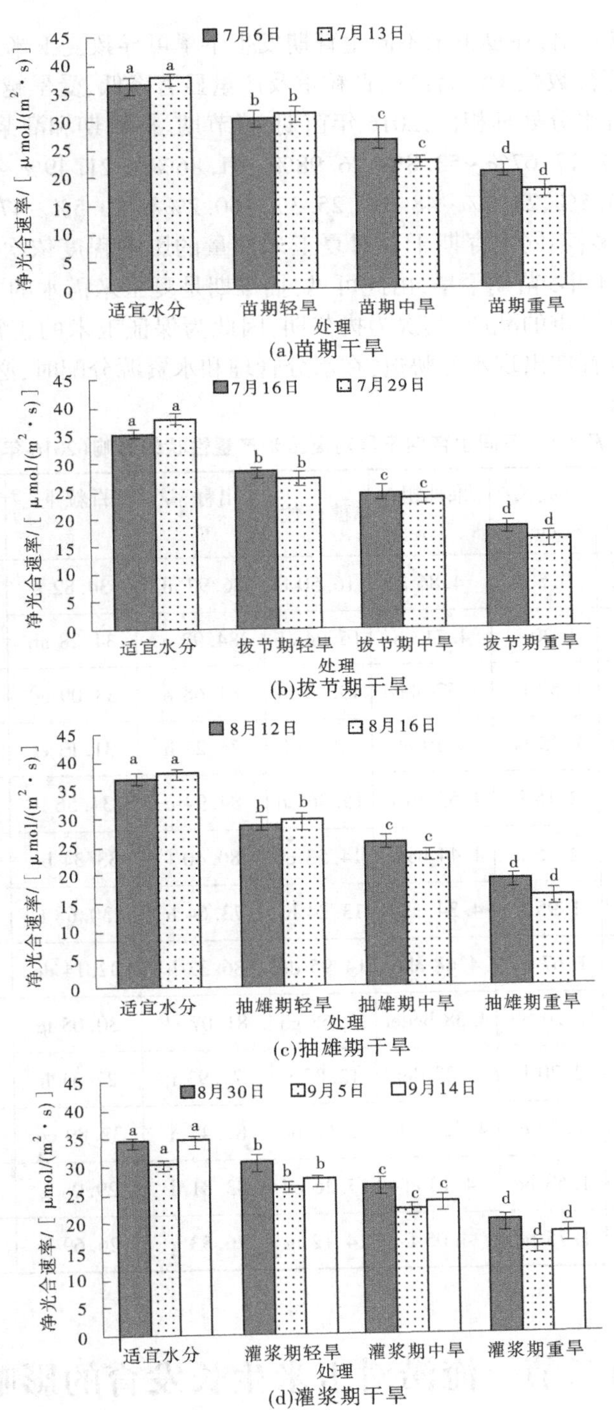

图 4-5　不同生育期干旱对玉米叶片净光合速率的影响(2016 年)

三、干旱对玉米产量性状的影响

由表 4-1 可以看出，在夏玉米不同生育期发生干旱可导致夏玉米果穗长变短、秃尖变长、果穗粗变细、穗行数减少，出籽率、百粒重及产量显著降低，受旱越重，果穗性状受到的影响越大。与适宜水分处理相比，2016 年苗期、拔节期、抽雄期和灌浆期干旱产量分别降低 13.9%～49.81%、17.67%～53.8%、26.98%～61.86%和 21.49%～51.18%，2017 年分别减产 11.9%～34.5%、23.0%～48.3%、25.3%～60.2%和 20.5%～47.2%，且各生育期干旱越严重，减产越多；不同生育期干旱对夏玉米产量的影响程度依次为：抽雄期干旱>拔节期干旱>灌浆期干旱>苗期干旱，由此可见，抽雄期是夏玉米需水的关键期，此生育期遭受水分胁迫会造成严重的减产，其次为拔节期，因此为保证玉米的正常生长发育与高产，应避免在这两个生育期出现水分胁迫，在水分管理和水资源分配时，必须优先保证这两个生育期的需水要求。

表 4-1　不同生育期干旱对夏玉米产量性状的影响(2016 年)

处理	果穗长/cm	秃尖长/cm	果穗粗/cm	穗行数	出籽率/%	百粒重/g	产量/(g/株)	减产率/%
适宜水分	21.80 a	0.5 d	4.86 a	16.50 a	86.97 ab	34.82 a	158.26 a	0
苗期轻旱	19.35 bc	1.20 c	4.71 ab	16.04 ab	84.92 c	34.28 ab	136.27 b	13.90
苗期中旱	20.80 a	1.57 bc	4.57 abcd	13.25 hi	81.68 e	33.09 cd	109.36 e	30.90
苗期重旱	19.50 bc	1.75 bc	4.19 ef	12.65 i	74.22 h	31.13 ef	79.43 gh	49.81
拔节期轻旱	21.10 a	2.15 b	4.55 abcd	15.36 cd	84.94 c	34.56 a	130.30 bc	17.67
拔节期中旱	19.65 b	2.75 a	4.44 bcde	14.53 ef	80.40 f	33.34 bc	97.76 f	38.23
拔节期重旱	18.75 bcd	1.95 b	4.34 cdef	13.24 hi	73.64 h	30.68 f	73.11 h	53.80
抽雄期轻旱	21.45 a	1.67 bc	4.68 abc	14.95 de	86.33 b	32.14 de	115.56 de	26.98
抽雄期中旱	18.50 cd	1.70 bc	4.38 bcdef	13.68 gh	81.07 ef	30.05 fg	84.31 g	46.73
抽雄期重旱	17.30 e	2.20 b	4.28 def	12.87 i	71.93 i	27.31 h	60.37 i	61.86
灌浆期轻旱	19.25 bc	1.20 c	4.42 bcde	15.65 bc	87.47 a	32.89 cd	124.26 cd	21.49
灌浆期中旱	18.75 cd	1.63 bc	4.13 ef	15.26 cd	83.81 d	29.08 g	95.96 f	39.37
灌浆期重旱	17.90 de	1.75 bc	4.05 f	14.12 fg	76.53 g	26.69 h	77.27 gh	51.18

第二节　淹涝对玉米生长发育的影响

淹涝试验在七里营基地防雨棚下的桶栽试验区进行，桶由钢板焊接加工而成，呈方形

(40 cm×40 cm×110 cm),桶中装过筛后的粉砂壤土,装土深度 100 cm,土壤容重为 1.3 g/cm^3。供试品种为登海 605,播种前每桶施用复合肥 9 g、尿素 6 g,2016 年 6 月 12 日下午播种,6 月 18 日出苗,4 叶期定苗,每桶留苗 2 株。在夏玉米的苗期(S1、S3、S5、S7、S9)、拔节期(J1、J3、J5、J7、J9)、抽雄期(T1、T3、T5、T7、T9)、灌浆期(M1、M3、M5、M7、M9)分别淹涝 1 d、3 d、5 d、7 d、9 d,以适宜水分处理(水分控制下限为 65%~70%田间持水量)为对照(CK),共 21 个处理,重复 3 次。苗期、拔节期、抽雄期、灌浆期淹涝的开始时间分别为 6 月 27 日、7 月 11 日、8 月 2 日、8 月 20 日,淹水深度 5~8 cm,当各处理达到各自的淹涝时间后,排除土表面水,让作物通过蒸发蒸腾降低土壤水分。在非淹水期间采用称重法控制土壤水分,当土壤水分达到其控制下限(水分控制下限为 65%~70%田间持水量)时,采用量杯补水至控制上限。2018~2019 年进行了重复试验,其处理设置和田间管理与 2016 年的试验相同。观测项目为株高、叶面积、气孔导度 G_s、叶绿素相对含量 SPAD、净光合速率 P_n、产量性状等。

一、淹涝对玉米株高和叶面积的影响

(一)淹涝对玉米株高的影响

淹涝对夏玉米株高的影响随着淹涝时期的后移而减小,苗期淹涝对株高影响最大,拔节期次之,抽雄期影响较小,且随着淹涝历时的增加,株高呈降低趋势,而灌浆期淹涝对夏玉米株高几乎没有影响,各处理间的差异不显著(见图 4-6)。2016 年夏玉米苗期、拔节期、抽雄期、灌浆期淹涝的株高多次观测结果比适宜水分处理(CK)平均分别降低 3.7%~34.9%、3.6%~26.8%、0.1%~7.0%、0.6%~3.0%,2018 年和 2019 年不同生育期淹涝株高平均分别比 CK 降低 7.7%~34.6%、3.0%~25.9%、0.7%~10.0%、0.5%~3.7%和 7.5%~27.3%、5.9%~30.9%、0.7%~1.8%、0.5%~4.5%。

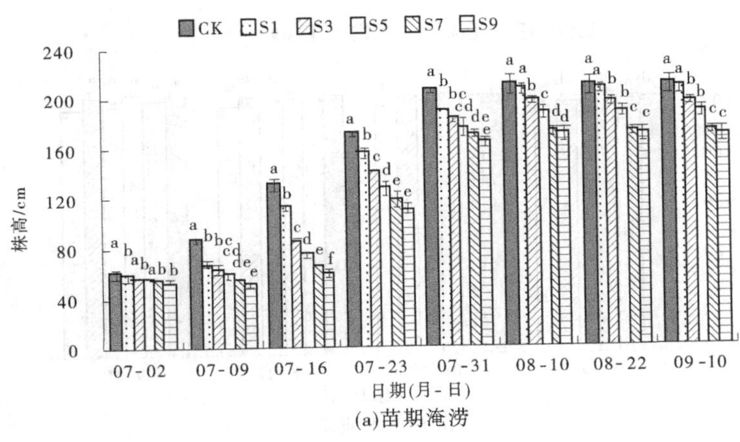

(a)苗期淹涝

图 4-6　不同生育期淹涝对玉米株高的影响(2019 年)

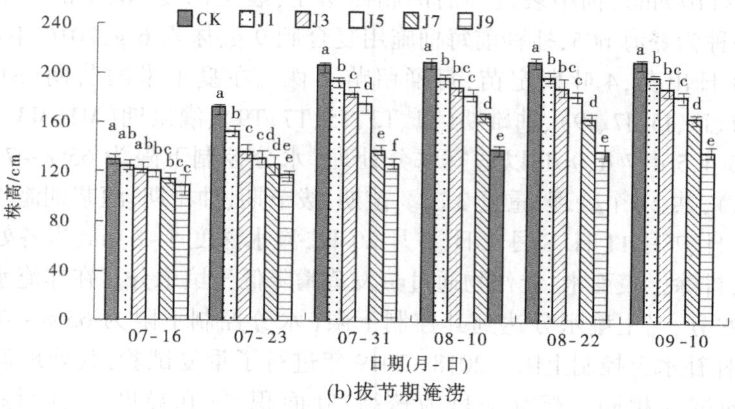

(b)拔节期淹涝

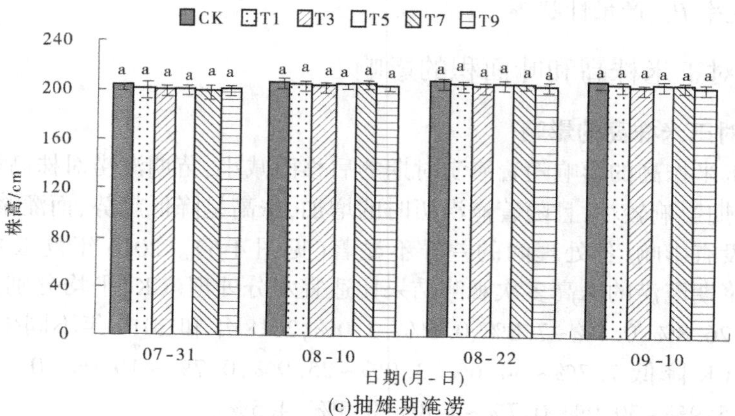

(c)抽雄期淹涝

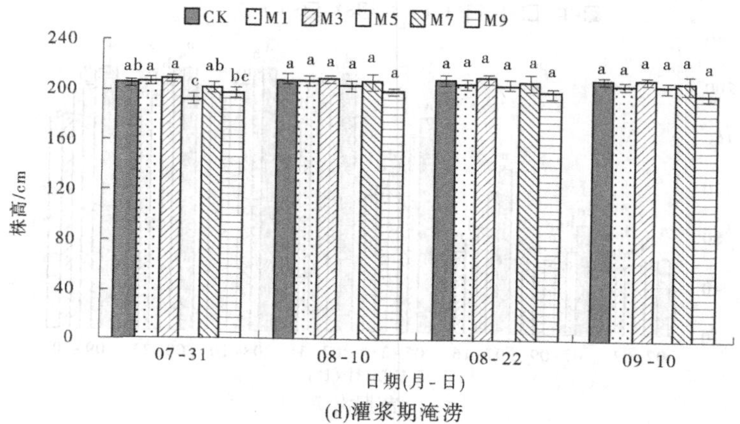

(d)灌浆期淹涝

续图 4-6

(二)淹涝对玉米叶面积的影响

不同淹涝处理下单株叶面积的变化趋势与株高基本一致,苗期和拔节期淹涝对叶面积的影响最大,抽雄期次之,灌浆期最小。在任一生育期发生淹涝,其叶面积均会随着淹涝历时的增加逐渐减小(见图 4-7)。2016 年,夏玉米苗期、拔节期、抽雄期、灌浆期淹涝的单株叶面积平均分别较 CK 降低 6.5%~55.0%、4.1%~40.6%、4.1%~21.0%、4.2%~18.1%;2018 年和 2019 年,平均分别降低 10.8%~47.0%、5.0%~89.0%、6.4%~18.9%、1.1%~12.9%、14.5%~45.5%、4.6%~72.4%、5.8%~15.2%、2.8%~17.5%。拔节期淹涝达到 9 d 的处理,一般情况下在抽雄初期植株就会死亡,造成其以后的叶面积为 0,当拔节期淹涝后阴雨天较多,且无高温的条件下,拔节期淹涝 9 d 也不会造成植株死亡。因此,淹涝期间的天气状况也会影响淹涝的致害效果。苗期和拔节期淹涝结束后,由于补偿生长效应,夏玉米淹涝处理的叶面积增加较快,淹涝处理与 CK 间的叶面积差异会逐渐缩小,苗期的补偿生长效应强于拔节期;而抽雄期和灌浆期淹涝处理,即使解除淹涝,因补偿生长效应很小,且受淹处理植株的叶片后期易早衰,故其叶面积与 CK 间的差异随着时间的推移会越来越大。

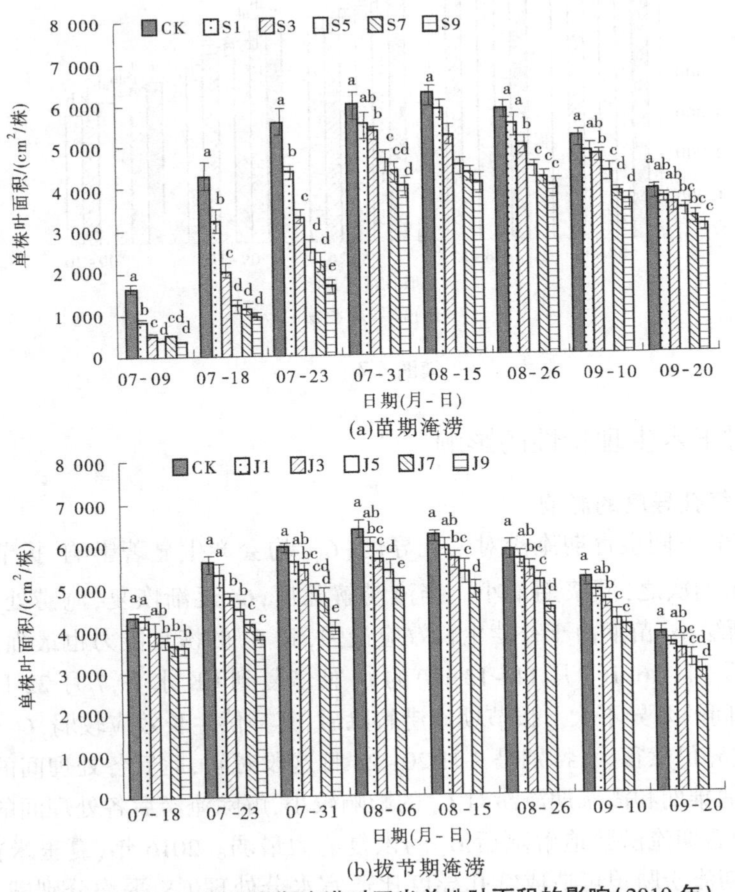

图 4-7　不同生育期淹涝对玉米单株叶面积的影响(2019 年)

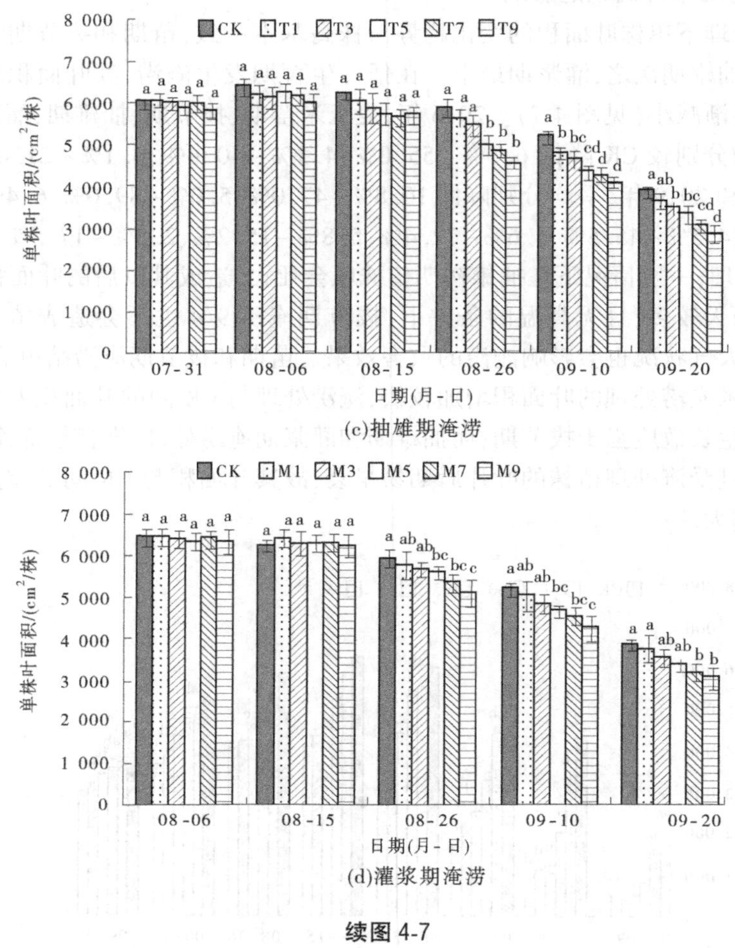

续图 4-7

二、淹涝对玉米生理特性的影响

(一)淹涝对气孔导度的影响

由图 4-8 可知,不同生育期淹涝对气孔导度(G_s)均会产生显著影响,拔节期淹涝对 G_s 的影响最大,苗期次之,灌浆期最小。当淹涝解除后,G_s 逐渐恢复,淹涝处理的 G_s 与 CK 间的差异逐渐缩小,苗期由于补偿生长效应最强,其 G_s 的恢复能力也最强,淹水 1~3 d 的处理在淹水后 14~16 d(7 月 11~13 日)的 G_s 便恢复到 CK 水平,7 月 22 日以后所有处理的 G_s 与 CK 间的差异不大。拔节期淹涝解除后,其补偿生长效应较弱,G_s 恢复较慢,各处理间的 G_s 差异仍然很大,特别是 7 月 20~24 日这段时间,此后各处理间的差异呈逐渐缩小的趋势。抽雄期和灌浆期淹涝对 G_s 的影响较小,解除淹涝后各处理间的差异仍然存在,表明玉米中后期淹涝胁迫解除后 G_s 的恢复能力最弱。2016 年,夏玉米苗期、拔节期、抽雄期、灌浆期淹涝胁迫可造成气孔导度比适宜水分处理 CK 平均分别减少 4.7%~39.2%、11.9%~52.2%、12.6%~32.8%、0.8%~20.5%; 2019 年,平均分别减少 5.2%~

36.5%、19.6%~90.8%、7.2%~60.0%、6.8%~25.1%。不同生育期叶片 G_s 随着淹涝历时的增加呈降低趋势。

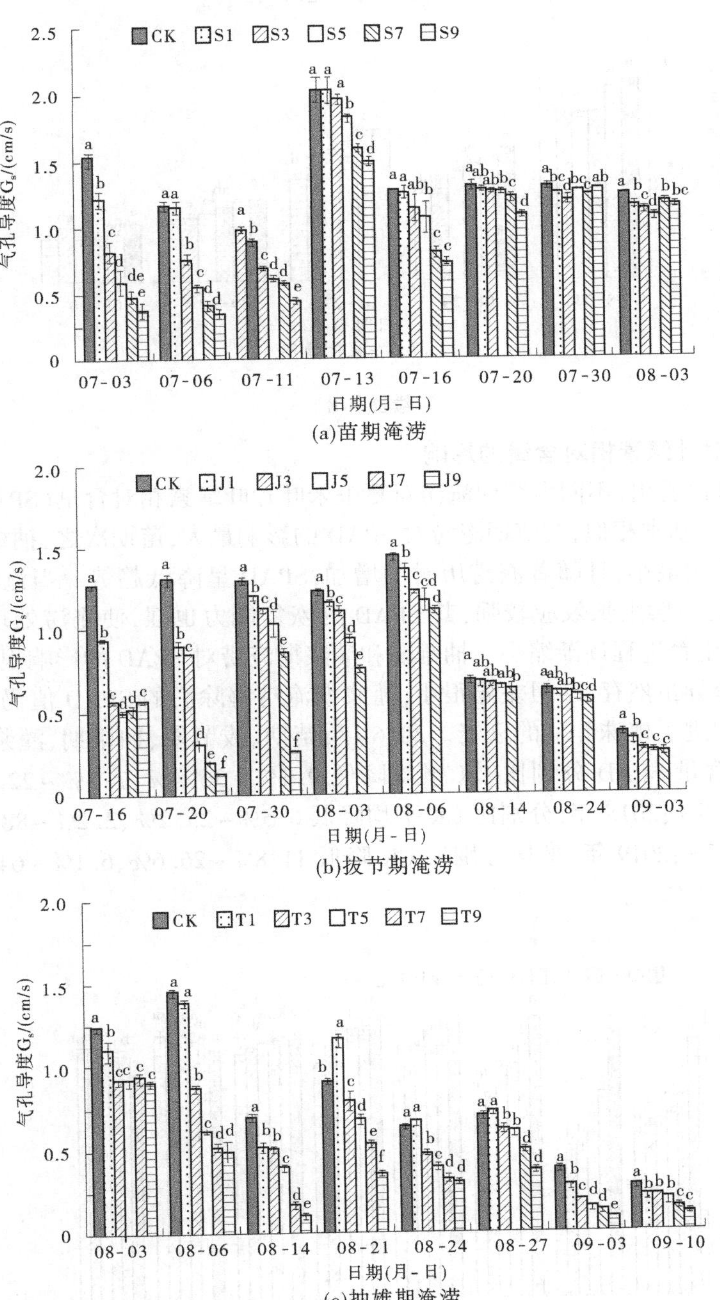

图 4-8 不同生育期淹涝对玉米叶片气孔导度(G_s)的影响(2019 年)

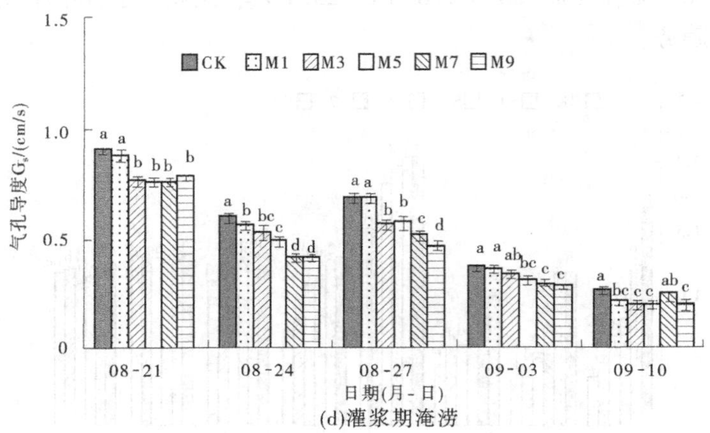

(d)灌浆期淹涝

续图 4-8

(二)淹涝对叶绿素相对含量的影响

由图 4-9 可以看出,不同生育期淹涝对夏玉米叶片叶绿素相对含量(SPAD)的影响规律与气孔导度 G_s 基本相似,拔节期淹涝对 SPAD 的影响最大,苗期次之,抽雄期和灌浆期淹涝对 SPAD 影响最小,且随着淹涝历时的增加,SPAD 呈降低趋势。当淹涝解除后,由于苗期和拔节期补偿生长效应较强,其 SPAD 的恢复能力也强,使淹涝处理的 SPAD 与 CK 间的差异随生育进程逐渐缩小。抽雄期和灌浆期淹涝对 SPAD 的影响很小,解除淹涝后各处理间的差异虽然存在,但差异很小,灌浆期淹涝解除后的 SPAD 值仍呈下降趋势,表明淹涝胁迫促进了植株叶片的衰老。2016 年,苗期、拔节期、抽雄期、灌浆期淹涝可造成叶绿素相对含量 SPAD 分别比 CK 平均降低 9.1%~36.4%、7.2%~22.3%、2.4%~4.2%、0.8%~1.5%;2018 年,分别比 CK 平均降低 6.5%~25.2%、2.2%~88.1%、1.6%~6.7%、0.8%~1.7%;2019 年,平均分别比 CK 降低 11.8%~26.6%、6.1%~64.9%、3.8%~10.8%、2.5%~7.4%。

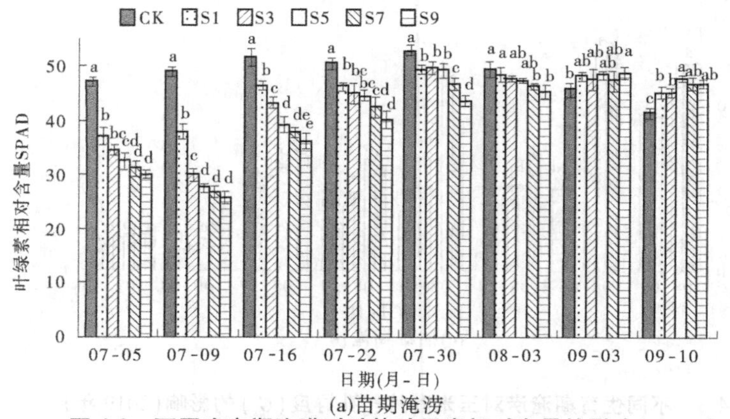

(a)苗期淹涝

图 4-9　不同生育期淹涝对叶片叶绿素相对含量的影响(2019 年)

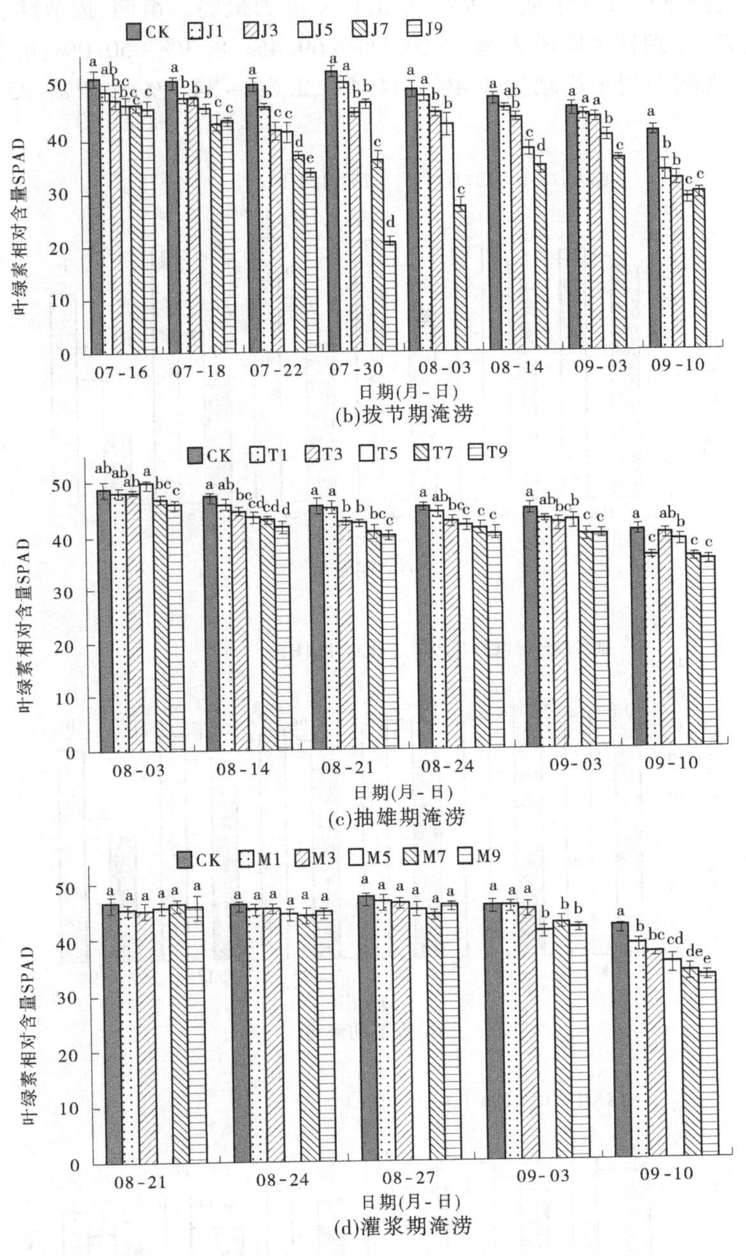

(b)拔节期淹涝

(c)抽雄期淹涝

(d)灌浆期淹涝

续图 4-9

(三)淹涝对净光合速率的影响

由图 4-10 可以看出,淹涝对夏玉米叶片净光合速率的影响规律与叶绿素相对含量基本一致,淹涝对夏玉米 P_n 的影响随着淹涝时期的后移而减小,苗期淹涝的影响最大,拔节期次之,灌浆期最小,随着淹涝历时的增加,P_n 呈降低趋势。当淹涝解除后,P_n 逐渐恢复,淹涝处理与 CK 间的差异逐渐缩小,苗期由于补偿生长效应最强,其 P_n 的恢复能力最强，拔节期次之，抽雄期和灌浆期淹涝后 P_n 的恢复能力最弱。苗期、拔节期、抽雄期、灌浆期淹涝可造成 P_n 分别比 CK 最大减少 10.8%～69.4%、8.3%～50.0%、6.1%～31.5%、3.3%～25.7%，观测期间平均减少 3.4%～44.4%、2.6%～34.5%、2.7%～25.3%、2.2%～19.0%。

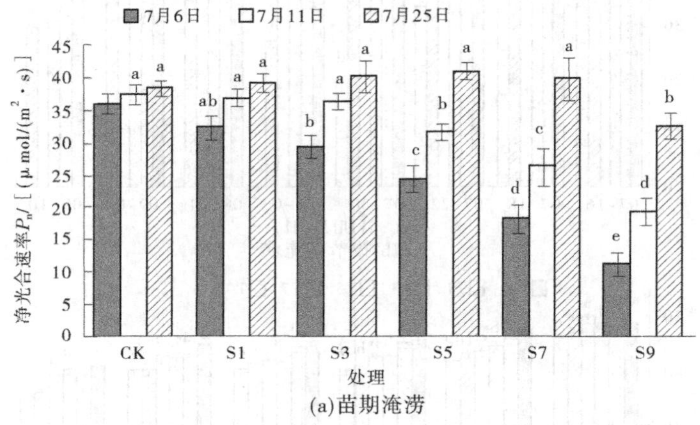

(a)苗期淹涝

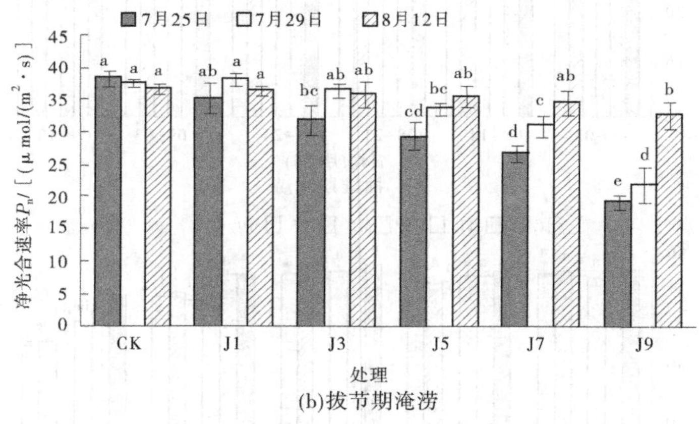

(b)拔节期淹涝

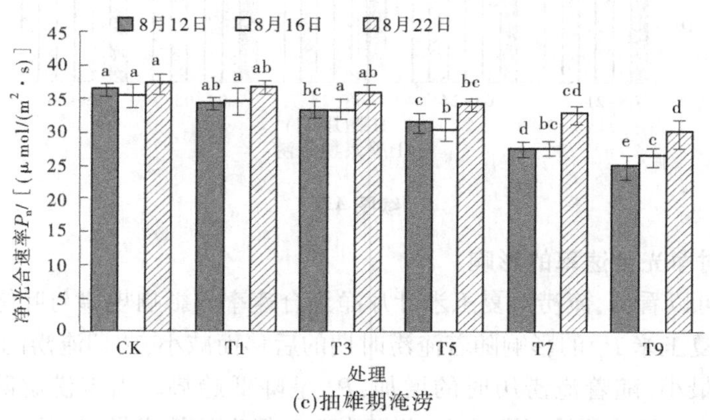

(c)抽雄期淹涝

图 4-10　不同生育期淹涝对玉米叶片净光合速率的影响(2016 年)

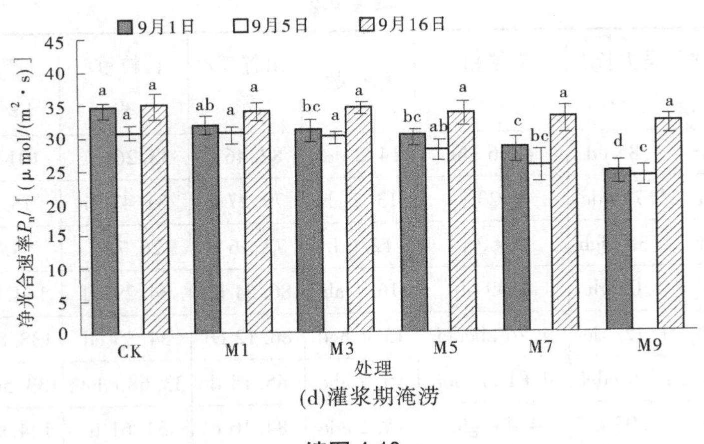

(d)灌浆期淹涝

续图 4-10

三、淹涝对夏玉米产量性状的影响

(一)淹涝对玉米产量构成的影响

由表 4-2 可以看出,淹涝时期对夏玉米穗部性状以及产量具有显著的影响,苗期和拔节期淹涝对玉米穗部性状及产量影响最大,抽雄期次之,灌浆期最小,且各性状受到影响的程度随淹涝天数的增加呈增加趋势;果穗长、果穗粗、出籽率、百粒重和产量随淹涝天数的增加呈降低趋势。拔节期淹涝对穗部性状及产量影响最大,苗期次之,灌浆期最小。2016 年拔节期淹涝 9 d 的处理减产 63.43%,而 2018 年、2019 年减产 100%,究其原因,是 2016 年拔节期淹涝期间至抽雄前阴天较多减轻了淹涝的危害,而晴天或高温天气多会加重淹涝胁迫的危害,导致植株死亡、绝收。2016 年苗期、拔节期、抽雄期、灌浆期淹涝分别减产 3.68%~56.51%、7.52%~63.43%、3.39%~24.76%、1.69%~16.89%,2018 年和 2019 年分别减产 4.4%~54.2%、7.2%~100.0%、3.3%~38.5%、1.6%~16.3%和 6.9%~39.3%、8.8%~100.0%、8.2%~35.0%、1.7%~17.2%。

表 4-2 淹涝对夏玉米产量性状的影响(2016 年)

处理	果穗长/cm	秃尖长/cm	果穗粗/cm	穗行数	出籽率/%	百粒重/g	产量/(g/株)	减产率/%
CK	20.42 c	0.94 h	4.97abc	16.2 a	87.97 a	35.52 a	149.35 a	0
S1	19.35 d	1.40 defg	5.01 ab	15.6 abc	87.28 ab	34.55 bc	143.86 ab	3.68
S3	18.65 ef	1.85 cd	4.82 abcdef	ef14.6	85.32 d	33.58 defg	126.62 cde	15.22
S5	18.70 ef	2.10 bc	4.59 cdefghi	13.3 g	81.61 f	33.05 fg	110.33 gh	26.13
S7	18.20 fg	2.40 b	4.28 hi	12.6 h	76.09 i	30.71 ij	77.04 i	48.42
S9	17.30 h	2.95 a	3.37 j	11.5 i	72.81 j	27.88 k	64.95 ij	56.51
J1	19.40 d	1.25 fgh	4.91 abcd	15.6 abc	87.93 a	33.97 cde	138.12 abcd	7.52
J3	18.75 e	1.40 defg	4.86 abcde	15.2 cde	86.01 cd	33.91 cdef	122.04 efg	18.29

续表 4-2

处理	果穗长/cm	秃尖长/cm	果穗粗/cm	穗行数	出籽率/%	百粒重/g	产量/(g/株)	减产率/%
J5	17.90 g	1.85 cd	4.36 ghi	14.8 def	82.46 f	33.26 efg	101.02 h	32.36
J7	16.75 i	1.75 cde	4.23 i	13.2 gh	79.27 g	31.47 hi	75.18 i	49.66
J9	15.05 j	1.35 efgh	3.60 j	12.6 h	77.16 h	26.72 i	54.61 j	63.43
T1	20.50 c	1.07 gh	4.99 ab	16.1 ab	86.54 bc	34.29 cd	144.29 ab	3.39
T3	19.85 d	1.72 cde	4.76 abcdef	15.4 bcd	86.12 cd	34.35 cd	138.81 abc	7.06
T5	18.75 e	1.65 cdef	4.81 abcdef	15.9 abc	85.15 d	33.68 cdefg	133.56 bcde	10.57
T7	18.52 ef	1.95 c	4.44 fghi	15.2 cde	84.16 e	31.61 h	124.93 def	16.35
T9	18.55 ef	1.45 defg	4.35 ghi	14.8 def	82.22 f	30.45 j	112.37 fgh	24.76
M1	21.60 a	1.15 gh	4.51 ef	15.8 abc	87.83 a	35.41 a	146.82 ab	1.69
M3	21.25 ab	1.85 cd	4.64 bcdefgh	15.4 bcd	85.70 cd	35.25 ab	143.73 ab	3.77
M5	20.85 bc	2.05 bc	4.53 defghi	14.5 f	86.45 bc	34.12 cde	139.69 abc	6.47
M7	20.72 c	1.75 cde	4.73 abcdefg	16.2 a	84.15 e	32.95 g	135.18 bcde	9.49
M9	21.48 a	1.81 cde	5.05 a	15.9 abc	83.83 e	31.57 h	124.13 ef	16.89

(二)减产率与淹涝历时的关系

建立了玉米减产率与不同生育期淹涝历时的数学关系(见图 4-11~图 4-13),从图 4-11~图 4-13 可知,苗期淹涝处理的减产率与淹涝历时呈直线关系,且斜率较高,表明苗期淹涝对产量影响较大;拔节期淹涝的减产率与淹涝历时呈指数函数关系,当淹涝低于 5 d 时,其减产率增加较慢,且低于相同淹涝历时的苗期淹涝处理,当淹涝天数超过 5 d,其减产率快速增加,尤其是淹涝超过 7 d 的处理,淹涝达到 9 d 绝收(2016 年除外),玉米植株倒伏死亡是拔节期淹涝历时过长造成严重减产的重要原因。抽雄期和灌浆期淹涝处理的减产率与淹涝历时之间均呈二次曲线关系,但 2019 年的试验曲线开口方向不同,抽雄期淹涝的开口朝下,而灌浆期的开口朝上,抽雄期淹涝处理的减产率明显大于灌浆期淹涝,因为抽雄期是产量形成的关键期,淹涝对果穗性状(如果穗长、果穗粗、出籽率和百粒重)影响较大,而灌浆期淹涝仅显著影响出籽率和百粒重。依据图 4-11~图 4-13 中的数学关系式可推算出,2016 年苗期、拔节期、抽雄期和灌浆期的淹涝天数只要分别不超过 2 d、2 d、5 d、7 d 就可以把减产率控制在 10%以内,2018 年、2019 年只要分别不超过 2 d、3 d、4.5 d、6.5 d 和 1.5 d、2 d、1.5 d、6.5 d 亦可以把减产率控制在 10%以内;2016 年、2018 年和 2019 年苗期、拔节期、抽雄期和灌浆期的淹涝天数只要分别超过 4 d、4 d、8 d、10 d,4 d、4.5 d、6.5 d、11 d 和 4 d、5 d、4 d、10 d,其减产率可达 20%以上。该结果可为夏玉米不同生育期遭受淹涝的产量损失评估提供依据。

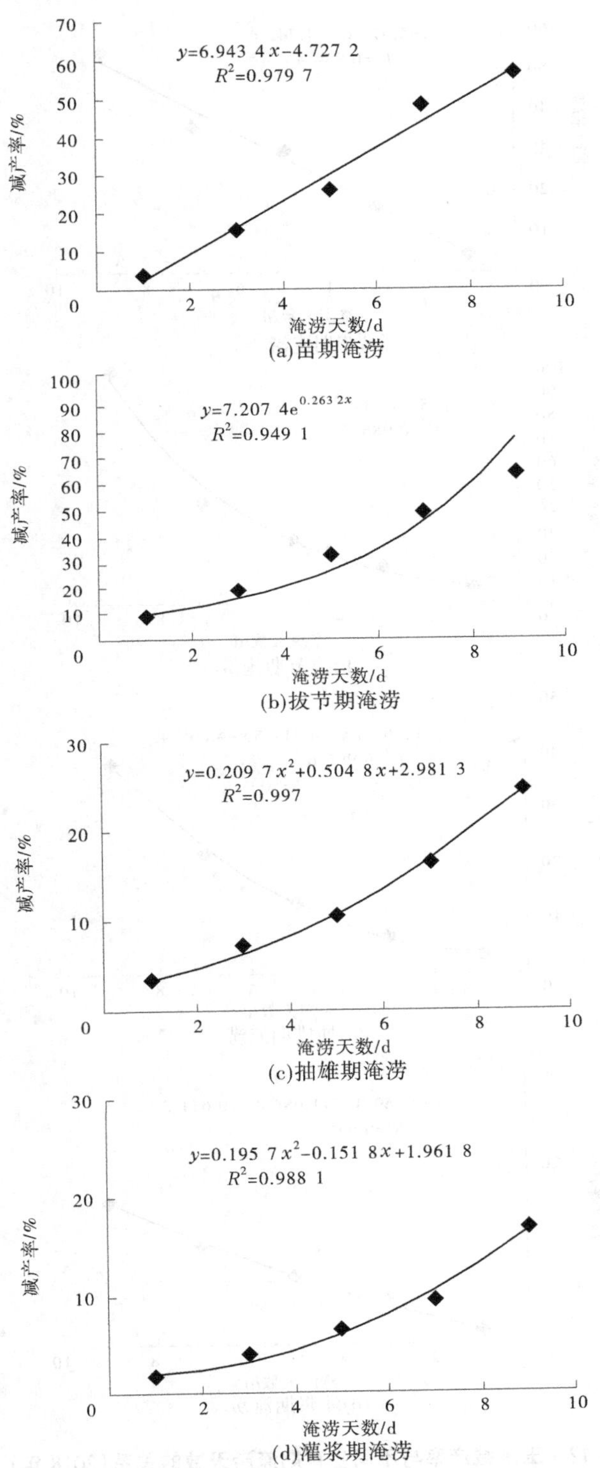

图 4-11　玉米减产率与不同生育期淹涝天数的关系(2016 年)

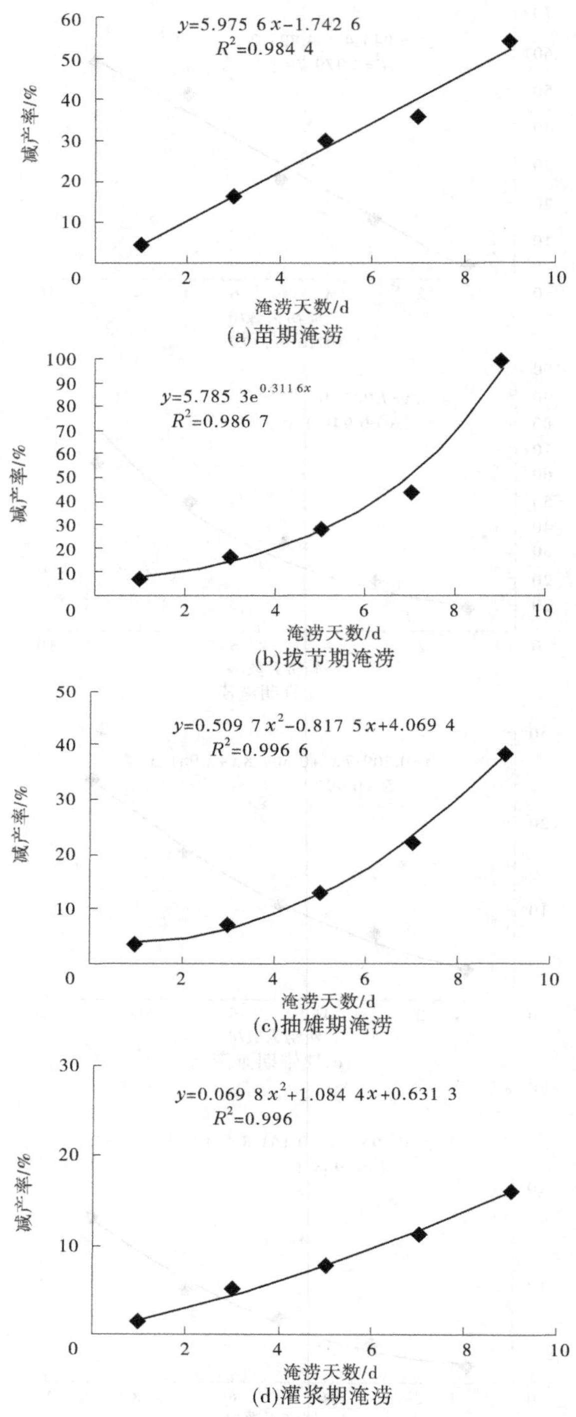

图 4-12　玉米减产率与不同生育期淹涝天数的关系(2018 年)

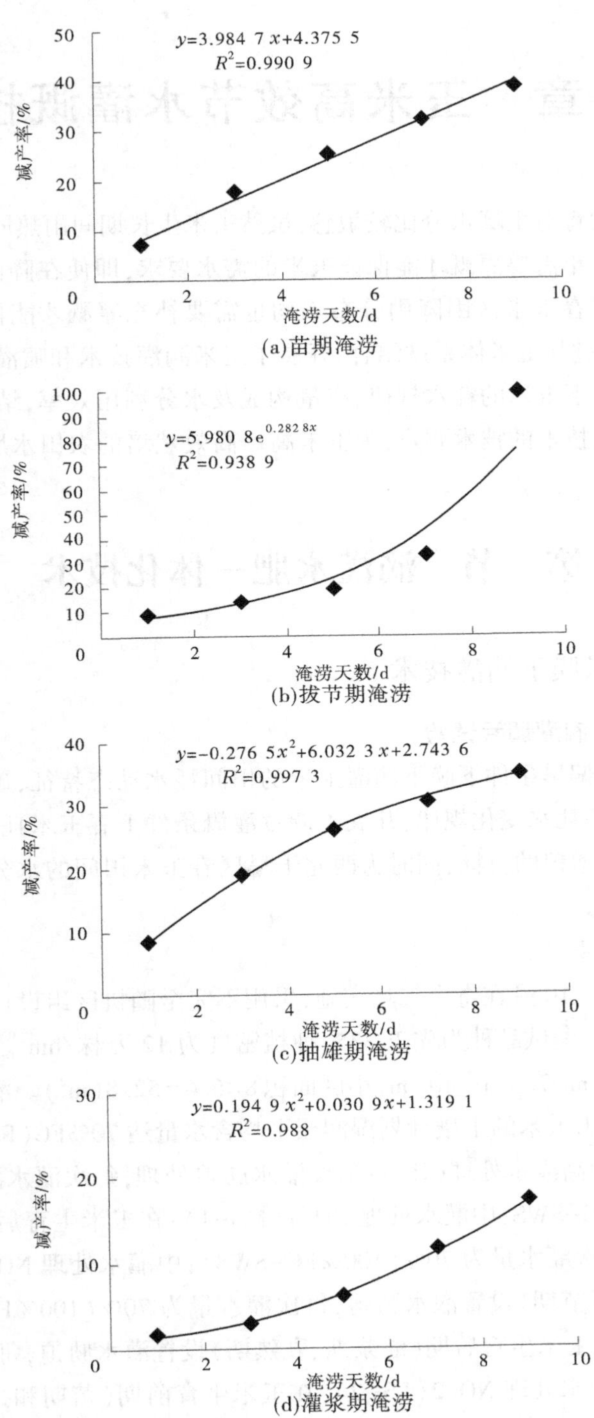

图 4-13　玉米减产率与不同生育期淹涝天数的关系(2019 年)

第五章　玉米高效节水灌溉技术

玉米正常生长发育对土壤水分比较敏感,虽然玉米生长期间雨热同步,但降雨较少的西北干旱春玉米区常年需要灌溉才能保证玉米的需水要求,即使在降雨较多的黄淮海夏玉米区以及东北西部春玉米区因降雨分布不均也需要补充灌溉才能保证玉米高产。因此,“十三五”期间通过与玉米体系站结合,开展了玉米滴灌技术和喷灌技术的研究,分析了不同节水灌溉技术下玉米的耗水规律、产量构成及水分利用效率,结合施肥,初步提出了不同节水高效灌溉技术的技术要点,为玉米高产高效栽培的农田水肥管理提供了理论依据及技术支撑。

第一节　滴灌水肥一体化技术

一、西北春玉米膜下滴灌技术

(一)春玉米膜下滴灌调亏试验

为了解新疆奇台偏旱条件下膜下滴灌玉米的田间耗水动态特征,确定土壤水分适宜需求状态,掌握玉米的耗水变化规律,开展了调亏灌溉条件下春玉米耗水规律试验,以期用适量的水达到节水增粮的目标,同时为西北干旱区春玉米田间的水分管理及灌溉制度的制定提供重要依据。

1. 试验材料与方法

试验于 2019 年 4~10 月在奇台二场实施,采用不完全随机区组设计,共设 6 个处理,重复 3 次,18 个小区。参试品种为先玉 335,种植密度为 12 万株/hm^2。种植模式采用宽窄行,行距设置为 40 cm-70 cm- 40 cm,小区面积 8×6. 6=52. 8(m^2)。灌水量根据土壤实际含水量确定。当大田玉米的土壤计划湿润层平均含水量达 70%FC(FC 为田间持水量)时启动灌溉,此处理为高灌水处理(HS):不设灌水胁迫处理,每次灌水灌至田间持水量,每次灌水量为 100%FC-SWS;中灌水处理 NO. 1(MS-1):在玉米生育后期(灌浆期、乳熟期)设置灌水胁迫,每次灌水量为 70%(100%FC-SWS);中灌水处理 NO. 2(MS-2):在玉米生育前期(苗期和拔节期)设置灌水胁迫,每次灌水量为 70%(100%FC-SWS);低灌水处理 NO. 1(LS-1):在玉米生育后期(灌浆期、乳熟期)设置灌水胁迫,每次灌水量为 60%(100%FC-SWS);低灌水处理 NO. 2(LS-2):在玉米生育前期(苗期和拔节期)设置灌水胁迫,每次灌水量为 60%(100%FC-SWS);各处理均不在玉米的抽雄期设置水分胁迫(见表 5-1)。

表 5-1　全生育期灌溉制度设计

处理	播种-出苗	拔节-喇叭口（2次）	大喇叭口-抽雄（1次）	抽雄-乳熟（吐丝后 20 d）（3次）	乳熟-完熟（3次）
HS	300			100%FC-SWS	
MS-1	300	100%FC-SWS		100%FC	70%（100%FC-SWS）
MS-2	300	70%（100%FC-SWS）		100%FC	100%FC-SWS
LS-1	300	100%FC-SWS		100%FC	60%（100%FC-SWS）
LS-2	300	60%（100%FC-SWS）		100%FC	100%FC-SWS

注：表中 300 为不同处理 1 m 土层的土壤贮水量，mm；100%FC 为田间持水量时的计划湿润层贮水量，mm；SWS 为灌水前计划湿润层实际贮水量，mm，100%FC-SWS 为高灌水处理每次实际灌水量，mm。

2. 试验结果分析

1）实际灌水量

从表 5-2 可以看出，不同灌水处理的实际灌水量分别为：HS 处理 362 mm、MS-1 处理 323 mm、MS-2 处理 313 mm、LS-1 处理 274 mm、LS-2 处理 261 mm。

表 5-2　奇台农场试验站不同灌溉处理玉米实际灌水量　单位：mm

处理	灌水时期（月-日）									总灌量
	06-26	07-04	07-14	07-22	07-30	08-09	08-19	08-29	09-08	
HS	41	38	38	39	40	45	41	40	40	362
MS-1	31	28	55	38	36	42	33	29	31	323
MS-2	37	32	40	34	37	43	33	30	27	313
LS-1	33	28	35	29	33	38	29	25	24	274
LS-2	25	21	48	31	29	35	26	22	24	261

2）土壤贮水量变化

图 5-1 是 2019 年玉米生育期 0~80 cm 土壤贮水量（SWS）动态变化。由图 5-1 可知，玉米各灌水处理的 SWS 随着每次灌水出现交替波动变化。全生育期共有 9 次 SWS 波峰出现，与 9 次灌水相吻合。试验地玉米生育期降水量为 139 mm，且主要集中在 5 月（37 mm）、6 月（28 mm）和 9 月（33 mm），7 月和 8 月降水量仅分别为 6 mm 和 11 mm。因此，在玉米生育期降水量对 SWS 的影响较小。全生育期 HS 处理的 SWS 的变化范围为 190~262 mm，MS-1 处理为 196~270 mm，MS-2 处理为 171~242 mm，LS-1 处理为 181~244 mm，LS-2 处理为 182~262 mm。其中，MS-2 处理和 LS-2 处理在玉米生育前期［播种后天数（DAS）40~85 d］的 SWS 均值分别为 219 mm 和 216 mm，较其他处理低 8%~10%。在玉米生育后期进行水分胁迫处理的 MS-1 处理和 LS-1 处理的表现则不同。MS-1 处理在后期（DAS 125~160 d）控水后 SWS 仍能保持较高水平，SWS 均值为 224 mm，而 LS-1 处理的 SWS 均值为 206 mm，较 MS-1 处理低 10%。这表明玉米后期中度胁迫对玉米 SWS 的影响较小，与高灌水处理 HS（226 mm）相比，没有使玉米处于干旱胁迫，而 LS-1 处理后

期胁迫对 SWS 影响较大。

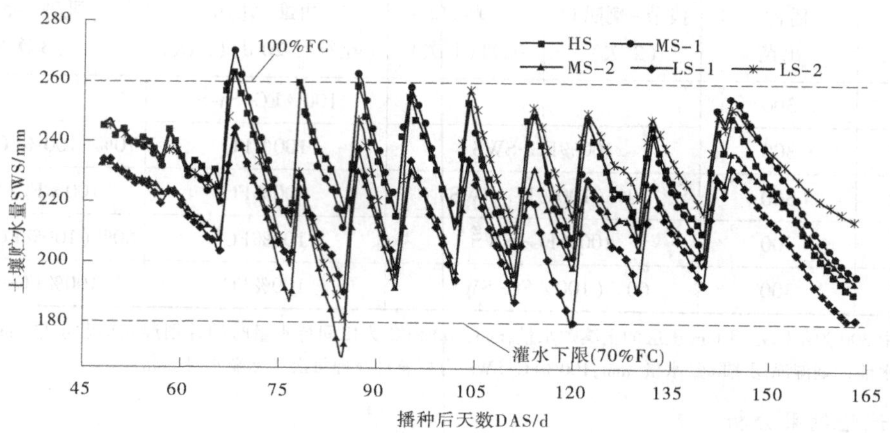

图 5-1　奇台农场试验站不同灌溉处理玉米 0~80 cm 土壤贮水量变化

3）产量和 WUE

由表 5-3 可知，由于 2019 年不同灌水处理的灌水量有差异，使得不同处理的产量、耗水量及水分利用效率均出现差异。高灌水处理（HS）的灌水量高，因此其耗水量（615 mm）最大，显著高于其他处理；中灌水+后期调亏（MS-1）处理的次之；低灌水+前期调亏（LS-2）处理的耗水量最低，为 491 mm。不同处理的产量变化趋势与耗水量基本相同，HS 处理的产量最高，为 18 850 kg/hm^2，显著高于其他处理；LS-1 处理的次之，但与 MS-1 处理间无显著差异，表明同等灌水量条件下，在玉米生育后期（灌浆期和乳熟期）进行水分胁迫对产量的影响要小于前期水分胁迫处理；LS-2 处理的产量最低，为 15 114 kg/hm^2。WUE 与产量和耗水量的变化趋势不尽相同，LS-1 处理的 WUE 最高，为 3.36 kg/m^3，其次为 HS 处理和 LS-2 处理，MS-2 处理的最低（2.89 kg/m^3）。

表 5-3　奇台二场不同灌溉处理对玉米耗水量、产量及 WUE 的影响

处理	降水量/mm	0~80 cm 贮水量/mm		灌水量/mm	耗水量/mm	产量/（kg/hm^2）	WUE/（kg/m^3）
		播前	收后				
HS	139	304	190 bc	362 a	615 a	18 850 a	3.07 b
MS-1	139	304	197 b	323 b	570 b	17 208 b	3.02 b
MS-2	139	304	194 b	313 b	562 b	16 276 c	2.89 c
LS-1	139	304	182 c	274 c	535 c	17 961 b	3.36 a
LS-2	139	304	214 a	262 c	491 d	15 114 d	3.08 b

本研究明确了膜下滴灌密植栽培春玉米产量为 15 000 kg/hm^2 时，玉米生育期蒸散量为 491~615 mm，水分利用效率为 2.89~3.36 kg/m^3。玉米生育期日耗水强度均呈先增

加后降低的变化趋势,水分敏感期为抽雄-乳熟阶段,最大耗水量阶段分别在拔节-抽雄阶段和乳熟-成熟阶段,需要在玉米上述关键需水时期进行充足灌溉。而在玉米非需水关键期,膜下滴灌春玉米后期控水水平可以维系在60%的实际灌水量。在玉米生育后期控水且灌水量满足实际需求的60%时,较前期控水时的玉米产量和WUE均有显著提高,产量和WUE分别提高19%和12%。

(二)新疆绿洲区春玉米全程机械化密植高产膜下滴灌节水技术

1.试验材料与方法

2018年4~10月在新疆生产建设兵团第六师奇台总场开展春玉米膜下滴灌高效节水技术示范。设置膜下滴灌(SDI-600)、膜下滴灌(SDI-900)、露地滴灌(DI-600)、覆膜沟灌(SFI-600)四个处理,600 mm和900 mm两种灌水量,以覆膜沟灌为对照。选用主栽品种先玉335,4月18日播种,采用单粒精量播种,理论密度12万株/hm^2,10月20日收获。试验地均在前茬作物(玉米)收获后结合翻耕施入有机肥120 m^3/hm^2,磷酸二铵75 kg/hm^2,过磷酸钙600 kg/hm^2,尿素75 kg/hm^2,玉米专用复合肥($N:P_2O_5:K_2O$为15:15:15)300 kg/hm^2,深翻耕深25 cm。播种时施用种肥磷酸二铵75 kg/hm^2、硫酸锌(98%)150 kg/hm^2,硫酸钾(36%)75 kg/hm^2;拔节期喷施叶面肥磷钾动力0.75 kg/hm^2、锌肥0.75 kg/hm^2,并施用玉黄金3 L/hm^2控制株高;吐丝初期喷施叶面肥磷钾动力0.75 kg/hm^2、锌肥0.75 kg/hm^2。

采用70 cm/40 cm宽窄行种植,玉米株距15 cm,密度12万株/hm^2。用70 cm地膜覆于窄行玉米带,宽行间留出约50 cm露地带(见图5-2)。采用一管带两行的模式将滴灌带铺设于窄行玉米中间。4月18日播种,4月21日滴出苗水,5月4日出苗,全生育期灌溉12次,600 mm灌水处理单次灌水50 mm,900 mm单次灌水75 mm,分别是出苗水1次,拔节期至吐丝期灌溉5次,吐丝期至生理成熟期灌溉6次;露地滴灌不覆盖地膜,用于比较滴灌覆膜的效应;覆膜沟灌处理是在玉米宽行间的50 cm裸带开沟,用于沟灌。不同处理除灌水量不同外,其他的田间管理措施(施肥、除草、喷药)均相同,玉米于10月20日收获。

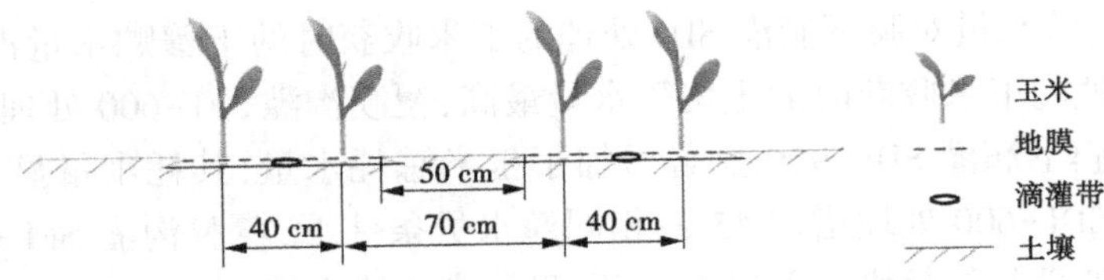

图5-2　新疆奇台总场春玉米覆膜与滴灌布设示意图

2.试验结果分析

1)对春玉米日耗水量的影响

由图5-3可以看出,在灌水和降水之后春玉米会出现耗水量峰值,生育前期(抽雄前)的耗水量峰值总体大于后期(抽雄后)。各处理玉米耗水量最大值出现在抽雄吐丝期(7月中旬):其中,膜下滴灌SDI-900(灌水量900 mm)处理的日耗水量最高,为14.3 mm/d,露地滴灌DI-600(灌水量600 mm)处理次之,为13.4 mm/d,膜下滴灌SDI-600处理和覆膜沟灌 SFI-600 处理的分别为 11.2 mm/d 和 8.9 mm/d。可见玉米日耗水量随着灌水量的增加而增加；在相同灌水量条件下，露地滴灌的耗水量最高，膜下滴灌次之，覆膜沟灌最低。

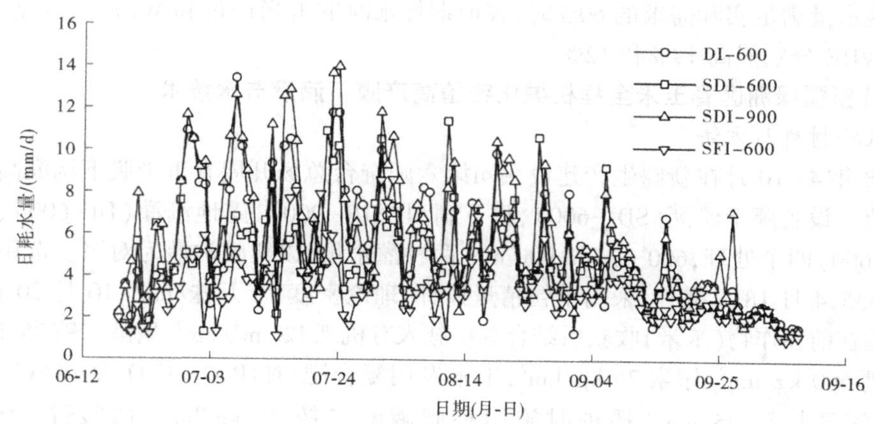

图 5-3　不同灌溉处理与覆膜方式下春玉米的日耗水量变化

2）对土壤相对含水量的影响

图 5-4 表明，膜下滴灌 SDI-600 处理下，玉米在小喇叭口期的根层土壤水分低于适宜水分下限指标，其余阶段均维持在合理范围（70%～100%）；覆膜沟灌 SFI-600 处理条件下，玉米从拔节至灌浆根层土壤水分（0～60 cm）有较长时间段低于土壤水分下限值（50%～65%）。露地滴灌 DI-600 处理下玉米在喇叭口和抽雄期出现短暂干旱，其他时间的土壤含水量正常（80%～100%）。膜下滴灌 SDI-900 处理的玉米从小喇叭口期至吐丝期出现短暂轻旱（根层土壤相对含水量小于 65%），但土壤水分总体维持在较适宜范围（65%～95%）内。可见，不同覆膜与灌溉方式对土壤水分有显著影响，但相同覆膜条件下不同灌溉量的土壤水分差异并不明显。

3）对春玉米耗水量、产量及 WUE 的影响

由表 5-4 可知，灌水量对膜下滴灌 SDI 处理的玉米收获时的土壤贮水量没有影响，露地滴灌 DI-600 处理的玉米收获时的土壤贮水量最高，覆膜沟灌 SFI-600 处理的最低；900 mm 灌水量的处理膜下滴灌 SDI-900 显著增加了玉米总耗水量，其耗水量显著高于其他处理，较膜下滴灌 SDI-600 处理增加 45%；相同灌水量条件下，覆膜沟灌 SFI-600 处理与露地滴灌 DI-600 处理间的耗水量差异不显著，显著高于膜下滴灌 SDI-600 处理，露地滴灌 DI-600 处理与膜下滴灌 SDI-600 处理间的耗水量无显著差异，其中膜下滴灌 SDI-600 处理的耗水量最低。膜下滴灌（600 mm）的平均日耗水量最低，较对照传统漫灌降低 9%。膜下滴灌 SDI-600 处理玉米产量最高，较露地滴灌 DI-600 处理、覆膜沟灌 SFI-600 处理增产 8%和 19%。其中，膜下滴灌两种灌水量（600 mm 和 900 mm）间的产量差异不显著。覆膜处理的产量高于露地处理，滴灌处理的产量高于沟灌处理。膜下滴灌 SDI-600 处理的 WUE 最高，为 3.03 kg/m^3，露地滴灌 DI-600 处理的次之，膜下滴灌 SDI-900 处理的 WUE 最低，为 2.06 kg/m^3。

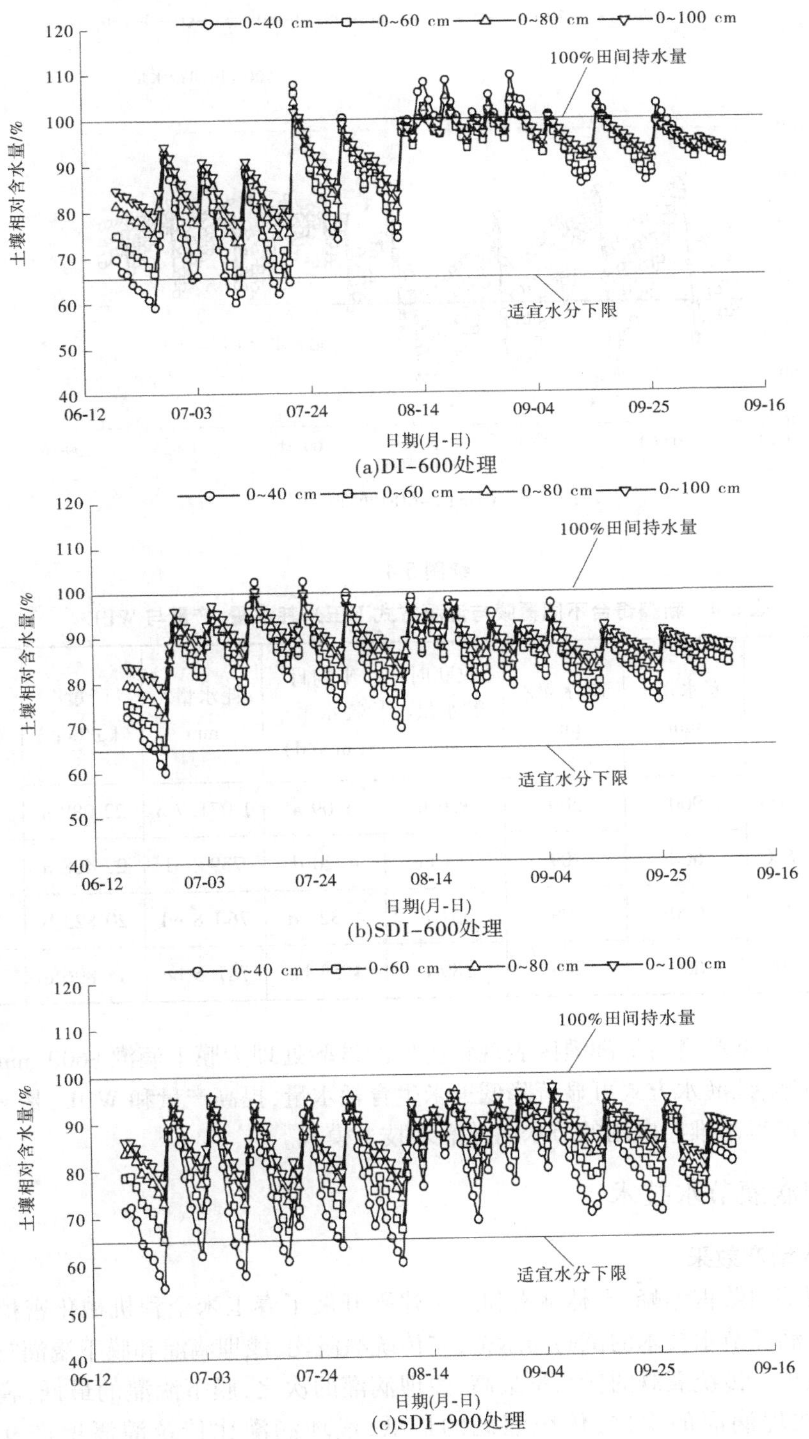

图 5-4 不同灌溉处理与覆膜方式下春玉米生长季不同土壤剖面的相对含水量

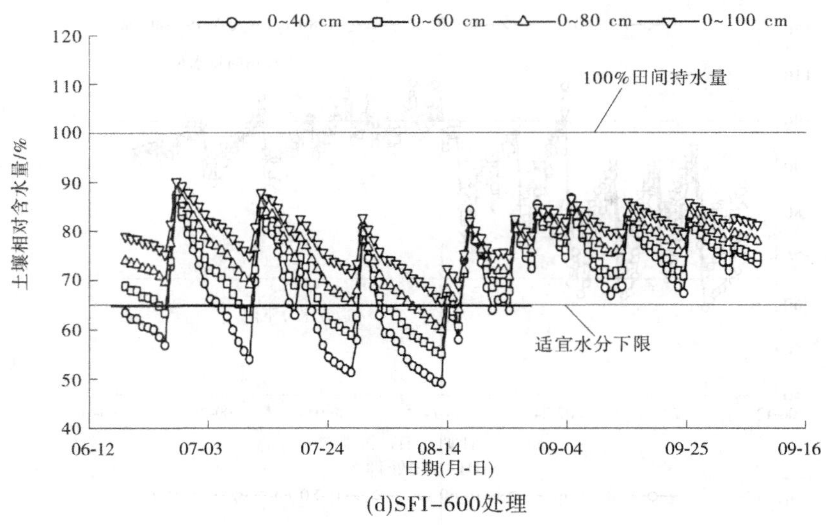

(d)SFI-600处理

续图 5-4

表 5-4　新疆奇台不同覆膜与灌溉方式下玉米耗水量、产量与 WUE

处理	灌水量/mm	降水量/mm	收获时贮水量/mm	平均日耗水量/(mm/d)	耗水量/mm	产量/(kg/hm²)	WUE(kg/m³)
膜下滴灌 SDI-900	900	209	326 b	6.09 a	1 071.7 a	22 089 a	2.06 d
膜下滴灌 SDI-600	600	209	314 bc	4.20 d	739.5 d	22 408 a	3.03 a
露地滴灌 DI-600	600	209	351 a	4.32 cd	760.8 cd	20 823 b	2.74 b
覆膜沟灌 SFI-600	600	209	289 c	4.53 bc	787.5 bc	18 896 c	2.40 c

综上所述,在新疆奇台绿洲灌区表现较优异的试验处理为膜下滴灌+600 mm 灌水量的灌水处理方案,该灌水方式可显著降低玉米生育耗水量,提高产量和 WUE,是一种适于机械化密植高产玉米推广应用的节水高效灌水技术模式。

二、浅埋滴灌节水技术

(一)节水增产效果

在东北西部内蒙古赤峰、吉林洮南和辽宁建平开展了春玉米全程机械化密植高产浅埋滴灌和膜下滴灌节水技术的试验与示范,与传统灌溉比,浅埋滴灌和膜下滴灌具有较好的节水增产效果。传统灌溉的耗水量最高,浅埋滴灌的次之,膜下滴灌的最低;膜下滴灌的产量最高,浅埋滴灌的次之,传统灌溉的最低,浅埋滴灌比传统灌溉增产 9.72%~11.76%,膜下滴灌比传统灌溉增产 20.39%~24.05%,比浅埋滴灌增产 8.6%~13.7%;浅埋滴灌的 WUE 比传统灌溉的高 10.0%~16.3%,膜下滴灌的 WUE 比传统灌溉的提高

33.73%~35.31%，比浅埋滴灌提高17.4%~19.5%（见表5-5）。膜下滴灌的净收入最高，浅埋滴灌的次之，传统灌溉的最低，浅埋滴灌比传统灌溉多收入2 595.0元/hm^2（增加43.3%），膜下滴灌比传统灌溉多增收4 350.0元/hm^2（增加72.5%），比浅埋滴灌多增收1 755.0元/hm^2（增加29.3%）（见表5-6）。

表5-5　2019年不同灌水技术的产量、耗水量及WUE

地点	灌水技术	穗数（万穗/hm^2）	穗粒数/粒	百粒重/g	产量/（kg/hm^2）	耗水量/mm	WUE/（kg/m^3）	增产/%	WUE增加/%
内蒙古赤峰	膜下滴灌	7.46	488.8	44.6	12 705.0 a	438.5	2.90 a	24.05	35.31
	浅埋滴灌	6.45	479.1	46.8	11 301.0 b	455.6	2.48 b	10.34	15.84
	传统灌溉	4.93	583.3	46.1	10 242.0 c	478.3	2.14 c	0	0
吉林洮南	浅埋滴灌	—	604.0	36.5	12 142.5 a	561.86	2.16 a	9.72	9.95
	传统灌溉	—	597.0	36.2	11 067.0 b	563.07	1.97 b	0	0
辽宁建平	膜下滴灌	7.58	561.5	52.4	14 391.0 a	455.7	3.16 a	20.39	33.73
	浅埋滴灌	7.33	569.3	46.0	13 359.0 b	486.4	2.75 b	11.76	16.31
	传统灌溉	7.17	528.9	42.6	11 953.5 c	506.2	2.36 c	0	0

表5-6　2019年不同灌水技术每公顷投入产出分析　单位：元

灌水技术	产出	投入								净收入
		播种整地	人工	水费	种子	化肥	滴灌带	薄膜	合计	
膜下滴灌	20 325.0	1 050.0	3 000.0	900.0	750.0	2 400.0	1 500.0	375.0	9 975.0	10 350.0
浅埋滴灌	18 495.0	1 050.0	3 000.0	1 200.0	750.0	2 400.0	1 500.0	0	9 900.0	8 595.0
传统灌溉	16 650.0	1 050.0	4 200.0	1 650.0	750.0	3 000.0	0	0	10 650.0	6 000.0

（二）膜下滴灌技术要点

（1）种植模式：选用膜下滴灌精量施肥播种铺带覆膜一体机，采用宽窄行种植模式。一般窄行40 cm，宽行80 cm。种植密度6.75万~7.5万株/hm^2。滴灌带铺在窄行带中间，采用“一带管二行”模式。

（2）施种肥：建议以有机肥为主、化肥为辅，氮、磷、钾肥配合施用，如种肥二铵225 kg/hm^2、硫酸钾112.5 kg/hm^2。

（3）灌溉制度：播种完毕后，及时滴20 mm出苗水；苗期和拔节期共灌水2~4次，单次灌水定额20 mm，并随着苗的生长而逐渐增多；在大喇叭口期和授粉前的关键需水期，单次灌水定额25 mm，灌水周期7~10 d，共灌水3次；在授粉完毕后，再适当灌2次水，单次灌水定额25 mm。全生育期共灌水8~10次，灌溉定额185~225 mm（见表5-7）。

（4）追肥原则：以氮肥为主配施微肥，氮肥遵循前控、中促、后补的原则。整个生育期借助滴灌系统随水追肥 3 次。第 1 次,幼苗期 105~120 kg/hm^2;第 2 次,大喇叭口中期 120~150 kg/hm^2;第 3 次,抽雄散粉后 150~180 kg/hm^2。

表 5-7 东北西部春玉米全程机械化高产高效膜下滴灌灌溉制度

灌水次数/次	灌水时间	灌水定额/mm	灌溉定额/mm
1	播种	20	20
1~2	苗期	20	20~40
1~2	拔节期	20	20~40
1	大喇叭口期	25	25
2	抽雄-吐丝期	25	50
2	灌浆成熟期	25	50

(5)应用品种:当地适宜机械化密植高产新品种。

(三)浅埋滴灌技术要点

(1)种植模式:选用浅埋滴灌精量施肥播种铺带一体机,采用宽窄行种植模式。一般窄行 40 cm、宽行 80 cm。滴灌带铺在窄行带中间距地表 1~3 cm 处。

(2)施种肥:建议以有机肥为主、化肥为辅,氮、磷、钾肥配合施用,如种肥二铵 225 kg/hm^2、硫酸钾 112.5 kg/hm^2。

(3)灌溉制度:播种完毕后,及时滴水出苗,滴水 20 mm;苗期和拔节期共灌水 2~4 次,单次灌水定额 20 mm,并随着苗的生长而逐渐增多;在大喇叭口期和授粉前的关键需水期,单次灌水定额 30 mm,灌水周期 7~10 d,共灌水 3 次;在授粉完毕后,再适当灌水 2 次,单次灌水定额 30 mm。全生育期共灌水 8~10 次,灌溉定额 220~270 mm(见表 5-8)。

表 5-8 东北西部春玉米全程机械化高产高效浅埋滴灌灌溉制度

灌水次数	灌水时间	灌水定额/mm	灌溉定额/mm
1	播种	20	20
1~2	苗期	20	20~40
1~2	拔节期	30	30~60
1	大喇叭口期	30	30
2	抽雄-吐丝期	30	60
2	灌浆成熟期	30	60

(4)追肥原则:以氮肥为主配施微肥,氮肥遵循前控、中促、后补的原则。整个生育期借助滴灌系统随水追肥 3 次。第 1 次,幼苗期 105~120 kg/hm^2;第 2 次,大喇叭口中期 120~150 kg/hm^2;第 3 次,抽雄散粉后 150~180 kg/hm^2。

(5)应用品种:当地适宜机械化密植高产新品种。

三、夏玉米滴灌水肥一体化技术

(一)材料与方法

1. 试验设计

试验分别于2017年6月至2018年9月以及2018年6月至2019年9月在中国农业科学院新乡七里营综合试验基地开展实施。试验设置5个氮素水平(0、90 kg/hm^2、180 kg/hm^2、270 kg/hm^2、360 kg/hm^2,分别以N0、N1、N2、N3、N4表示)和3个灌水水平(灌水定额为分别为50 mm、40 mm和30 mm,标记为W1、W2、W3)。裂区试验设计,主区为氮肥处理,裂区为灌水处理,完全区组设计,共15个处理。夏玉米在大喇叭口期灌水1次,生育期施肥比例为:基施30%、拔节期40%、抽雄期20%、灌浆期10%。滴灌带间距为60 cm,1条滴灌带控制灌溉1行玉米。施肥器选用压差式施肥罐。每个处理接一个独立施肥罐。施肥开始前按所需尿素和水加入罐中,充分搅拌,使其完全溶解,扣紧罐盖。施肥前先滴清水30 min,然后打开施肥罐阀施肥,为保证肥料完全施入,依据Amos Teitch的经验公式$T=4V/Q$(T为时间,h;V为罐体积,m^3;Q为设计流量,m^3/h)计算施肥时间,施肥后继续滴清水。玉米播种前,统一基施P_2O_5 150 kg/hm^2、K_2O 150 kg/hm^2,磷肥选用过磷酸钙(P_2O_5 12%),钾肥为硫酸钾(K_2O 50%)。底肥施入方式为均匀撒施,施肥后灌水50 mm。供试夏玉米品种为登海605,行距55 cm、株距30 cm。试验期间及时喷施玉米田专用除草剂和农药,保证作物没有杂草和病虫害影响。

2. 测定项目与方法

1)土壤含水量与无机态氮含量

在玉米播前、拔节期、大喇叭口期、灌浆期和收获期分别取0~100 cm土层(每20 cm为一层)土样,每小区采集滴头正下方和两滴头中间两点,合并为一个土样保存。土样一部分用烘干法测定含水量,另一部分用1 mol/L KCl浸提,水土比为5∶1,180 r/min振荡30 min,过滤后装于干净的塑料瓶中,冷冻保存,玉米收获后统一测定硝态氮、铵态氮含量。

2)植株吸氮量

在玉米成熟期,每小区随机选取3株玉米,紧贴地面收割,将取回的玉米按叶片、茎秆+叶鞘、籽粒三部分分开。样品于75 ℃烘箱中烘至恒重,记录各器官干物重。样品粉碎后用半微量凯氏定氮法测定各器官全氮含量。

3)产量测定

玉米成熟期每小区收获1行玉米穗测产和考种。

3. 计算方法与统计分析

生育期耗水量和水分利用效率、氮肥利用相关计算方法如下:

总耗水量计算公式:

$$ET = I + \Delta W + P - (R + D)$$

式中　ET——玉米生育期内的总耗水量,mm;

I——灌水量,mm;

ΔW——播前土壤贮水量与收获后土壤贮水量的差值,mm;

D——深层渗漏，在每次灌水 72 h 后，每小区收集渗漏池底部淋洗液于淋洗桶内计量；

R——径流量，每个池子边缘有 10 cm 高混凝土边框防止水外流，故本试验中径流量 R 为零；

P——降雨量，试验测坑有防雨棚，不接受降雨，P 为零。

单位面积土壤贮水量：

$$W(\mathrm{mm}) = \theta_{\mathrm{m}} \times \rho_{\mathrm{b}} \times h \times 10$$

式中 θ_{m}——土壤绝对质量含水量(%)；

ρ_{b}——土壤容重，g/cm³；

h——土层厚度，cm；

10——换算系数。

试验地下水位低于地表 2.5 m 以下，地下水的毛细上升可忽略籽计。

水分利用效率：

$$\mathrm{WUE}(\mathrm{kg/m^3}) = Y/ET \times 1\,000$$

式中 Y——单位面积籽粒实际产量，kg/m²；

ET——玉米生育期间耗水量，mm；

1 000——换算系数。

$$作物吸氮量(\mathrm{kg/hm^2}) = 地上部生物量(\mathrm{kg/hm^2}) \times 植株地上部氮浓度(\%)/100$$

$$氮素收获指数(\%) = 籽粒吸氮量(\mathrm{kg/hm^2})/植株吸氮量(\mathrm{kg/hm^2}) \times 100$$

$$氮素表观利用率(\%) = (施氮区吸氮量-未施氮区吸氮量)(\mathrm{kg/hm^2})/施氮量(\mathrm{kg/hm^2}) \times 100$$

$$氮素农学利用率(\mathrm{kg_{grain}/kg_N}) = (施氮区作物产量-未施氮区作物产量)(\mathrm{kg/hm^2})/施氮量(\mathrm{kg/hm^2})$$

$$土壤无机态氮积累量(\mathrm{kg/hm^2}) = 土层厚度(\mathrm{cm}) \times 土壤密度(\mathrm{g/cm^3}) \times 土壤无机态氮含量(\mathrm{mg/kg})/10$$

试验数据用 SPSS 18.0 做统计分析，采用 LSD 法进行处理间差异显著性比较，运用 origin 8.5 做图。

(二)结果与分析

1. 夏玉米水氮消耗特性

1)夏玉米耗水特性

2018 年夏玉米播种至拔节期以消耗 0~40 cm 土层水分为主，由于降水的补充，深层土壤含水量较播种时增加。玉米拔节-开花阶段耗水加剧，耗水逐渐向深层土壤延伸，在此期间灌水 1 次(大喇叭口期)，降雨 144.7 mm。开花期表层土壤含水量较拔节期增加，但深层土壤含水量降低。夏玉米收获期 60~100 cm 土层土壤含水量较开花期略有降低，而表层土壤含水量变化较小(见图 5-5)。

2019 年冬小麦收获后，各土层土壤相对含水量处于 35%~50%，土壤储水处于重度水分亏缺状态。夏玉米播种后为保证出苗统一灌蒙头水 60 mm。播种至拔节期，玉米以消耗 0~40 cm 土层土壤水分为主，在拔节期灌水前 0~40 cm、40~80 cm、80~100 cm 土层相对含水量分别达到45%~60%、59%~72%、73%~96%。玉米拔节期至灌浆期耗水加剧，由于降雨偏少，在拔节期、大喇叭口期及灌浆初期分别灌水1次。在灌浆后期由于降雨的补给，玉米收获时各土层土壤相对含水量均值在80%左右，土壤储水盈余(见图5-6)。

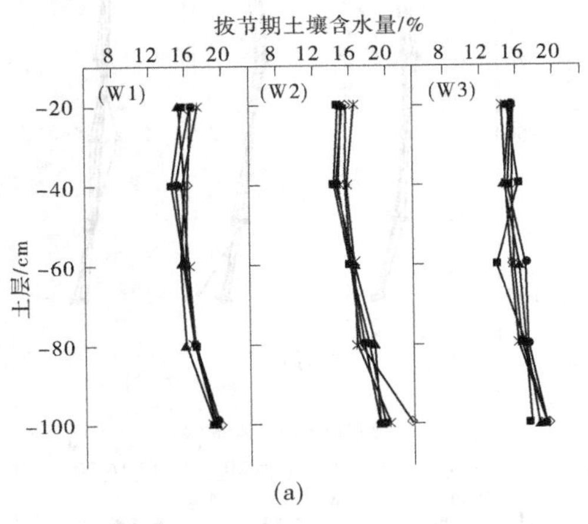

(a)

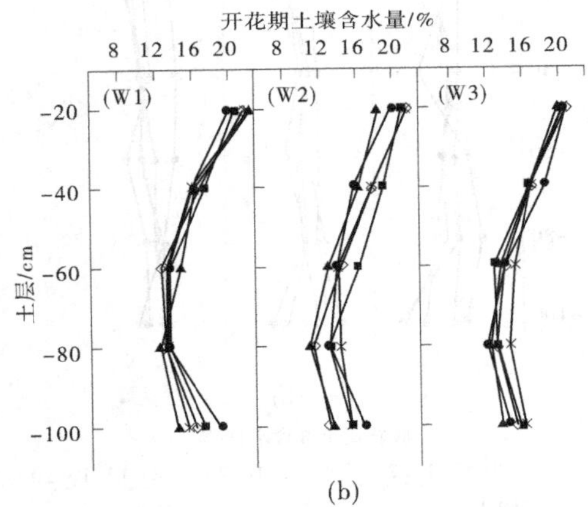

(b)

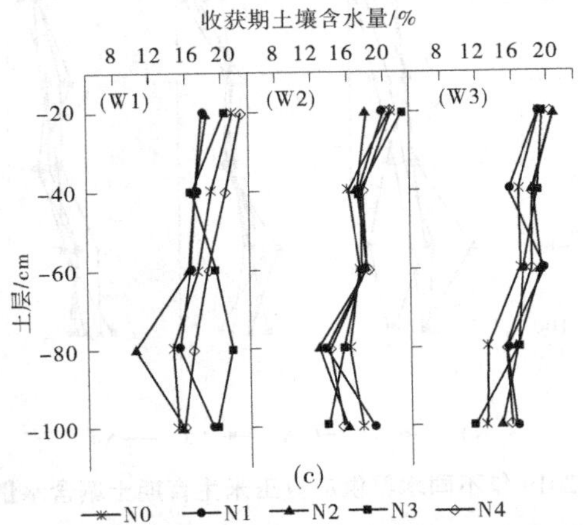

(c)

图5-5　2018年不同水氮供应夏玉米生育期土壤含水量分布

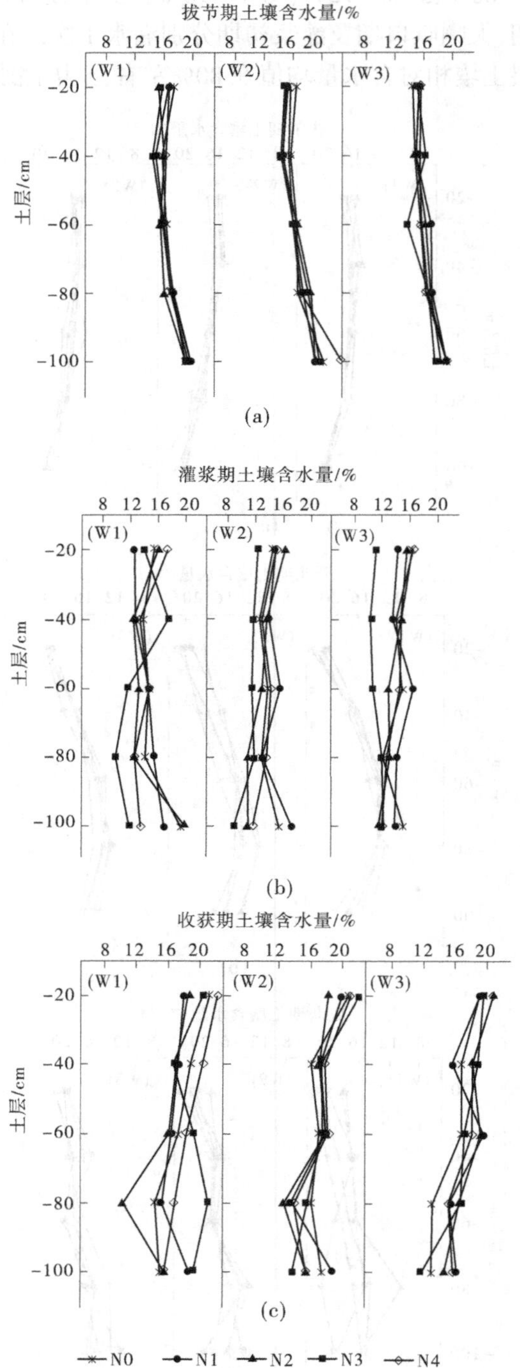

图 5-6　2019 年不同水氮供应夏玉米生育期土壤含水量分布

2）土壤硝态氮量及分布

2018 年夏玉米季拔节期土壤硝态氮含量主要分布于 0~20 cm 和 20~40 cm 土层，随着土层深度的增加而减少。随着施氮量增加，表层及深层土壤硝态氮含量均呈增加趋势，N3 和 N4 各土层硝态氮含量显著高于其他氮肥处理，而且深层土壤所占比例增大。与冬小麦季比较，玉米季 20~100 cm 土层硝态氮含量大幅增加，尤其是 N3 处理和 N4 处理。结果说明，玉米季高温高湿天气，降雨较多，有利于土壤氮素的矿化，高氮肥处理显著增加了硝酸盐淋洗的风险(见图 5-7)。

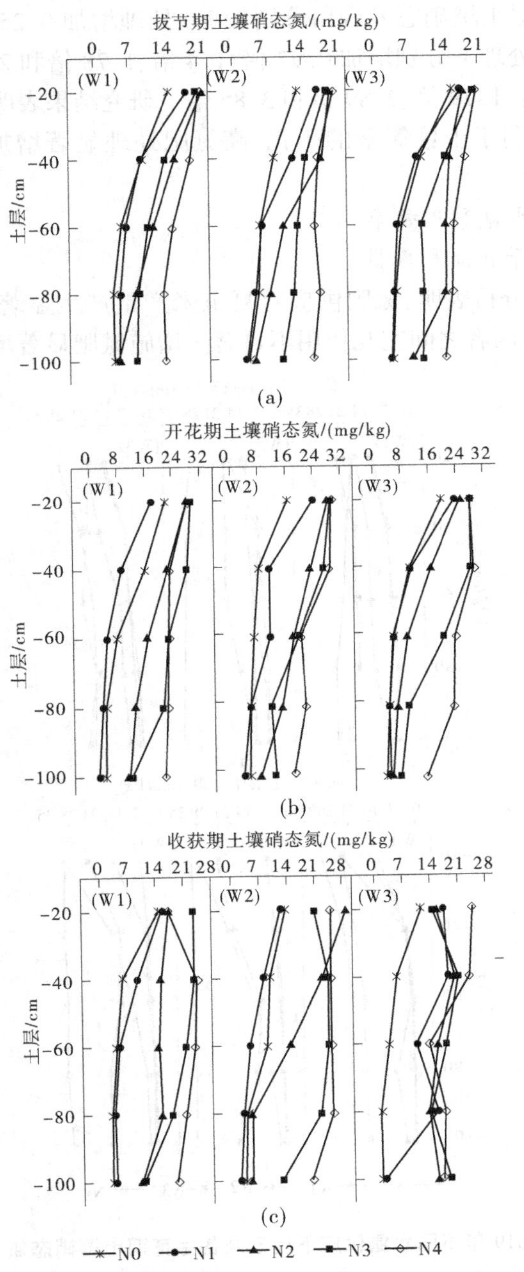

图 5-7　2018 年不同水氮供应夏玉米生育期土壤硝态氮分布

2019 年夏玉米季拔节期土壤硝态氮含量主要分布于 0~60 cm 土层,随着土层深度的增加而减少。但随着施氮量增加,表层及深层土壤硝态氮含量均呈增加趋势,N3 处理和 N4 处理各土层硝态氮含量显著高于其他氮肥处理,而且深层土壤硝态氮含量所占比例有所增大。与冬小麦生长季的结果比较,玉米生长季 20~100 cm 土层的硝态氮含量要大幅增加,特别是 N3 处理和 N4 处理。至收获期,W1 灌水平处理下,N1 处理、N2 处理、N3 处理和 N4 处理 1 m 土层土壤硝态氮残留分别较 N0 处理增加 0. 25 倍、1. 26 倍、3. 31 倍和 3. 8 倍,W2 灌水水平处理下分别增加 0. 97 倍、1. 4 倍、1. 78 倍和 2. 94 倍,W3 灌水水平处理下分别增加 0. 12 倍、1. 79 倍、2. 89 倍和 3. 85 倍。研究结果表明,玉米季的高温高湿天气以及较多的降雨有利于土壤氮素的矿化,高氮肥处理显著增加了硝酸盐淋洗的风险(见图 5-8)。

2. 夏玉米产量及水氮利用效率

1)夏玉米产量及干物质积累量

2018 年产量结果分析表明,氮肥供应对夏玉米产量产生显著影响,而灌水处理对玉米产量没有显著影响,两者之间交互作用不显著。增施氮肥显著增加玉米产量,但当施氮

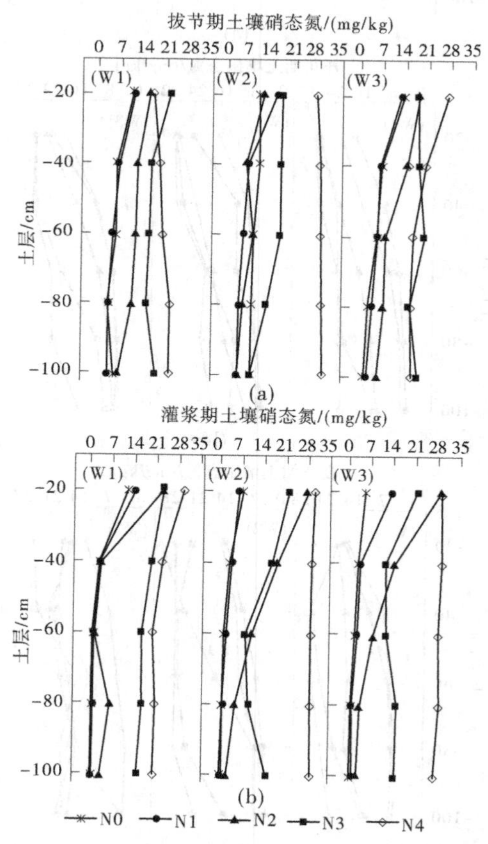

图 5-8　2019 年不同水氮供应下夏玉米各生育期土壤硝态氮含量分布

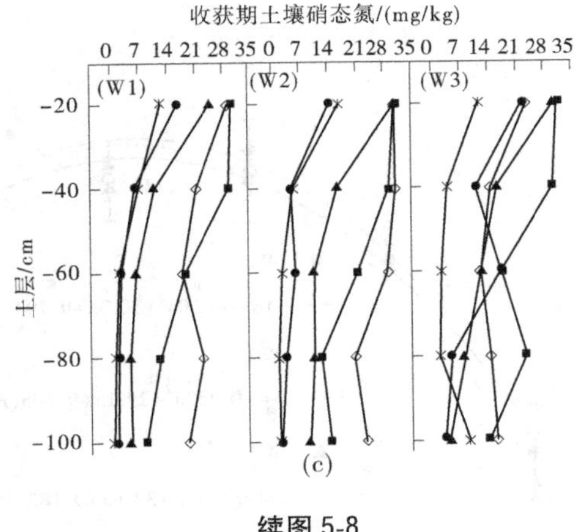

续图 5-8

量达到 180 kg/hm²(N2)时,再增加施氮量增产不显著,产量趋于平稳(见表 5-9)。通过夏玉米产量与施氮量的拟合分析认为,在 3 种灌水水平下,产量与施氮量之间呈抛物线关系,W1、W2 和 W3 灌水水平下,获得最高产量的施氮量分别为 252 kg/hm²、255 kg/hm² 和 262 kg/hm²,3 种灌水水平下差异不大(见图 5-9)。由于本年度夏玉米生长季降雨相对充足,基本满足夏玉米生长发育对水分的需求,试验中 3 个灌水水平对玉米产量的影响较小。

表 5-9　2018 年不同水氮处理对夏玉米产量的影响

灌水水平	氮素水平	籽粒产量/(kg/hm²)
W1	N0	9 420 c
	N1	12 200 b
	N2	13 470 a
	N3	13 258 a
	N4	13 040 a
W2	N0	9 689 c
	N1	12 246 b
	N2	13 214 a
	N3	13 121 a
	N4	12 957 a
W3	N0	9 020 c
	N1	11 972 b
	N2	13 100 a
	N3	12 939 a
	N4	13 003 a
变异来源分析		
灌水 W		ns
氮肥 N		**
灌水×氮肥 W×N		ns

注:ns 表示差异不显著,**表示极显著差异($p<0.01$),下同。

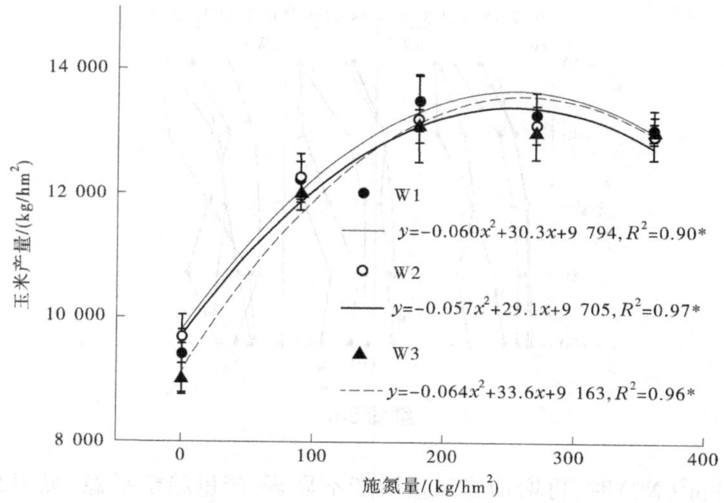

图 5-9　2018 年夏玉米产量与施氮量的关系

2019 年产量结果分析表明,氮肥供应对夏玉米产量产生显著影响,灌水处理对玉米产量影响不显著,两者之间交互作用亦不显著。增施氮肥显著增加玉米产量,但当施氮量达到 180 kg/hm^2 时,再增加施氮量增产不显著,产量趋于平稳(见表 5-10)。夏玉米产量与施氮量的拟合分析表明,在 3 种灌水水平下,产量与施氮量呈抛物线关系,在 W1、W2 和 W3 灌水水平下,获得最高产量的施氮量分别为 241 kg/hm^2、283 kg/hm^2 和 271 kg/hm^2,3 种灌水水平下的产量差异不大(见图 5-10)。

表 5-10　2019 年不同水氮处理对夏玉米产量和干物质积累的影响

灌水水平	氮素水平	籽粒产量/(kg/hm^2)	秸秆干物质量/(kg/hm^2)
W1	N0	10 868 c	6 904 c
	N1	14 508 b	7 977 b
	N2	15 905 a	8 787 a
	N3	15 572 a	8 945 a
	N4	15 805 a	9 093 a
W2	N0	10 163 a	5 990 d
	N1	13 928 b	7 293 c
	N2	15 290 a	8 451 b
	N3	15 613 a	7 869 b
	N4	15 400 a	8 600 ab

续表 5-10

灌水水平	氮素水平	籽粒产量/(kg/hm²)	秸秆干物质量/(kg/hm²)
W3	N0	10 598 c	5 912 d
	N1	14 420 b	6 818 c
	N2	15 464 a	8 001 b
	N3	15 400 a	7 218 c
	N4	15 993 a	7 875 b
变异来源分析			
灌水 W		ns	**
氮肥 N		**	**
灌水×氮肥 W×N		ns	**

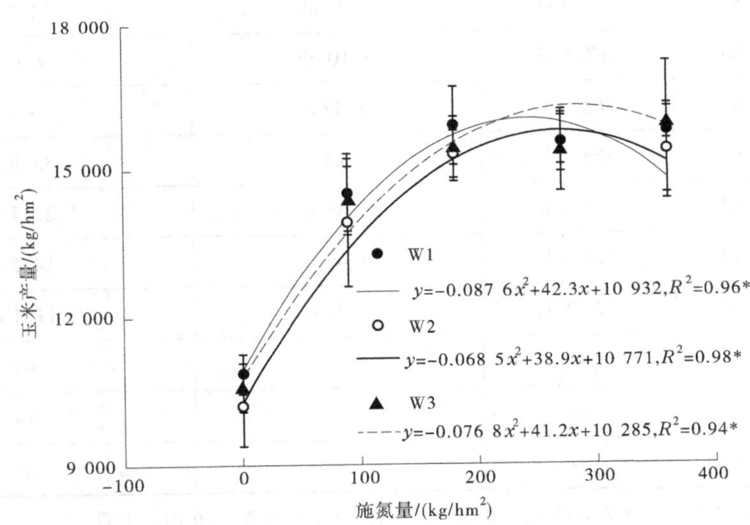

图 5-10　2019 年夏玉米产量与施氮量的关系

2) 夏玉米水氮利用效率

2018 年玉米季灌水实施 1 次，2019 年玉米季灌水实施 3 次，两年研究结果均表明灌水处理对玉米耗水量有显著影响，2018 年灌水处理对作物水分利用效率没有显著影响，而 2019 年灌水处理对作物水分利用效率有显著影响；氮肥和水氮互作对玉米耗水量影响不显著。氮肥处理对作物水分利用效率影响显著，增施氮肥显著提高了作物水分利用效率，后 3 个氮素水平（N2、N3、N4）间差异不显著；水氮互作对水分利用效率也产生了显著影响。此外，灌水处理和氮肥施用量显著影响氮肥农学利用率，随着施氮量的增加，氮肥农学利用率呈显著降低趋势，且各氮肥处理间差异显著，而水氮互作对氮肥农学利用率没有显著影响（见表 5-11、表 5-12）。

表 5-11 2018 年不同水氮处理对夏玉米水氮利用效率的影响

灌水水平	氮素水平	耗水量/mm	水分利用效率/(kg/m³)	氮肥农学利用率/%
W1	N0	405.9 ab	2.32 c	—
	N1	408.6 ab	2.99 b	30.9 a
	N2	434.1 a	3.10 ab	22.5 b
	N3	444.6 a	2.98 b	14.2 c
	N4	452.4 a	2.88 b	10.1 d
W2	N0	382.3 b	2.53 c	—
	N1	382.6 b	3.20 a	28.4 a
	N2	402.0 ab	3.29 a	19.6 b
	N3	426.9 ab	3.07 ab	12.7 a
	N4	417.3 ab	3.10 ab	9.1 d
W3	N0	388.3 b	2.32 c	—
	N1	368.6 b	3.25 a	32.8 a
	N2	386.7 b	3.39 a	22.7 b
	N3	373.3 b	3.47 a	14.5 c
	N4	390.8 b	3.33 a	11.1 d
灌水 W		*		**
氮肥 N		ns	*	**
灌水×氮肥 W×N		ns	*	ns

注：ns 表示差异不显著，* 表示差异显著（$p<0.05$），** 表示差异极显著（$p<0.01$），下同。

表 5-12 2019 年不同水氮处理对夏玉米水氮利用效率的影响

灌水水平	氮素水平	耗水量/mm	水分利用效率/(kg/m³)	氮肥农学利用率/%
W1	N0	406.9 a	26.7 f	—
	N1	387.6 ab	37.4 d	40.5 b
	N2	405.4 a	39.2 c	28.0 c
	N3	403.0 a	38.6 c	17.4 d
	N4	405.3 a	39.0 c	13.7 d

续表 5-12

灌水水平	氮素水平	耗水量/mm	水分利用效率/(kg/m³)	氮肥农学利用率/%
W2	N0	371.7 b	27.3 f	—
	N1	384.8 ab	36.2 d	52.1 a
	N2	364.6 b	41.9 b	33.6 c
	N3	377.8 b	41.3 b	23.6 c
	N4	381.8 ab	40.3 b	17.1 d
W3	N0	337.2 c	31.4 e	—
	N1	339.5 c	42.5 ab	42.5 ab
	N2	335.1 c	46.1 a	27.0 c
	N3	341.7 c	45.1 a	17.8 d
	N4	344.6 c	45.3 a	15.0 d
灌水 W		**	**	*
氮肥 N		ns	*	**
灌水×氮肥 W×N		ns	*	ns

3. 夏玉米滴灌水肥一体化推荐模式

综上所述,夏玉米采用滴灌水肥一体化(一条滴灌带控制 1 行玉米,行间距 50～60 cm)模式,在玉米生长关键期根据根层土壤墒情来调整灌水量,较常规灌溉降低 20%～40%的灌水量,且对玉米产量没有明显影响。推荐施氮量为 150～180 kg/hm^2,在玉米拔节期、大喇叭口期以及开花期分别追施氮肥总用量的 20%、30%、10%,即可实现较高的产量和肥料利用效率。

第二节　喷灌水肥一体化技术

喷灌是我国最主要的节水灌溉技术之一,应用面积较大,仅次于地面灌,且喷灌的类型也较多,形式多样。喷灌的水肥一体化技术正在熟化中,有研究表明,微喷灌水肥一体化能够显著促进玉米灌浆期生物量的积累和灌浆速率。邢素丽等研究发现,大尺度微喷灌精准自动施肥在夏玉米季增产显著,并可节约成本,减少氮、磷养分和灌溉水用量。然而目前水肥一体化技术研究多集中于滴灌施肥,喷灌水肥一体化条件下施肥制度对作物生长发育和水氮利用效率的研究相对较少。本试验在许昌市灌溉试验站研究了喷灌条件下夏玉米的耗水特性及水分利用效率;同时在灌水总量一定的条件下,通过设置不同施肥量、追肥分配比例及两个玉米品种登海 3737 和豫单 9953,探究喷灌水肥一体化条件下减氮追施对不同玉米品种产量和水氮利用效率的影响,以期为黄淮海平原南部喷灌水肥一体化技术提供一定的理论依据和技术支撑。

一、喷灌对夏玉米耗水量及水分利用效率的影响

(一)试验材料与方法

1. 试验处理设计

本试验在许昌市灌溉试验站内的大田试验区进行。试验设计常规畦灌、自驱动喷灌、中心支轴喷灌和固定喷灌共 4 种灌溉形式,分别在试验站配套试验区内开展,各试验区面积为 2 500~3 500 m^2。所选试验材料为滑玉 168,2018 年 6 月 16 日播种,2018 年 9 月 22 日收获,全生育期 98 d。

2. 观测项目

(1)土壤含水量:采用取土烘干法测定。取土深度为 0~100 cm,每 20 cm 一层,2 次重复,播前、收获后及灌水前后均加测。

(2)灌水量:不同处理的灌水量采用水表计量。

(3)生育进程:包括播种期、出苗期、抽雄期、吐丝期、成熟期及收获期。

(4)产量:选择 8~10 m^2 进行测产,3 次重复,记录试验区单独收获后的实际籽粒产量。

(5)考种:包括果穗长、果穗粗、秃尖长、穗行数、行粒数、百粒重等,采用常规方法调查,平均值比较。

(6)气象数据:利用站内已有气象站采集相关气象资料。

(7)数据处理与分析:应用 Office 2003 进行数据统计和作图,应用 DPS 7.05(LSD 法)进行多重比较。

(二)试验结果与分析

1. 不同灌溉方式下的夏玉米耗水特性

表 5-13 给出了不同灌溉方式下夏玉米的耗水特性。由表 5-13 可知,各处理的耗水量在全生育期内均呈升高→降低→升高的阶段变化特性,其中抽雄期的阶段耗水量最低,为 44.2~52.9 mm;夏玉米的日耗水量呈先升高后降低的“单峰”曲线变化,拔节期-抽雄期的日耗水量最高,为 5.52~7.42 mm/d。

各处理的全生育期总耗水量为 406.1~459.1 mm,其中中心支轴喷灌处理的总耗水量最低,常规畦灌处理的总耗水量最高。对比可知,拔节期耗水模数最高,普遍高于 33%,而抽雄期的耗水模数最低(10.89%~11.81%),其中中心支轴喷灌处理的抽雄期耗水模数仅为 10.89%。对比可知,各处理的苗期、拔节期、抽雄期和灌浆成熟期的日耗水量极差分别约为 1.43 mm/d、1.70 mm/d、1.09 mm/d 和 1.19 mm/d。

2. 不同灌溉方式下的夏玉米籽粒产量及其产量构成参数

表 5-14 给出了不同灌溉方式下夏玉米的籽粒产量及其产量构成因素。与常规畦灌相比,自驱动喷灌、固定喷灌和中心支轴喷灌处理分别增产约 1.10%、-14.62% 和 15.28%。对比分析可知,除穗行数外,固定喷灌处理的其他参数值均较低,其果穗长和百粒重均表现最差,不利于其获得较高的籽粒产量,而中心支轴喷灌的产量最高,显著高于其他灌溉处理。

表 5-13　不同灌溉方式下夏玉米的耗水特性

处理	项目	生育阶段				全生育期
		苗期	拔节期	抽雄期	灌浆成熟期	
常规畦灌	耗水量/mm	112.2	177.1	52.9	116.9	459.1
	日耗水量(mm/d)	4.01	7.09	6.61	3.25	4.73
	耗水模数/%	24.44	38.58	11.52	25.46	10
自驱动喷灌	耗水量/mm	96.1	142.9	50.5	137.9	427.4
	日耗水量(mm/d)	3.43	5.72	6.31	3.83	4.41
	耗水模数/%	22.48	33.44	11.81	32.27	100
固定喷灌	耗水量/mm	72.3	185.4	50.1	128.8	436.6
	日耗水量/(mm/d)	2.58	7.42	6.27	3.58	4.50
	耗水模数/%	16.56	42.46	11.48	29.50	100
中心支轴喷灌	耗水量/mm	100.2	166.6	44.2	95.1	406.1
	日耗水量/(mm/d)	3.58	6.66	5.52	2.64	4.19
	耗水模数/%	24.67	41.03	10.88	23.42	100

表 5-14　不同灌溉方式下夏玉米的籽粒产量及其产量构成参数

处理	穗位高/cm	茎粗/mm	果穗长/cm	果穗粗/cm	秃尖长/cm	穗行数	百粒重/g	籽粒产量/(kg/hm²)
常规畦灌	95.5 c	21.2 b	20.9 a	4.81 a	1.10 b	15.4 b	33.3 ab	8 733 b
自驱动喷灌	93.5 c	23.9 a	20.2 ab	4.68 ab	1.65 b	16.0 ab	33.8 a	8 829 b
固定喷灌	103.0 b	22.1 b	20.0 ab	4.64 b	1.10 b	16.5 ab	33.1 b	7 456 c
中心支轴喷灌	109.5 a	22.3 b	19.1 b	4.73 ab	1.70 a	16.1 a	33.4 b	10 068 a

3. 不同灌溉方式下的夏玉米水分利用效率

表 5-15 给出了不同灌溉方式下夏玉米的籽粒产量、耗水量和水分利用效率。由表 5-15 可以看出，各处理籽粒产量、耗水量和 WUE 的均值分别约为 8 771.5 kg/hm^2、432.3 mm 和 2.04 kg/m^3。其中固定喷灌处理的籽粒产量最低，耗水量较高，相应地其 WUE 最低，仅为 1.71 kg/m^3，较常规畦灌处理降低约 10.53%；相反，中心支轴喷灌处理的籽粒产量最高，耗水量最低，其 WUE 表现最优，较常规畦灌处理提高约 30.53%。

表 5-15 不同灌溉方式下夏玉米的籽粒产量、耗水量和水分利用效率

处理	籽粒产量/(kg/hm^2)	总耗水量/mm	降雨量/mm	WUE/(kg/m^3)	WUE 变化率/%
常规畦灌	8 733 b	459. 1 a	331. 3	1. 90 b	0
自驱动喷灌	8 829 b	427. 5 a	331. 3	2. 07 ab	9. 47
固定喷灌	7 456 c	436. 7 a	331. 3	1. 71 b	-10. 53
中心支轴喷灌	10 068 a	406. 0 a	331. 3	2. 48 a	30. 5 3

二、黄淮海夏玉米全程机械化密植高产地埋伸缩式喷灌节水技术

针对黄淮海平原目前存在灌水能耗高、强度大、水分利用效率低以及灌溉与机械化(耕作、播种、收获)很难融合的问题,研发了适宜本地区一年两熟制的全程机械化的地埋伸缩式喷灌高效节水技术。该项技术的推广应用可为区域灌溉与机械化的有机融合、农业节水灌溉自动化及智能化提供有力保障。

(一)试验材料与方法

1. 管网布置

利用机械方式在选定线路上开挖出管网铺设沟渠,开挖深度 1. 1~1. 2 m;铺设输水管道和支管,并在设计位置安装伸缩式喷头,伸缩式喷头直接与支管通过三通进行连接;在喷头伸缩运行控制上,加装了压力转换装置,在给水首部、支管阀门的共同配合下,完成了田间最后一公里自动灌溉问题,即灌水开始时喷头自动浮出地面既定高度实施喷水,灌水结束后喷头自动缩入地下 350~400 mm,不影响农机田间作业。喷头伸出地表高度可达 1. 5~2. 0 m,喷洒半径 8~16 m。

2. 种植模式

选用当地适宜机械化密植的高产新品种,采用等行距 60 cm 播种,种植密度 6. 75~7. 50 万株/hm^2。

3. 施肥

可采用专用配方控释肥作底肥(750 kg/hm^2),生育期不追肥;或者采用播种机施基肥,后期追肥水肥一体化。

4. 灌溉制度

在播种后浇蒙头水,生育期灌水一般年份在抽雄前灌 2 次水,干旱年份在拔节期和扬花期灌 3 次水,单次灌水定额 40 mm。全生育期共灌水 3~4 次,灌溉定额 120~160 mm(见表 5-16)。

表 5-16　黄淮海夏玉米全程机械化高产高效喷灌灌溉制度

灌水次数/次	灌水时间	灌水定额/mm	灌溉定额/mm
1	播种(蒙头水)	40	40
1~2	拔节期	40	40~80
1	抽雄期	40	40

(二)节水增产效果

通过在黄淮海夏玉米区的山东德州、河南许昌开展适宜夏玉米全程机械化密植高产地埋式伸缩喷灌节水技术试验与示范,结果表明,喷灌具有很好的节水增产增效效果,单产平均达到 9 000~10 500 kg/hm^2,与常规畦灌相比,增产 12.5%~14.8%,耗水量降低 5.5%~8.5%,水分利用效率 WUE 提高 20.3%~25.5%(见表 5-17、表 5-18)。灌溉设备投入成本相对较低,全套设备按每公顷投入 22 500 元计算,折旧 20 年,每年每公顷投入 1 125 元,与传统的微灌投入 7 500 元/hm^2 计,折旧 2 年,每年每公顷 3 750 元,每公顷减少投入 2 625 元;人工田间管理成本低,与常规畦灌相比,灌溉、施肥的人工成本节约 70% 以上;同时,与传统管灌、喷灌相比,节约土地面积 10%左右,每公顷增收 1 500~2 250 元,实现了节本增收。

表 5-17　2018 年不同灌水技术产量、耗水量及 WUE

地点	灌水技术	果穗数/(穗/hm^2)	穗粒数/粒	百粒重/g	产量/(kg/hm^2)	耗水量/mm	WUE/(kg/m^3)
山东德州	喷灌	61 680 a	457 a	36.3 a	9 088.5 a	406.3	2.24 a
	常规畦灌	62 355 a	432 b	33.2 b	7 918.5 b	429.7	1.84 b
河南许昌	喷灌	63 045 a	463 a	34.01 a	10 528.5 a	392.2	2.68 a
	常规畦灌	63 240 a	437 b	32.19 b	9 172.5 b	428.7	2.14 b

表 5-18　2019 年不同灌水技术产量、耗水量及 WUE

地点	灌水技术	果穗数/(穗/hm^2)	穗粒数/粒	百粒重/g	产量/(kg/hm^2)	耗水量/mm	WUE/(kg/m^3)
山东德州	喷灌	69 450 a	515 a	40.9 a	10 234.5 a	395.8	2.59 a
	常规畦灌	70 215 a	487 b	37.4 b	8 917.5 b	418.6	2.13 b
河南许昌	喷灌	66 570 a	471 a	33.2 a	10 101.0 a	426.2	2.37 a
	常规畦灌	66 300 a	442 b	31.3 b	8 974.5 b	455.6	1.97 b

三、氮肥减量后移对喷灌玉米产量和水氮利用效率的影响

(一)试验材料与方法

1. 试验设计

试验于 2019 年 6~9 月在河南省许昌市灌溉试验站(113°59′E,34°09′N)实施,试验田供试土壤为潮土,质地为砂壤土,0~60 cm 土壤平均土壤容重为 1.43 g/cm^3,田间持水

量为 25%(重量含水量)。0~20 cm 土壤有机质量 20.3 g/kg,全氮量 1.28 g/kg,全磷量 1.71 g/kg。试验区玉米生育期降水量 314.3 mm。

设置施肥模式和品种两因素。施肥模式设置 3 个处理,以当地习惯施肥模式为对照(CK),施用量为 2 250 kg/hm^2 复合肥,换算为 N、P_2O_5、K_2O 施量分别为 315 kg/hm^2、75 kg/hm^2、75 kg/hm^2,作为底肥一次性基施。2 个水肥一体化模式,N、P_2O_5、K_2O 统一用量为 225 kg/hm^2、75 kg/hm^2、75 kg/hm^2,其中 F1 模式为 40%三叶期、60%拔节期;F2 模式为 30%三叶期、30%拔节期和 40%大喇叭口期追施。供试玉米品种为登海 3737(P1)和豫单 9953(P2)。完全随机区组设计,共 6 个处理,每个处理重复 3 次,灌溉方式为地埋式自动伸缩一体化喷灌。

2. 测定指标

1)气象数据

试验站内安装有自动气象站,实时采集降水量、风速、风向、空气温度、湿度、日照时数和太阳辐射等气象数据信息。

2)土壤含水量

在夏玉米拔节期、大喇叭口期、抽雄吐丝期、灌浆期、成熟期分别采集 0~100 cm 土层土壤(每 20 cm 为一层),采用烘干法测定土壤含水量。

3)植株地上部生物量、叶面积

在玉米苗期、拔节期、大喇叭口期、吐丝期、灌浆期和成熟期,分别取长势相同具有代表性的植株 5 棵,测定各处理的株高、展开叶片的叶长和叶宽。按器官分样,经 105 ℃杀青 30 min,75 ℃下烘干至恒重称重,重复 3 次,准确记录生物量。

4)产量及构成要素

收获时,每个小区取 2 行各 5 m 行长的果穗实测产量,3 次重复,并折算成标准含水量 14%的产量。考种要素包括果穗长、果穗粗、秃尖长、穗行数、百粒重等。

3. 计算方法与统计分析

单叶叶面积计算公式:

$$\text{叶面积} = \text{叶长} \times \text{叶宽} \times 0.75$$

叶面积指数计算公式:

$$\text{叶面积指数} = \text{平均单株叶面积(cm)} \times \text{测点的株数} / \text{测定面积}(m^2) / 10\,000$$

总耗水量计算公式:

$$ET = I + P + K + \Delta W - (R + D)$$

式中　ET——玉米育期内的总耗水量,mm,包括作物蒸腾和棵间蒸发;

I——灌溉量,mm;

P——田间有效降水量,mm;

K——地下水补给量,由于试验区地下水埋深大于 2.5 m,可忽略不计;

R——径流量;

D——深层渗漏,该地块地势平坦,土层深厚,没有地表水分径流损失,也未发现水分的深层渗漏损失;

ΔW——播前土壤贮水量与收获后土壤贮水量的差值,mm。

单位面积土壤贮水量：

$$W = \theta_m \times \rho_b \times h \times 10$$

式中　θ_m——土壤绝对质量含水量(%)；

ρ_b——土壤容重，g/cm^3；

h——土层厚度，cm；

10——换算系数。

水分利用效率 WUE：

$$WUE = Y/ET \times 1\ 000$$

式中　Y——单位面积籽粒实际产量，kg/m^2；

ET——玉米生育期间耗水量，mm；

1 000——换算系数。

$$氮肥偏生产力(PFP_Y) = 籽粒产量(kg/hm^2)/施氮量(kg/hm^2)$$

$$生物量氮肥偏生产力(PFP_B) = 地上部生物量(kg/hm^2)/施氮量(kg/hm^2)$$

采用 Logistic 方程对玉米地上部干物质进行拟合，拟合方程为

$$Y = A/[1 + B\exp(-Kt)]$$

式中　Y——干物质累积量；

A、B、K——方程参数；

t——某一时期干物质累积天数。

当 t 趋向于无限大时，$Y=A$，为理论最大干物质累积量(Y_{max})。

对 Logistic 方程求一阶导数得到干物质累积速率方程，对 Logistic 方程求二阶导数，令其为 0，得干物质积累最大生长速率出现的时间($T_{max}=\ln B/K$)，代入干物质累积速率方程得到最大生长速率($v_{max}=AK/4$)。对 Logistic 方程求三阶导数，令其为 0，得 $T_1=(\ln B-1.317)/K$，$T_2=(\ln B+1.317)/K$。0～T_1 为干物质累积渐增期，T_1～T_2 为干物质累积快增期，T_2 以后为缓增期。$\Delta T=T_2-T_1$，为干物质累积快增期持续的时间。

采用 Excel 2010 进行数据处理和作图，SPSS 18.0 统计软件进行方差分析，LSD 法进行多重比较。

(二)结果分析

1. 对生长性状的影响

1)对玉米株高的影响

图 5-11 为不同喷灌施肥调控下，玉米株高随时间的变化。由图 5-11 可知，同一施肥模式下，除播后 14 d(苗期)株高无显著性差异外，其余各个时期均表现出登海 3737(P1)大于豫单 9953(P2)，二者最大值都出现在 F2 施肥模式下，分别达到 297 cm 和 283 cm。同一品种下，播后 14 d 和 28 d(拔节期)CK 处理株高均大于 F1 和 F2 施肥处理，表明氮肥全部基施促进植株生育前期快速生长，肥效明显。播后 45 d(抽雄期)，F1 处理株高最大，且 3 种施肥模式之间差异显著。播后 63 d(灌浆期)，F2 处理株高最大，F1 与 CK 处理无显著性差异。玉米成熟期，F2 处理株高最大，F1 次之，CK 最小。研究结果表明，在关键生育期氮肥后移追施，能有效延缓植株苗期过快生长，促进植株后期生长。玉米株高变化规律表现为前期快速增长、拔节期后缓慢增长、灌浆后期基本稳定的态势。随施氮水平的

增加,株高总体呈"先增后降"的趋势。

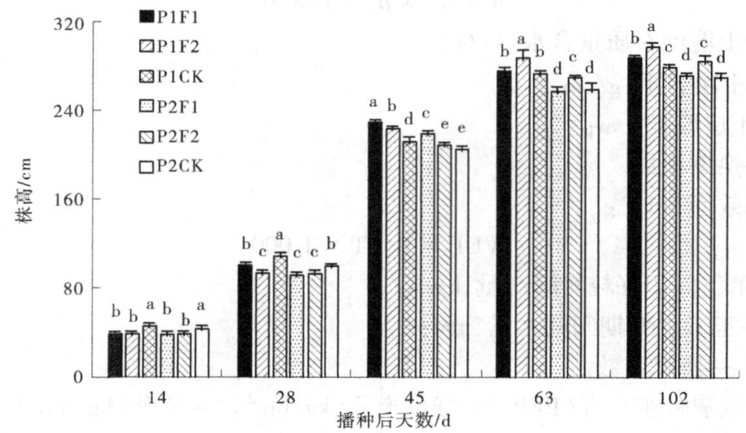

注:图中不同小写字母表示同一时期处理间经多重比较在 0.05 水平上达到差异显著。

图 5-11　不同喷灌施肥模式对玉米生育时期株高的影响

2)对玉米叶面积指数的影响

叶面积是植物截获光能的物质载体,叶面积指数(LAI)是反映植株群体光合能力强弱的重要指标。各处理玉米生育期叶面积指数(LAI)消长动态见图 5-12。由图 5-12 可知,随着叶片增大和光合作用增强,各处理 LAI 在播种后 75 d(吐丝期)左右达到最大值,之后逐渐降低。两玉米品种间 LAI 变化差异显著。与登海 3737(P1)相比,豫单 9953(P2)品种前期 LAI 增长快,后期下降快,早熟现象明显。播种后 45 d(大喇叭口期),P1 品种的 LAI 较 P2 品种增加 29.2%,播种后 89 d(灌浆期),P1 品种 LAI 较 P2 品种减少 22.9%。P1 和 P2 的 LAI 最大值均出现在 F2 施肥模式,分别为 5.29 和 5.19。同一品种条件下,不同施肥模式苗期 LAI 基本相同;在播种后 75 d,LAI 达到峰值,F2 施肥模式较

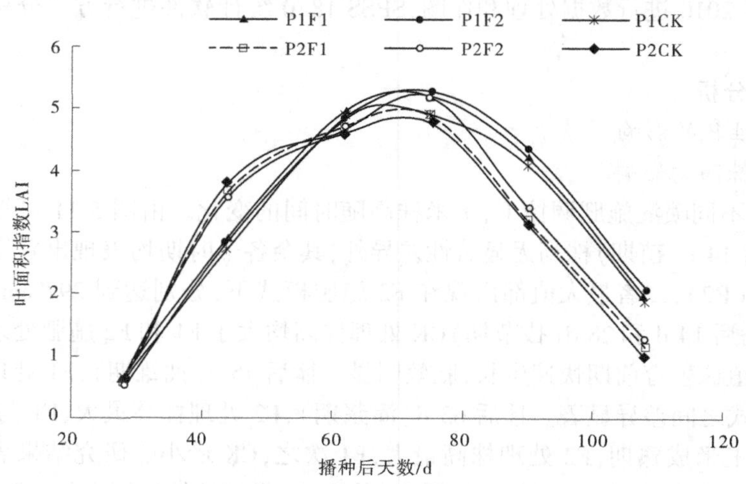

图 5-12　不同喷灌施肥模式对夏玉米 LAI 的影响

F1 和 CK 的 LAI 分别增加 3.9%和 8.0%，说明在大喇叭口期喷施氮肥能够提高玉米的 LAI。播后 108 d(成熟期)，F1、F2、CK 处理的 LAI 较其峰值分别下降 67.2%、64.5%和 71.6%，表明高氮的传统施肥比减氮后移喷施的 LAI 降幅大些。因此，在玉米生长发育中后期，追施氮肥能在一定程度上延缓叶片衰老，维持其较长的生理活性。研究结果表明，高氮传统施肥 LAI 比减氮后移喷施降幅较高，减氮后移喷施模式可维持夏玉米茎和叶片中较高氮素积累，促进生育后期对氮素的吸收利用，延缓叶片过早衰老，保持其较长生理活性。

2. 对玉米干物质累积和产量的影响

1)对玉米地上部干物质累积的影响

干物质累积是籽粒产量形成的物质基础，获得高产的基本途径就是增加干物质累积量，并使之尽可能多地转移分配到籽粒当中。Logistic 方程可以很好地拟合玉米干物质累积过程(R^2>0.95，p<0.05)，拟合结果见表 5-19。由表 5-19 可以看出，理论最大干物质累积量为 254.58~288.45 g/株，快速积累期始于播后 38~42 d，结束于播后 75~78 d。登海 3737 品种(P1)干物质累积量和最大生长速率的均值较豫单 9953(P2)品种分别增加 2.8%和 7.7%，最大生长速率出现的时间无显著差异。豫单 9953 干物质累积快增期持续时间比登海 3737 增加 5.3 d。豫单 9953 的 CK 处理比 F2 处理早 4 d 进入快速增长期。相同品种下，理论干物质累积最大值和最大生长速率均表现为 F2 >F1 >CK。与 CK 相比，F2 施肥模式最大干物质累积和生长速率的均值分别增加 9.5%和 19.3%。说明氮肥减量并增加喷灌施肥频次有利于提高玉米干物质累积和增加最大生长速率。P1F2 最大生长速率最高，为 5.1 g/d。高氮传统施肥模式进入快增期时间比追施处理提前 3~6 d，结束时间晚 2~5 d。虽然传统高氮施肥干物质积累持续时间长，但是由于其生长速率低于氮肥追施处理，最终干物质累积量小于氮肥追施处理。因此，在减少氮肥施用量的情况下，增加施肥频次和施肥时间后移能够提高干物质累积速率，增加后期干物质累积量。

表 5-19 喷灌施肥模式下玉米处理干物质累积特征参数

品种	施肥模式	Y_{max}/(g/株)	V_{max}/(g/d)	T_1/d	T_{max}/d	T_2/d	ΔT/d	R^2
登海3737(P1)	F1	265±3.5	5.04±0.20	40.5±0.4	57.9±0.47	75.2±1.3	34.7±0.73	0.98**
	F2	289±6.2	5.41±0.06	42.1±0.07	59.7±1.03	77.2±0.17	35.1±0.11	0.96**
	CK	255±9.4	4.52±0.11	40.8±0.20	59.3±0.06	77.9±0.04	37.1±0.15	0.95**
豫单 9953(P2)	F1	258±2.7	4.77±0.06	40.5±1.60	58.3±0.05	76.1±0.83	35.6±1.09	0.99**
	F2	272±0.8	4.96±0.10	41.9±0.13	60.0±0.97	78.0±0.06	36.1±0.10	0.99**
	CK	257±1.3	4.17±0.48	37.9±0.31	58.2±0.52	78.4±0.15	40.5±0.22	0.99**

2)对玉米籽粒产量及构成要素的影响

产量构成要素之间的协调发展是保证作物高产的重要途径。减量优化施肥可显著提高小麦和玉米有效穗数、穗粒数和千粒重，从而优化调控作物产量。水肥一体化下氮肥减量后移可较好地发挥水氮耦合协同效应，快速有效地满足作物氮素需求，加强了源端同化物持续供应能力,提高了生育后期叶片氮素含量和光合性能,使光合同化物最优分配到各器官,从而获得高产。表5-20为不同喷灌施肥调控下玉米产量及构成要素。由表5-20可知,品种对产量构成要素及产量的影响均达到极显著水平($p<0.01$),施肥模式仅对产量有显著影响($p<0.05$),品种与施肥的互作效应(P×F)不显著。登海3737(P1)的果穗长、百粒重和产量的均值较豫单9953(P2)分别增加22.2%、18.1%和8.4%。P1品种在穗粗、穗行数及秃尖长等方面具有优势,均值分别比P2品种增加3.0%和34.2%,以及减少68.5%。施肥模式对产量的影响达到显著水平,F1处理和F2处理比CK处理分别增加5.5%和10.2%,其中F2处理较F1处理增加4.5%。P1F2处理果穗长最长,达21.8 cm,P2F2处理穗粗最大,为4.3 cm。喷灌水肥一体化较传统施肥玉米产量平均提高7.8%,其中百粒重提高2.9%。P1品种平均产量为11 319 kg/hm^2,较P2品种增产8.4%,其中果穗长、百粒重对产量贡献较大,分别提高22.5%和18.2%。相同品种下,F1处理和F2处理百粒重大于CK处理,秃尖长小于CK处理,说明喷灌施肥可以增加百粒重和降低秃尖长,协调玉米产量构成要素,为高产奠定基础。P1F2处理产量最高,为12 003 kg/hm^2,表明喷灌水肥一体化具有明显增产效果。

表5-20 喷灌施肥模式对玉米产量及构成要素的影响

品种	施肥调控	果穗长/cm	果穗粗/cm	秃尖长/cm	穗行数	百粒重/g	产量/(kg/hm^2)
登海3737(P1)	F1	20.8±0.3 b	4.10±0.08 c	1.44±0.7 a	13.0±0.1 b	33.4±0.4 ab	11 302±177.9 ab
	F2	21.8±0.5 a	4.13±0.05 c	1.24±0.1 a	12.9±0.2 b	34.5±1.3 a	12 003±356.7 a
	CK	21.1±0.7 ab	4.15±0.1 c	1.67±0.3 a	13.3±0.6 b	32.8±0.7 b	10 652±517.2 bc
豫单9953(P2)	F1	17.3±0.3 c	4.28±0.03 ab	0.45±0.2 b	17.3±0.3 a	29.0±0.9 c	10 506±305.3 bc
	F2	17.4±0.3 c	4.30±0.02 a	0.34±0.1 b	17.8±0.2 a	28.2±0.2 c	10 788±111.2 bc
	CK	17.3±0.2 c	4.17±0.09 bc	0.58±0.1 b	17.5±0.2 a	28.0±1.1 c	10 028±638.3 c
方差分析	品种P	0.000**	0.004**	0.000**	0.000**	0.000**	0.004**
	施肥F	0.135	0.360	0.290	0.430	0.144	0.016*
	P×F	0.311	0.144	0.900	0.106	0.171	0.625

3)玉米耗水量和水氮利用效率

由表5-21可以看出,品种对耗水量(ET)和籽粒产量氮肥偏生产力(PFP_Y)的影响达到极显著水平,施肥模式对ET、WUE、PFP_Y和PFP_B均有极显著影响,而品种与施肥的互作效应(P×F)不显著。登海3737(P1)ET和PFP_Y的均值较豫单9953(P2)分别增加6.5%和8.6%。P2F2处理ET最小,为340 mm。CK处理的ET显著大于F1模式和F2模式,说明在该水分条件下,施用氮肥量越高,ET值越大。同一施氮量下,F2施肥模式比F1模式耗水量少,说明氮肥后移可降低作物耗水量。WUE、PFP_Y和PFP_B均表现出F2>F1>CK的规律,其中F2模式下各指标均值比CK处理分别提高31.4%、54.3%和54.1%,表明水肥一体化喷灌以及后移喷施氮肥可显著提高水氮利用效率。同一品种下,不同施肥处理 WUE 差异显著，P1 模式和 P2 模式最大值分别达到 3.28 kg/m^3 和 3.17 kg/m^3，分别比对照 CK 增加 33.8%和 28.9%。施肥模式 F1 和 F2 的 PFP_Y 之间没有显著性差异，但 CK 与 F1、F2 差异显著。生物量氮肥偏生产力 PFP_B 介于 56.4%～89.8%，施肥模式 F1 和 F2 的 PFP_B 显著大于 CK 处理。

表 5-21　不同喷灌施肥模式下玉米耗水量和水氮利用效率

品种	施肥模式	耗水量 ET/mm	水分利用效率 WUE/(kg/m^3)	产量氮肥偏生产力 PFP_Y/%	生物量氮肥偏生产力 PFP_B/%
登海 3737(P1)	F1	402±11.3 b	2.81±0.04 b	50.2±0.7 a	82.9±0.5 b
	F2	366±4.3 d	3.28±0.20 a	53.4±3.3 a	89.8±0.8 a
	CK	438±7.6 a	2.45±0.13 c	33.8±2.0 c	56.4±3.5 c
豫单 9953(P2)	F1	383±4.5 c	2.74±0.09 b	46.7±1.2 b	80.4±4.5 b
	F2	340±13.2 e	3.17±0.10 a	47.9±0.4 b	84.5±3.1 b
	CK	408±9.6 b	2.46±0.17 c	31.8±2.6 c	56.7±1.9 c
方差分析	品种 P	0.000**	0.373	0.002**	0.077
	施肥 F	0.000**	0.000**	0.000**	0.000**
	P×F	0.111	0.729	0.355	0.262

综合高产、高效和节水节肥等因素，F2 处理为最佳施肥模式，即 N、P_2O_5、K_2O 总施量为 225 kg/hm^2、75 kg/hm^2、75 kg/hm^2，氮肥分施比例为 30%三叶期、30%拔节期、40%大喇叭口期。该施肥模式可作为黄淮海平原南部井灌区推荐的喷灌施肥模式。

第六章 玉米雨水高效利用技术

我国有部分玉米种植区无灌溉条件,其生长发育依靠降雨,如何提高降雨的有效利用是提高产量的关键。由于降水量有限且不稳定,水资源短缺一直是雨养地区农业生产的主要威胁。在大多数雨养地区,由于降水分布不均、气温极端以及深层土壤水分过度消耗,多年来作物产量增长率一直停滞不前。因此,有必要采取一些创新和有效的农艺措施,以充分利用雨水资源。为此,在黄淮海主要开展了夏玉米冠层降雨截留分布特征、降雨级别对夏玉米棵间蒸发和土壤水再分布的影响模拟、夏玉米降雨入渗特征及其计算模型研究;在西北定西开展了全膜双垄沟播条件下,设置保水剂与不同肥料类型对玉米产量与水分利用的影响研究;在河南温县进行了垄沟种植玉米对水分、光资源利用及产量的影响试验研究。通过耕作方式的改变以提高降雨资源的利用效率,为玉米集雨技术和高产栽培生产技术的应用提供科学依据。

第一节 夏玉米降雨利用过程及其模拟

一、夏玉米冠层降雨截留过程及其模拟

植被冠层对降雨的截留,改变了降雨在地表的分布及对降水的有效利用。目前,针对林木冠层影响降雨空间分布的研究较多、较深入,而研究大田作物冠层对降雨的截留分布特征还相对较少。为此,以夏玉米为研究对象,在人工模拟降雨条件下系统测定不同生育期、不同降雨特性下玉米冠层下穿透雨和茎秆流,采用水量平衡法计算对应的玉米冠层截留,通过量化分析探讨三者与玉米生育期和降雨特性的关系,阐明玉米冠层降雨截留分布特征,并构建夏玉米冠层降雨截留估算模型,以期为更加合理地评价夏玉米对降水的水分利用效率提供参考。

(一)材料与方法

1. 试验材料与处理

玉米播种的株距 30 cm、行距 50 cm,每小区 4 行,每行 10 株。6 月 10 日播种,9 月 28 日成熟收获,整个生育期 111 d。播前施底肥沃伏特缓控复合肥 $N-P_2O_5-K=28-8-8$,600 kg/hm^2,中间不施肥。试验选择在玉米拔节期、抽雄期、完熟期(2014 年 7 月 10 日,8 月 10 日和 9 月 1 日)进行,为消除风速和蒸发对降雨均匀度的影响,模拟时间选择 06:00~09:00,试验过程中,在四周布设挡风板。试验期间无自然降雨及其他水分的影响。根据研究区多年水文资料记录的降雨频率,本试验设计降雨强度依次为:3. 33 mm/min、2. 00 mm/min、1. 50 mm/min、1. 00 mm/min 和 0. 50 mm/min,降雨历时 13 min 和 30 min,且与本区夏季多大雨的降雨特点相吻合,同时试验前须进行降雨强度的率定。

2. 测定项目与方法

每次降雨之前每个小区分别测定10个玉米样株的株高和叶面积指数。叶面积指数用CID CI-110植物冠层图像分析仪(美国)进行测定,株高采用钢卷尺直接量测。夏玉米冠层降雨截留运用水量平衡原理分析计算,公式如下:

$$CI = P - TF - SF \tag{6-1}$$

式中　CI——冠层截留量,mm;

P——冠层上部雨量,mm;

TF——冠层穿透雨量,mm;

SF——茎秆下流水量,mm。

其中,采用玉米行间随机放置承雨桶(直径20 cm、高度30 cm)收集穿透雨,以测量穿透雨量;采用在茎秆基部包裹喇叭口状聚乙烯集水装置收集茎秆流,并在装置底部引出一导管,将收集到的茎秆流转移到另外的塑料桶中,以测量茎秆流量;降雨量采用人工观测进行校正。穿透雨率(TFP)为穿透雨量占降雨量百分比;茎秆流率(SFP)为茎秆流量占降雨量百分比;冠层截留率(CIP)为冠层截留量占降雨量百分比。采用Microsoft Excel 2007软件处理数据和制图,采用DPS12.01软件进行统计分析。

(二)结果与分析

1. 玉米不同生育期冠层降雨截留分配特征

玉米全生育期内平均冠层截留率为10.4%,茎秆流率为33.2%,穿透雨率为56.4%。就各生长阶段而言,随着玉米生长发育进程,冠层截留率与茎秆流率的变化趋势一致,均为先增大后减小,穿透雨率的变化正好与它们相反(见表6-1)。15场降雨事件中,不同生育期(拔节期、抽雄期、成熟期)下,冠层截留率分别平均为7.9%、12.7%、10.6%,茎秆流率分别为27.0%、38.2%、34.5%,穿透雨率分别为65.1%、49.1%、55.0%。出现上述研究结果,主要是由不同生育期玉米冠层性状和叶面积指数(LAI)存在差异造成的。玉米刚进入拔节期,植株较矮,叶片较小(LAI=1.75),并且叶片之间的重叠较少,冠层对降雨拦截能力较弱,从而导致穿透雨量所占的比例较高;而抽雄期是玉米生长旺盛期,有效叶面积最大(LAI=3.52),对降雨分配能力最强,汇集的降雨大量转化为茎秆流和冠层截留;到成熟期时,玉米叶片开始大量枯萎或脱落,导致有效截留叶面积减少(LAI=2.86),汇集降雨能力减弱,冠层截留率下降。

表6-1　不同生育期降雨夏玉米冠层分配特征

生育期	LAI	降雨量/mm	茎秆流量/mm	茎秆流率/%	穿透雨量/mm	穿透雨率/%	冠层截留量/mm	冠层截留率/%
拔节期	1.75	43.29	10.15	23.3	30.31	70.2	2.83	6.5
		26.00	6.66	25.6	17.37	66.7	1.97	7.6
		19.50	5.94	27.5	12.64	64.5	1.55	8.1
		13.00	3.76	28.6	8.17	63.0	1.07	8.4
		6.50	1.96	30.2	3.97	60.9	0.57	9.0

续表 6-1

生育期	LAI	降雨量/mm	茎秆流量/mm	茎秆流率/%	穿透雨量/mm	穿透雨率/%	冠层截留量/mm	冠层截留率/%
抽雄期	3.52	99.90	34.99	35.0	55.17	55.4	9.73	9.6
		60.00	22.31	37.2	30.12	50.5	7.57	12.4
		45.00	17.25	38.4	21.62	48.0	6.14	13.4
		30.00	11.68	38.9	13.92	46.6	4.40	14.4
		15.00	6.21	41.5	6.65	44.8	2.14	13.6
成熟期	2.86	99.90	31.40	31.4	60.00	60.1	8.50	8.5
		60.00	19.52	32.5	34.44	57.4	6.04	10.1
		45.00	15.51	34.5	25.44	56.5	4.04	9.0
		30.00	10.71	35.7	15.92	53.1	3.38	11.3
		15.00	5.74	38.3	7.16	47.7	2.09	14.0

为了进一步探讨玉米茎秆流量(率)、穿透雨量(率)、冠层截留量(率)与 LAI 的量化关系,分别将三者数据相对于降雨历时和雨强单位化,即茎秆流量(穿透雨量、冠层截留量)/降雨历时/雨强为单位的茎秆流量(穿透雨量、冠层截留量)(mm/min)。通过回归分析分别建立了单位雨强茎秆流量(率)、穿透雨量(率)及冠层截留量(率)与 LAI 的回归方程及拟合曲线(见图 6-1),结果表明,茎秆流量(率)、冠层截留量(率)分别与 LAI 之间呈极显著线性正相关;而穿透雨量(率)与 LAI 之间呈极显著线性负相关。

2. 降雨特性对层降雨截留分配特征的影响

1)降雨强度

为了明确茎秆流量(率)、穿透雨量(率)、冠层截留量(率)与降雨强度的关系,将各分量数据相对于 LAI 单位化,则茎秆流量(率)[穿透雨量(率)、冠层截留量(率)]/LAI 为单位 LAI 茎秆流量(率)[穿透雨量(率)、冠层截留量(率)]。通过回归分析建立了单位 LAI 茎秆流量(率)[穿透雨量(率)、冠层截留量(率)]与降雨强度的回归方程及拟合曲线(见图 6-2),茎秆流量、穿透雨量、冠层截留量均随降雨强度的增大而增大。茎秆流量、穿透雨量分别与降雨强度之间呈显著的线性正相关,而冠层截留量与降雨强度之间呈显著的幂函数关系。进一步分析表明,茎秆流率、冠层截留率随降雨强度增大而略有下降,穿透雨率则随降雨强度增大而略有增大。这主要是因为随着降雨强度的增大,雨滴动能有所上升,雨滴对叶片的打击力增强,雨滴在叶片上滞留的时间缩短,单位时间内冠下雨量相应的增加,从而导致单位时间内玉米穿透雨的数量也会增加。

2)降雨量

为探讨玉米茎秆流量(率)、穿透雨量(率)、冠层截留量(率)与降雨量之间的量化关系，分别将三者数据相对于叶面积指数单位化，即茎秆流量（穿透雨量、冠层截留量）/LAI为单位的茎秆流量（穿透雨量、冠层截留量）。回归分析表明，茎秆流量、穿透雨量、冠层截留量均随降雨量的增大而增大；茎秆流量、穿透雨量分别与次降雨量之间呈显著的线性正相关，而冠层截留量与次降雨量之间呈显著的幂函数关系（见图6-3）。进一步分析表明，穿透雨率、茎秆流率、冠层截留率分别与降雨量无显著相关关系。

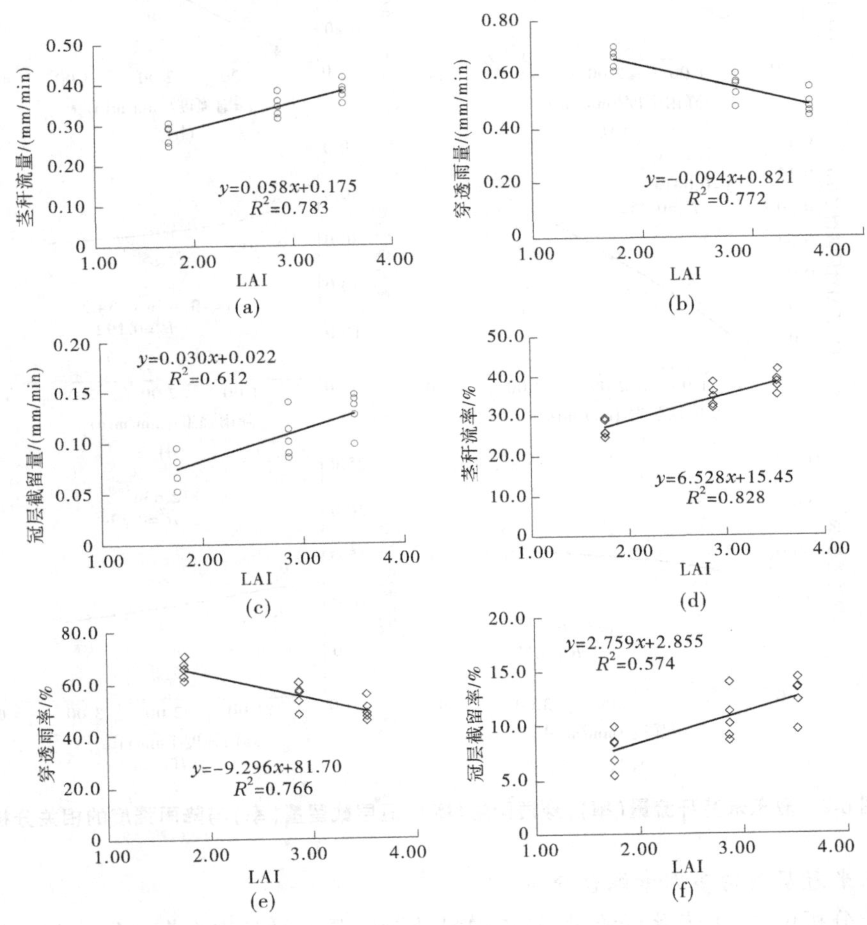

图6-1　夏玉米茎秆流量（率）、穿透雨量（率）、冠层截留量（率）与叶面积指数的相关分析

3）降雨历时

为探讨玉米茎秆流量（率）、穿透雨量（率）、冠层截留量（率）随降雨历时的变化关系，分别将三者数据相对于LAI和降雨强度单位化，即茎秆流量（穿透雨量、冠层截留量）/（LAI×降雨强度）为单位的茎秆流量（穿透雨量、冠层截留量）。回归分析表明，单位雨强和LAI下茎秆流量、穿透雨量、冠层截留量均随降雨历时的增大而增大，且三者分别与降雨历时之间呈显著的幂函数关系（见图6-4）。进一步分析表明，茎秆流率、穿透雨率、冠层截留率分别与降雨历时无显著相关关系。

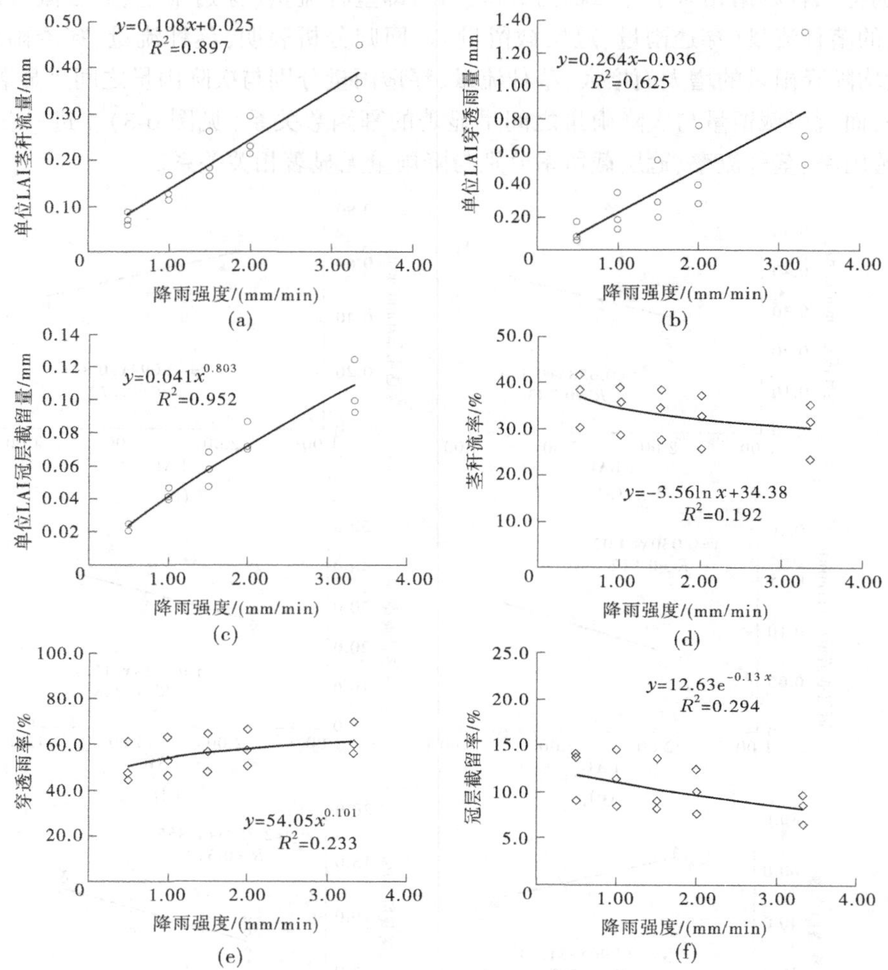

图 6-2　夏玉米茎秆流量(率)、穿透雨量(率)、冠层截留量(率)与降雨强度的相关分析

3. 玉米冠层截留多因素综合分析

综上分析可知,玉米茎秆流量、穿透雨量及冠层截留量与生育期(或用叶面积指数表征)、降雨特性都有密切关系。利用 DPSS12.01 多元线性回归分析得出,玉米茎秆流量(SF)与叶面积指数(LAI)、降雨强度(RI)和降雨历时(t)的拟合公式为

$$SF = e^{-1.5938} \cdot LAI^{0.511} \cdot RI^{0.9002} \cdot t^{1.0063} \quad (n = 80, R^2 = 0.998832) \tag{6-2}$$

玉米穿透雨量(TF)与叶面积指数(LAI)、降雨强度(RI)和降雨历时(t)的拟合公式为

$$TF = e^{-0.2425} \cdot LAI^{-0.3955} \cdot RI^{1.1189} \cdot t^{0.9991} \quad (n = 80, R^2 = 0.998992) \tag{6-3}$$

玉米冠层截留量(CI)与叶面积指数(LAI)、降雨强度(RI)和降雨历时(t)的拟合公式为

$$CI = e^{-3.1728} \cdot LAI^{0.4199} \cdot RI^{1.1335} \cdot t^{0.1781} \quad (n = 80, R^2 = 0.827301) \tag{6-4}$$

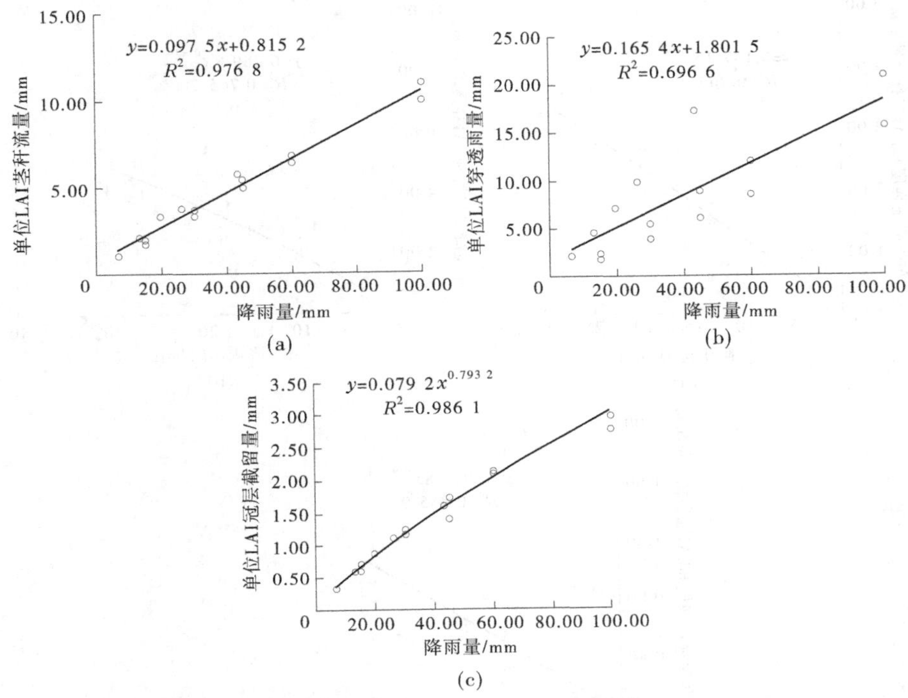

图6-3　夏玉米茎秆流量、穿透雨量、冠层截留量与降雨量的相关性分析

式中　SF——茎秆流量，mm；

TF——穿透雨量，mm；

CI——冠层截留量，mm；

LAI——叶面积指数；

RI——降雨强度，mm/min；

t——次降雨历时，min。

上述回归方程经方差检验相关性均达到极显著水平（$p<0.01$）。因此，仅用叶面积指数、降雨强度和降雨历时三个参数就可以对夏玉米次降雨冠层截留各分量数值进行模拟估算。

同时分析还可知，玉米茎秆流率、穿透雨率及冠层截留率同样与生育期（或用叶面积指数表征）、降雨强度都有密切关系。利用 DPSS12.01 多元线性回归分析得出，玉米茎秆流率（SFP）与叶面积指数（LAI）和降雨强度（RI）的拟合公式：

$$\mathrm{SFP} = 19.991\,7 + 6.287\,3\mathrm{LAI} - 2.258\,1\mathrm{RI} \quad (n = 80, R^2 = 0.881\,340) \tag{6-5}$$

玉米穿透雨率（TFP）与叶面积指数（LAI）和降雨强度（RI）的拟合公式：

$$\mathrm{TFP} = 74.453\,0 - 8.968\,6\mathrm{LAI} + 3.747\,9\mathrm{RI} \quad (n = 80, R^2 = 0.878\,328) \tag{6-6}$$

玉米冠层截留率（CIP）与叶面积指数（LAI）和降雨强度（RI）的拟合公式：

$$\mathrm{CIP} = 5.458\,2 + 2.729\,5\mathrm{LAI} - 1.495\,9\mathrm{RI} \quad (n = 80, R^2 = 0.348\,334) \tag{6-7}$$

式中　SFP——茎秆流率（%）；

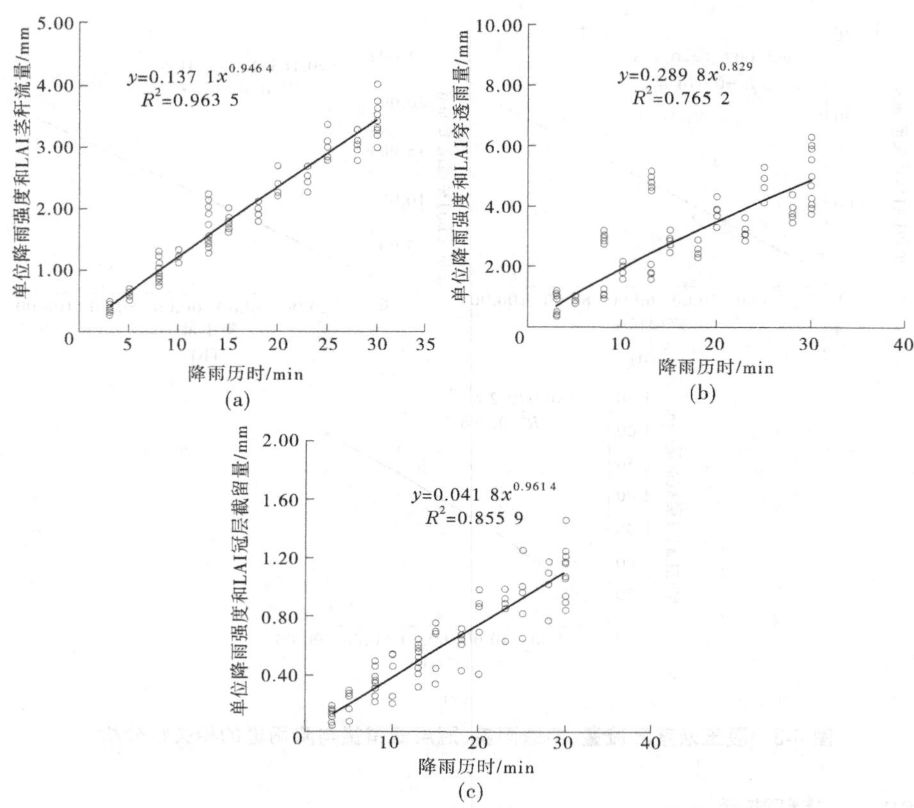

图 6-4　夏玉米单位雨强和 LAI 茎秆流量、穿透雨量、冠层截留量与降雨历时的相关性分析

TFP——穿透雨率(%);

CIP——冠层截留量(%);

LAI——叶面积指数;

RI——降雨强度,mm/min。

上述回归方程经方差检验相关性均达到极显著水平($p<0.01$)。因此,仅用叶面积指数和降雨强度两个参数就可以对夏玉米次降雨冠层截留各分量所占比例(占次降雨量的百分比)进行模拟估算。

二、夏玉米降雨入渗特征及其计算模型

降雨入渗过程是极其复杂的,是一种强烈依赖于大气降水、地面蒸发及土壤水力学特性的非线性过程。降雨入渗规律的研究方法多样,如双环法、人工模拟降雨法、水文法、环刀法、盘式入渗法等,其中双环法与人工模拟降雨法最为常用。以双环法为代表的有压入渗测定方法在整个入渗过程中处于在静水条件单点有压下,下垫面表面不承受雨滴的打击破坏作用,它所测得的土壤入渗率结果往往偏大。因此,该方法入渗模型或公式直接用于降雨产流入渗计算是不够准确的。采用人工降雨试验方式测定土壤入渗,不仅克服了

双环法的一些不足，而且可得到不同地类在降雨条件下的入渗特性，更接近实际。为此，针对降雨入渗规律，许多学者借助人工模拟降雨对此做了大量研究，并得出了诸多有益的结论。但以往众多学者大多是在无植被、无作物或灌草种植条件下进行的，对农田降雨入渗特征的研究相对较少。同时，目前的研究多在特定影响因素下进行降雨入渗过程的试验研究和数值模拟，未探讨多因素影响下降雨入渗规律的定量关系。对作物覆盖条件下，从整个生育期农田水分平均入渗特征角度进行研究的还较少。因此，采用人工模拟降雨，研究黄淮海地典型作物夏玉米在全生育期初始入渗率、稳定入渗率、平均入渗率和累积入渗量等特征，以期为该地区作物水分入渗模拟及提高降水转化效率提供理论依据。

（一）材料与方法

1. 试验材料与处理

夏玉米播前将试验小区进行翻耕，翻耕深度为 20~30 cm，同时施入底肥二铵 412.5 kg/hm^2，氯化钾 150 kg/hm^2，尿素 150 kg/hm^2。夏玉米于 2015 年 6 月 10 日播种，播种密度为 67 500 kg/hm^2，种植行距 60 cm，9 月 13 日收获。径流小区共 6 个，每个小区的面积为 2.0 m×4.0 m，小区坡度一致，均为 5°。小区四周为由砖和水泥做成的防侧渗隔层，深度为 150 cm。防侧渗层高出地面 15 cm，以防止小区径流流出以及区外径流流入。在小区长边末端的中间设有出水口和集水槽，在集水槽放置一个直径 30 cm、高 40 cm 的径流桶，用以收集径流。

模拟降雨试验分别选在苗期 6 月 15 日、拔节期 7 月 13 日和灌浆期 8 月 18 日当天 18:00 左右（一般晚间不易受到风的干扰）。根据对试区历年降雨资料的统计分析，选择高频率、短历时、易引起径流的大强度降雨作为试验雨强，共设计 5 个降雨强度，分别为 60 mm/h、80 mm/h、100 mm/h、120 mm/h、140 mm/h，降雨历时均为 60 min，降雨总量控制在 60~140 mm。每次进行模拟降雨试验前，先测定各小区夏玉米叶面积及主要根系土层 0~60 cm 土壤含水量，然后开始人工模拟降雨；另外将径流小区覆盖塑料布，率定平均降雨强度。具体试验开始之后，等雨滴到达地面时，开始计时。夏玉米不同生育阶段的冠层覆盖度用叶面积指数来表征。

2. 测定项目与方法

土壤含水量体积分数采用 SWR-2 型土壤水分测量仪（北京智海电子仪器厂）借助预先埋设在试验区的 PVC 水分测管测定，测量深度为 60 cm。各土层平行取样 3 次，取其平均值作为土壤初始含水量。采用量测法测定叶面积，叶面积指数 LAI = 单株叶面积×单位土地面积内株数/单位土地面积。雨强由模拟降雨装置控制，同时在小区内均匀布置 3 个雨量筒监测雨量及雨强。准确记录模拟降雨的开始时间及产流开始时间。产流后，按照由疏到密的时间间隔，用径流桶采集径流样，测量各时段径流样的体积，并记录采集每个径流样所用的时间，以计算各时段的径流强度和径流量，然后根据水量平衡原理计算各时间段入渗量和入渗率。数据统计和分析采用 Microsoft Excel 2007 软件处理数据和制图，采用 DPS 软件进行统计分析。

(二)结果与分析

1. 降雨强度对夏玉米农田入渗过程的影响

在夏玉米苗期,分别就降雨强度 60 mm/h、80 mm/h、100 mm/h、120 mm/h 和 140 mm/h 的径流量随降雨历时变化过程进行了分析。模拟试验前用小雨模拟降雨让土体充分湿润但尚未产流,以排除初始土壤含水量因素影响,即土壤水分条件基本一致。由图 6-5 可以看出,5 种雨强降雨入渗过程基本一致,即随降雨历时的增加,入渗率随降雨过程的进行逐渐降低最后趋于稳定,其变化服从幂函数规律($p<0.01$);累积入渗量则随降雨历时而呈对数函数增加,回归方程相关系数均达到显著水平($p<0.01$)。另外,入渗率趋于稳定的时间均随雨强增大而明显提前。各个时刻的稳定入渗率的值在降雨过程中并不稳定,各个时刻的值有一定波动,特别是降雨强度愈大,波动愈剧烈。各降雨强度(从小到大)入渗率分别在降雨后 55 min、40 min、35 min、30 min 和 27 min 左右开始趋于稳定,稳定入渗率分别为 0.75 mm/min、0.83 mm/min、0.84 mm/min、0.95 mm/min 和 1.06 mm/min。统计分析表明,麦田降雨历时 60 min 平均入渗率(AIF)及稳定入渗率(SIF)均随着降雨强度的增大呈直线增加,且二者之间的相关性很好,拟合方程如下:

$$AIF = 0.005RI + 0.547 \quad (n = 5, R^2 = 0.965^{**}) \tag{6-8}$$

$$SIF = 0.003RI + 0.516 \quad (n = 5, R^2 = 0.941^{**}) \tag{6-9}$$

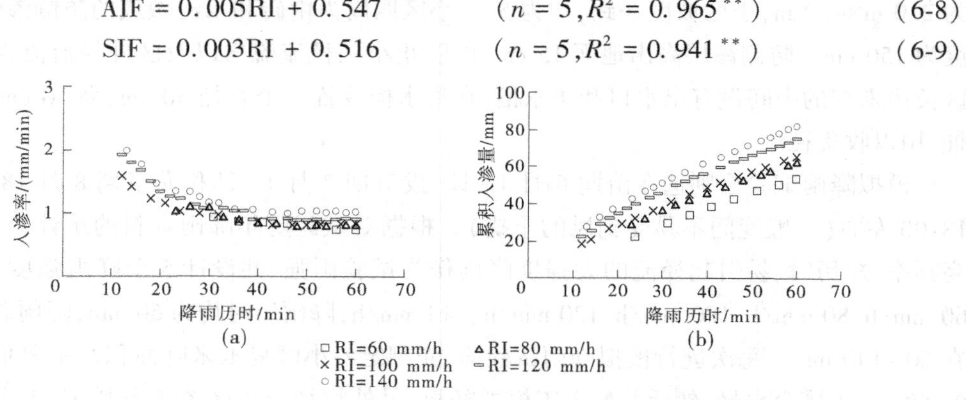

图 6-5　夏玉米入渗率、累积入渗量随降雨历时变化过程

这说明降雨强度增大对水分入渗有一定的促进作用,这是由于稳定入渗水流的主要通道是土壤中较大的非毛管孔隙和部分毛管孔隙,当降雨强度增大时,雨滴动能随之增大,坡面水深增加,地表水层的压力和雨滴打击对入渗水体产生的挤压力都相应增大。尤其是雨滴打击所产生的挤压力不仅可以加速入渗水流的运动速度,也可以使部分静止的毛管水加入到入渗水流中,因此降雨强度的增大可以起到增加土壤入渗的作用。

降雨蓄积系数为一次降雨过程中的总土壤蓄积量与总降雨量的比值。忽略植被截留和雨期蒸发,模拟降雨在短历时和微型小区上进行蓄积量的测定,结果表明,降雨强度越大,降雨蓄积系数越小,降雨蓄积量越少。对麦田不同降雨强度与降雨历时 60 min 降雨蓄积系数进行回归分析:

$$RSC = 7.133 \times RI^{-0.50} \quad (n = 5, R^2 = 0.971^{**}) \tag{6-10}$$

式中　RSC——降雨蓄积系数。

由以上分析可知,降雨强度对降雨蓄积系数有一定影响,并存在显著差异,雨强越大,降雨产生径流越大、蓄积量越小。这是由于雨强增大使雨滴动能增大,降雨对地面的打击力增强,雨滴打击表土形成结皮的能力也增强,同时溅散的土壤颗粒堵塞土壤孔隙,阻滞降雨的入渗,这两者都使降雨入渗作用减弱。

2. 覆盖度对麦田入渗特征的影响

图 6-6 是两种降雨强度条件下不同 LAI 的 4 个生育期降雨入渗的变化规律。整体上,夏玉米入渗率均随着降雨历时的增加逐渐降低最后趋于平稳,两者关系可用幂函数方程描述,且相关系数均达到显著水平($p<0.01$)。在同一个雨强下,夏玉米随着 LAI 的增大,入渗率有所增大,主要原因是入渗率的变化受到了植株冠层覆盖条件的影响。另外,入渗率趋于稳定的时间均随 LAI 增大而滞后,并且各个时刻稳定入渗率的值在降雨过程中并不稳定,有一定波动。

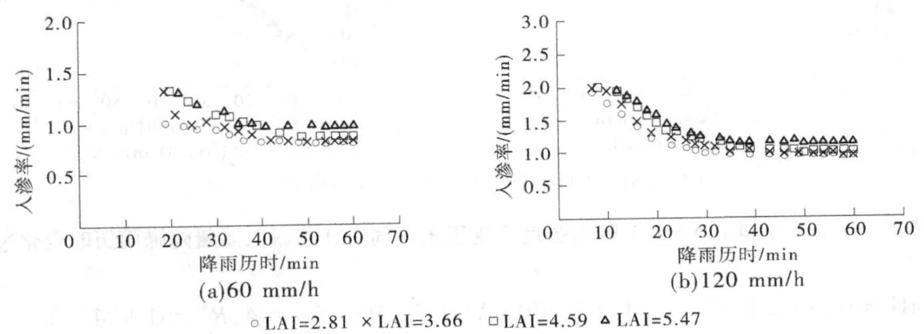

图 6-6　60 mm/h 和 120 mm/h 降雨强度下不同 LAI 入渗率随降雨历时变化过程

由图 6-6 还可以看出,同一降雨强度下,平均入渗率和稳定入渗率均随 LAI 的增大而逐渐增大,但 RI=60 mm/h 时入渗率增大的趋势与 RI=120 mm/h 时相比更为明显,60 mm/h 降雨强度条件下,与 LAI=2.81 时的平均入渗率和稳定入渗率相比较,其他 LAI(由小到大)的平均入渗率分别增加 2.8%、9.9%和 14.6%,稳定入渗率则分别增加 1.6%、8.3%和 21.3%;120 mm/h 降雨强度条件下,与 LAI=2.81 时的平均入渗率和稳定入渗率相比较,其他 LAI(由小到大)的平均入渗率分别增加 5.5%、7.4%和 15.6%,稳定入渗率则分别增加 2.3%、6.7%和 23.5%。这表明随着 LAI 的增大,平均入渗率和稳定入渗率增大的幅度变小,冠层覆盖度对夏玉米入渗过程的影响减弱。将 LAI 及对应的稳定入渗率进行相关性分析,两者呈指数函数关系,其拟合关系方程为

当 RI = 60 mm/h 时　$SIA = 0.647e^{0.072LAI}$　$(n = 4, R^2 = 0.848^{**})$　(6-11)

当 RI = 120 mm/h 时　$SIA = 0.746e^{0.075LAI}$　$(n = 4, R^2 = 0.901^{**})$　(6-12)

将 LAI 及对应的平均入渗率进行相关性分析,两者呈线性函数关系,其拟合关系方程为

当 RI = 60 mm/h 时　$W = 0.053LAI + 0.770$　$(n = 4, R^2 = 0.981^{**})$　(6-13)

当 RI = 120 mm/h 时　　$W = 0.066\text{LAI} + 1.024$　　$(n = 4, R^2 = 0.941^{**})$　　(6-14)

由图 6-7 可以看出,两种降雨强度下,不同叶面积指数(LAI)的累积入渗量与降雨历时之间具有较好对数函数关系($p<0.01$)。随着 LAI 的增大,降雨入渗量显著增加,而当降雨强度增大时,累积入渗量增加的幅度变小。将 LAI 及对应的累积入渗量进行相关性分析。分析结果表明,夏玉米降雨历时 60 min 累积入渗量均随着 LAI 的增大呈直线增加,两者拟合关系方程为

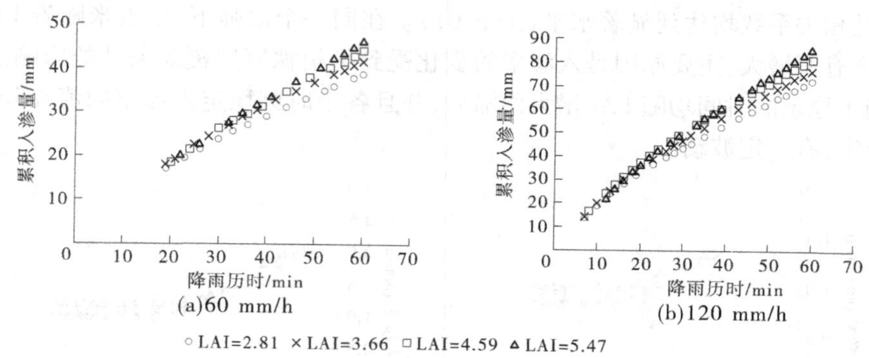

图 6-7　60 mm/h 和 120 mm/h 降雨强度下夏玉米不同 LAI 累积入渗量随降雨历时变化过程

当 RI = 60 mm/h 时　　$W = 2.795\text{LAI} + 30.92$　　$(n = 4, R^2 = 0.994^{**})$　　(6-15)

当 RI = 120 mm/h 时　　$W = 5.038\text{LAI} + 57.89$　　$(n = 4, R^2 = 0.999^{**})$　　(6-16)

降雨强度和冠层覆盖度对降雨蓄积系数的影响不同。相同降雨强度下,降雨蓄积系数与 LAI 呈显著正相关关系($P<0.01$),两者关系可用线性函数描述:

当 RI = 60 mm/h 时　　$\text{RSC} = 0.037\text{LAI} + 0.562$　　$(n = 4, R^2 = 0.999^{**})$　　(6-17)

当 RI = 120 mm/h 时　　$\text{RSC} = 0.041\text{LAI} + 0.604$　　$(n = 4, R^2 = 0.996^{**})$　　(6-18)

由此可见,LAI 愈大,产生的入渗量占降雨量的比值愈大,这是由于夏玉米生长前期,LAI 较小,失去冠层的缓冲,地表土壤受到雨滴的直接溅蚀,透水通道被封堵,削弱了土壤入渗能力;夏玉米拔节后期,降雨蓄积系数增大,这是因为夏玉米后期 LAI 增大,冠层具有较高的降雨截持能力,有较好的拦蓄地表径流的能力,因此次降雨条件下地表产流量较小,相应入渗量增大。降雨强度对降雨蓄积系数的影响程度明显大于冠层覆盖度。降雨强度较大时,不同 LAI 间降雨蓄积系数的差异变小。

3. 土壤初始含水量对夏玉米入渗特征的影响

图 6-8 是不同土壤初始含水量(θ)情况下的土壤入渗过程线,可以看到,随着土壤初始含水量的增大,同一时间内非稳渗阶段的入渗速率迅速降低,趋于稳定入渗速率的时间缩短。60 mm/h 降雨强度条件下,当 $\theta = 15.6\%$时,平均入渗率在降雨后约 45 min 开始趋于稳定,其他土壤初始含水量处理入渗率达到稳定值的时间比它分别提前了 11 min 和 27 min;120 mm/h 降雨强度条件下,当 $\theta = 15.6\%$时,平均入渗率在降雨后约 40 min 开始趋

于稳定，其他土壤初始含水量处理入渗率达到稳定值的时间比它分别提前了 5 min 和 17 min。另外，同一降雨强度下不同土壤初始含水量稳定入渗率基本一致。

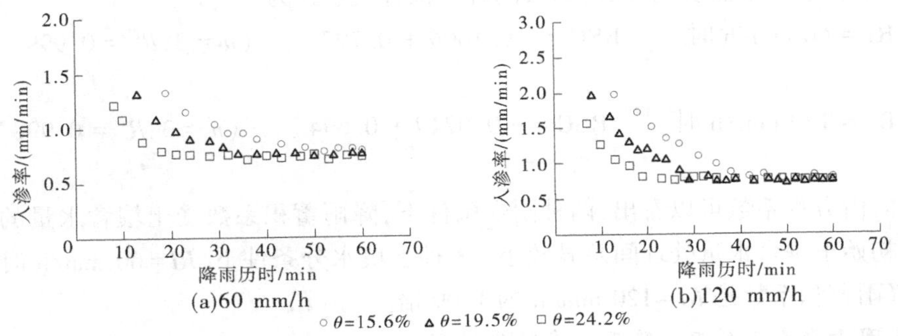

图 6-8　60 mm/h 和 120 mm/h 降雨强度下不同 θ 夏玉米入渗率随降雨历时变化过程

从图 6-9 可看出，两种雨强条件下，夏玉米降雨累积入渗量随着土壤初始含水量（θ）的增大而减小。试验表明，土壤平均入渗率与土壤初始含水量呈负相关线性关系，两者拟合关系方程为

当 RI = 60 mm/h 时　$W = -0.018\theta + 1.246$　$(n = 3, R^2 = 0.996^{**})$　(6-19)

当 RI = 120 mm/h 时　$W = -0.023\theta + 1.519$　$(n = 3, R^2 = 0.927^{**})$　(6-20)

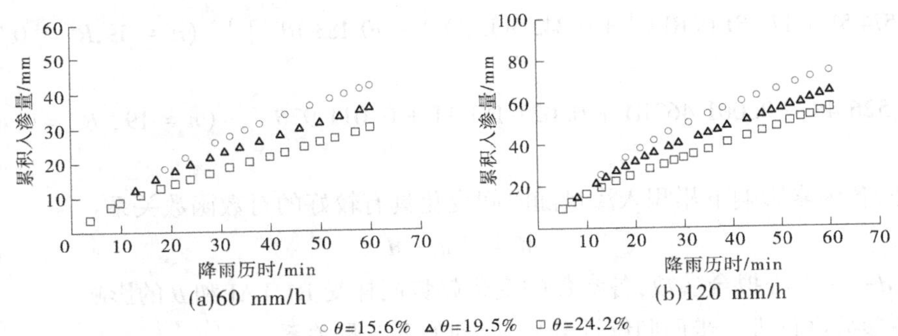

图 6-9　60 mm/h 和 120 mm/h 降雨强度下不同 θ 夏玉米累积入渗量随降雨历时变化过程

随着土壤初始含水量的增大，稳定入渗率变化不明显，基本稳定在一定范围内，这表明相同降雨强度条件下，土壤初始含水量对稳定入渗率无显著影响。受降雨强度影响，RI = 120 mm/h 的平均稳定入渗率（0.79 mm/min）略大于 RI = 60 mm/h 的值（0.77 mm/min）。

随着土壤初始含水量的增大，降雨入渗量显著降低，而当降雨强度增大时，累积入渗量减少的辐度变大。将 θ 及对应的累积入渗量进行相关性分析。分析结果表明，夏玉米降雨历时 60 min 累积入渗量均随着 θ 的增大呈直线减少，两者拟合关系方程为

当 RI = 60 mm/h 时　$W = -1.402\theta + 63.5$　$(n = 3, R^2 = 0.999^{**})$　(6-21)

当 RI = 120 mm/h 时　$W = -2.062\theta + 106.3$　($n = 3, R^2 = 0.991^{**}$)　(6-22)

不同土壤初始含水量对降雨蓄积量也有一定影响。相同降雨强度下,降雨蓄积系数与初始土壤含水量呈显著线性负相关,两者的拟合关系式为

当 RI = 60 mm/h 时　$RSC = -0.100\theta + 0.797$　($n = 3, R^2 = 0.999^{**}$)　(6-23)

当 RI = 120 mm/h 时　$RSC = -0.074\theta + 0.694$　($n = 3, R^2 = 0.998^{**}$)　(6-24)

同样,由方程系数可以看出,两种雨强条件下,降雨蓄积系数受土壤含水量的影响较弱,不同初始土壤含水量处理间差异较小。3 种土壤水分条件下,RI=60 mm/h 时夏玉米的平均降雨蓄积系数是 RI=120 mm/h 的 1.09 倍。

4. *多因素影响下夏玉米降雨入渗特征模型*

由以上分析可知,在本试验的特定条件下,入渗率 IF 随降雨历时 t 的变化关系均可用幂函数描述,且相关系数较高,其数学表达式为

$$IF = at^{-b} \qquad (6\text{-}25)$$

式中　a、b——方程拟合参数,其大小均与降雨强度 RI、LAI 和土壤初始含水量 θ 有一定关系。

对降雨实测数据运用方差分析,结合多元回归统计分析,建立了多因素共同影响下 a 和 b 值的回归模型:

$$a = [0.574\,51 + 17.581\,6(RI)^{-1} + 0.342\,5(LAI)^{-1} - 10.183\,1\theta^{-1}]^{-1} \quad (n = 19, R^2 = 0.723^{**}) \qquad (6\text{-}26)$$

$$b = -0.526\,48 - 0.001\,463RI + 0.027\,18LAI + 0.011\,97\theta \quad (n = 19, R^2 = 0.496^{*}) \qquad (6\text{-}27)$$

此外,各因素影响下累积入渗量随时间变化具有较好的对数函数关系:

$$W = c\ln t - d \qquad (6\text{-}28)$$

式中　c、d——方程拟合参数,各参数的变化趋势同样受 RI、LAI 和 θ 的影响。

对各参数进行进一步回归统计分析,得到如下定量关系:

$$c = e^{5.762\,8}RI^{0.486\,1}LAI^{0.182\,1}\theta^{-1.725\,6} \quad (n = 19, R^2 = 0.759^{**}) \qquad (6\text{-}29)$$

$$d = -126.719\,67 - 0.055\,56RI - 1.165\,9LAI + 4.846\,7\theta \quad (n = 19, R^2 = 0.448^{*}) \qquad (6\text{-}30)$$

最后,综合考虑各影响因素,对麦田降雨蓄积系数进行相关分析,其随 RI、LAI 和 θ 变化的定量关系可写为

$$RSC = [3.258\,14 - 22.782\,5(RI)^{-1} + 1.326\,7(LAI)^{-1} - 31.683\,6\theta^{-1}]^{-1}$$
$$(n = 19, R^2 = 0.796^{**}) \qquad (6\text{-}31)$$

经 t 检验,方程中各参数,按 α=0.05 水平,均有显著性意义,说明方程的线性回归关系较好。在相关分析与回归分析的基础上,对试验资料做进一步的通径分析,以揭示各个因素对降雨蓄积系数的相对重要性。通径分析结果表明,夏玉米降雨蓄积系数各影响因

素比重顺序为：RI>θ>LAI，即在特定条件下，降雨强度对夏玉米降雨蓄积系数起着决定性作用，土壤初始含水量次之，冠层覆盖影响最弱。

三、降雨级别对夏玉米棵间蒸发和土壤水再分布的影响模拟

降水后土壤蒸发与入渗是土壤水分循环的两个基本环节。土壤蒸发是土壤水分经过土壤表面以水蒸气状态扩散到大气的过程。土壤蒸发是水分的无效损失，直接影响降水转化为土壤有效水的效率。土壤蒸发随着作物种类、气象条件的不同而不同。土壤水再分布是土壤环境与地表环境和大气环境共同作用产生的现象。降雨停止后水分在土壤中的运动并没有停止。一方面，土壤含水量因植株蒸散发的作用而减少；另一方面，一部分水分由于土层上下水势梯度差异而继续补给下层土壤水分。土壤水再分布决定着不同时间和深度土壤蓄积的水量，直接影响土壤水分的有效性以及植株的水分收支平衡。关于农田作物种植条件下降雨向土壤水的转化及其运动规律方面，仍有待于系统而深入的研究。在旱作农业地区，降雨是土壤水分补给的重要方式之一，研究夏玉米不同降雨级别下土壤蒸发特征及土壤水再分布规律对确定降雨有效利用程度、制定合理的节水灌溉制度等都具有重要的实践指导意义。

（一）材料与方法

1. 试验材料与处理

夏玉米播前将试验小区进行翻耕，翻耕深度为20~30 cm，同时施入底肥二铵412.5 kg/hm^2，氯化钾150 kg/hm^2，尿素150 kg/hm^2。夏玉米于2015年6月10日播种，播种密度为67 500 kg/hm^2，种植行距60 cm，9月13日收获。试验小区共6个，每个小区的面积为2.0 m×4.0 m。小区四周是由砖和水泥做成的防侧渗隔层，深度为150 cm。防侧渗层高出地面15 cm，以防止小区径流流出及区外径流流入。另外，在每个小区内沿对角线埋设SWR（驻波率，Standing Wave-Ratio）型PVC土壤水分测量导管2支（深度为100 cm）。

模拟降雨试验分别选在苗期6月16日、拔节期7月14日和灌浆期8月19日当天18:00左右开始（一般晚间不易受到风的干扰）。根据中国气象部门采用的降雨强度标准，分别模拟从小到特大暴雨4级降雨强度处理，即小雨（P1，13.0 mm/h）、中雨（P2，25.0 mm/h）、大雨（P3，50.0 mm/h）和暴雨（P4，85.0 mm/h），各处理降雨历时范围在15~60 min（见图6-10）。随后每天观测不同降雨级别雨后土壤蒸发和土壤水再分布，每次模拟降雨结束连续观测7 d，即苗期、拔节期、灌浆期三个生育阶段。试验前先将试验小区覆盖塑料布，率定平均降雨强度。具体试验开始之后，等到雨滴到达地面时，开始计时。降雨结束后由浅到深依次测定土壤蒸发和土壤水再分布的过程。

2. 测定项目与方法

土壤含水量体积分数采用Trime-IPH型土壤水分测量仪（IMKO Ltd.，Co.）借助预先埋设在试验区的水分测管测定，测定时间分别为人工模拟降雨前及雨后的7 d，观测深度为100 cm、土层间隔20 cm。棵间蒸发量采用自制微型圆柱状蒸发皿（铁制，表面直径6 cm、高15 cm）直接测定。埋设固定于玉米行间，每个试验小区作物行间安置2套作为

重复处理，且尽量保证对称于田块。模拟降雨后的 1～7 d 内，每天上午 8 时左右用精度 0.01 g 电子秤逐日称重，棵间土壤蒸发量由蒸发器内土壤重量的变化确定，同样方法观测记录 7 d。降雨强度由模拟降雨装置控制，同时在小区内均匀布置 3 个雨量筒监测雨量及雨强。降雨土壤蓄积量为雨后土壤中蓄积的降雨量，主要通过降雨前后土层土壤含水量的变化来间接计算，而降雨土壤蓄积系数计算方法为次降雨土壤蓄积量除以次降雨量。数据统计和分析采用 MicroSoft Excel 2007 软件处理数据和制图，采用 DPS12.01 软件进行统计分析。

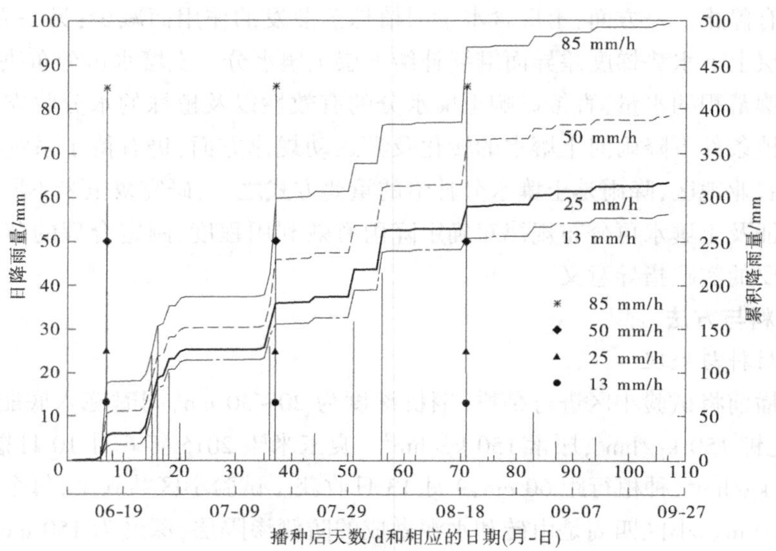

图 6-10　模拟不同降雨强度下各处理过程

（二）结果与分析

1. 土壤水分时空变化过程

降雨后土壤表土层（0～20 cm）土壤含水量（SWC）迅速增加，随着土层深度的增加，SWC 增加的幅度逐渐减小。与雨前 SWC 相比，三个生育期（苗期、拔节期和灌浆期）表土层 SWC 平均增加 53%；而在主要根系层（20～60 cm）SWC 平均增加 14%，深土层（60～100 cm）SWC 平均仅增加 1.6%。雨后 0～100 cm 整个土层剖面 SWC 受蒸散发影响连续 7 d 持续减小；而在不同生育期，SWC 减小的幅度不同。在苗期、拔节期和灌浆期，表土层 SWC 连续 7 d 平均分别减小 3.5%/d、4.7%/d 和 2.4%/d；同样在主要根系层 SWC 连续 7 d 平均分别减小 0.8%/d、1.1%/d 和 1.3%/d；而在连续 7 d 平均 3 个生育期深层 SWC 的变化基本一致，仅减小 0.7%/d。

在拔节期表土层 SWC 减小幅度最大(4.7%/d),在灌浆期则表现在中间土层 SWC 减少幅度最大(1.3%/d),这主要是由于拔节期表土层根系较多,根系吸水明显,随后灌浆期主要根系下扎至 20~60 cm。连续 7 d 的 SWC 还受不同降雨强度影响,尤其在拔节期。例如,在拔节期和灌浆期,降雨强度≥ 50 mm/h 时 0~60 cm 土层的 SWC 明显比降雨强度≤25 mm/h 时的平均增加 18%~19%。在拔节期和灌浆期,当降雨强度≤ 50 mm/h 时,雨强对 60 cm 土层以下 SWC 没有显著影响,由于土壤毛细管拦截作用增强,甚至 85 mm/h 雨强也可能不会影响到 60 cm 土层以下 SWC 变化。

2. 土壤蒸发、蒸散量和 *E*/ET 随时间变化过程

连续 7 d 土壤蒸发量(*E*,mm/d) 苗期最大(平均 1.3 mm/d),其次是拔节期(1.0 mm/d)和灌浆期(0.9 mm/d)[见图 6-11(a)]。相反,连续 7 d 玉米蒸散量(ET,mm/d)灌浆期最大(平均 3.4 mm/d),其次是拔节期(2.4 mm/d)和苗期(1.4 mm/d)[见图 6-11(b)]。因此,连续 7 天 *E*/ET 苗期最大(平均 0.91),其次是拔节期(0.44)和灌浆期(0.28)[见图 6-11(c)]。7 d 时间序列中各生育期降雨后土壤蒸发量显著下降。除蒸发量外,也观察到蒸散量和 *E*/ET 有类似的下降趋势。采用降低率来描述一个指标随时间的下降,为此,计算了连续 7 d 蒸发量、蒸散量以及 *E*/ET 平均值,土壤蒸发量在苗期减少最快(平均每天 18%),其次是灌浆期(平均每天 8.6%)和拔节期(平均每天 8.2%)。蒸散量同样在苗期减少最快(平均为每天 16%),其次是灌浆期(平均每天 7.2%),而在拔节期减少率变成了负值(平均每天-5.2%),这表明该生育期蒸散量有一个稳定的增长过程。这可能是随着生育进程的推进叶面积明显不断增大,蒸腾显著增加的结果。除拔节期 *E*/ET 每天以 12%显著降低外,苗期和灌浆期 *E*/ET 连续 7 d 变化不明显。连续 7 d 土壤蒸发量和蒸散量是与降雨强度成正比的。例如,与降雨强度 13 mm/h、25 mm/h 和 50 mm/h 相比,85 mm/h 降雨强度的平均土壤蒸发量分别增加 48%、29%和 15%;同样,85 mm/h 降雨强度的平均土壤蒸散量分别增加 67%、35%和 6%。然而,在苗期和灌浆期 *E*/ET 与降雨强度不敏感,在一定程度上,当降雨强度≤50 mm/h 时呈负相关。当降雨强度从 13 mm/h 增加到 50 mm/h,拔节期 7 d *E*/ET 平均从 0.50 下降到 0.37,而降雨强度达到 85 mm/h 时,*E*/ET 增加到 0.42。

3. 叶面积指数、累积蒸发量和蒸散量

叶面积指数苗期平均为 0.5,拔节期迅速增加到 4.3,然后灌浆期逐渐下降到 3.9。在苗期 7 d 的时间序列的累积蒸发量最大(平均 8.9 mm),然后在拔节期至灌浆期达到一个相对稳定值(平均 6.5~6.9 mm)。从玉米苗期到灌浆期累积蒸散量大幅增加,从苗期的平均 9.5 mm 增加到灌浆期的 25.1 mm,自苗期到拔节期增加了 66%,从拔节期到灌浆期增加了 60%。降雨强度对累积蒸发量和蒸散量有显著影响,但对叶面积指数的影响较小,尤其是苗期。降雨强度 50 mm/h 时的叶面积指数达到最大,降雨强度在 13 mm/h 时比 50 mm/h 时的叶面积指数显著降低 19%(拔节期)和 13%(灌浆期)。累积蒸发量和蒸散量分别与降雨强度成正比。相对于 13 mm/h、25 mm/h 和 50 mm/h,85 mm/h 降雨强度下的累积蒸发量分别增大 48%、29%和 15%;同样,85 mm/h 降雨强度下的累积蒸散量分别增大 77%、38%和 8%(见表 6-2)。

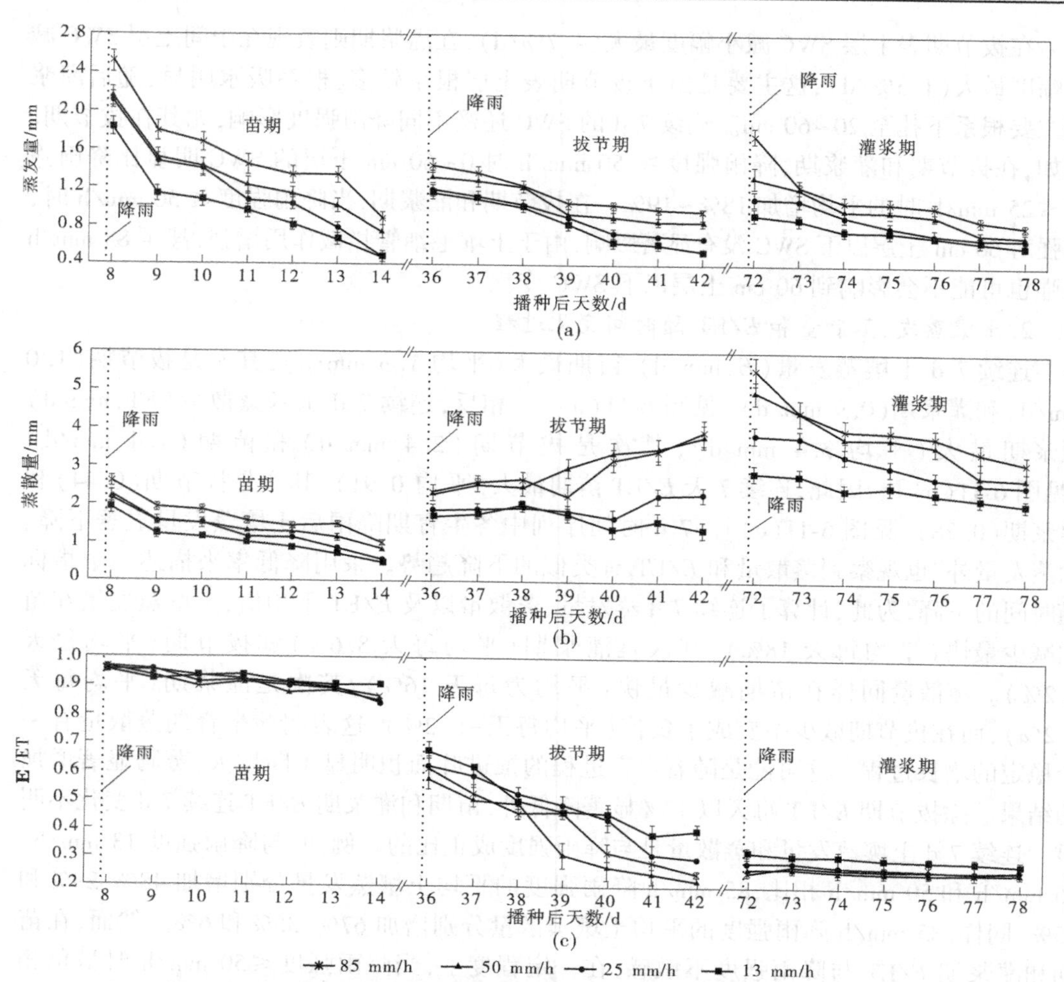

图 6-11　不同生育阶段各处理土壤蒸发量、蒸散量和 E/ET 比值变化过程

表 6-2　不同生育阶段各处理叶面积指数、累积蒸发量和累积蒸散量分析比较

降雨强度	平均 LAI			累积蒸发量/mm			累积蒸散量/mm		
	苗期[a]	拔节期[a]	灌浆期[a]	苗期	拔节期	灌浆期	苗期	拔节期	灌浆期
13 mm/h	0.41	3.86	3.59	7.0	5.9	5.3	7.4	11.3	16.8
25 mm/h	0.43	4.22	4.04	8.4	6.4	6.1	8.9	13.6	22.9
50 mm/h	0.56	4.76	4.12	9.2	7.4	6.8	10.0	19.8	28.5
85 mm/h	0.55	4.37	4.03	11.0	8.1	7.8	11.9	18.8	32.1
LSD (0.05)[b]	0.18	0.31	0.32	1.12	1.21	1.18	1.29	2.45	3.23
P	0.09	0.02	0.01	<0.01	0.03	<0.01	<0.01	<0.01	<0.01

注：测定时间[a]：苗期 6 月 17~23 日，拔节期 7 月 15~21 日，灌浆期 8 月 20~26 日；LSD(0.05)[b] 表示采用混合效应模型（$n=3\times7$，苗期、孕穗期和灌浆期），在 $p<0.05$ 水平下进行最小差异显著性检验；p 为统计分析的频率值。

4. *E*/ET 与叶面积指数和土壤水分的相关性分析

E/ET 和 LAI 与土壤含水量之间的关系分别符合指数函数与对数函数。图 6-12 表明，在表土层(0~20 cm)*E*/ET 与 LAI 呈指数函数负相关，而 *E*/ET 与土壤含水量(SWC)呈正比例。在叶面积指数(0.3~5.4)和 SWC(0.26~0.42 cm^3/cm^3)边界条件下，LAI 与 SWC 协同作用对 *E*/ET 变化的影响占到94%。在 LAI 与 SWC 一定范围内，结合函数的帮助可以确定 *E*/ET 的最大值和最小值。例如，*E*/ET 可以达到近 0.99 时，LAI 只有 0.25，而此时 SWC 高达 0.42 cm^3/cm^3。然而，当 LAI 达到 6，SWC 仅为 0.25 cm^3/cm^3 时，*E*/ET 可以低至 0.08。另外，研究结果表明，当 LAI 变化在 0.1~1.9，SWC 变化从 0.25 cm^3/cm^3 到 0.42 cm^3/cm^3 会引起 *E*/ET 从 0.49 到 0.99 变化。同样，随着 LAI 从 2 到 4，SWC 变化会导致 *E*/ET 的变化从 0.24 到 0.72；随着 LAI 从 4 到 5.9，SWC 变化会导致 *E*/ET 的变化从 0.08 到 0.47。

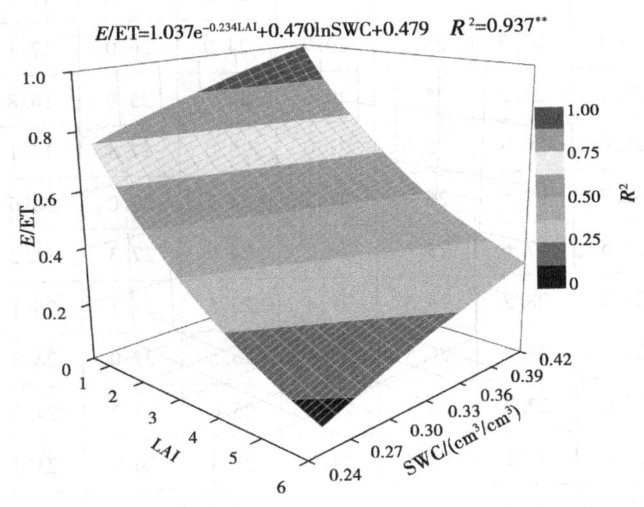

图 6-12　*E*/ET 和 LAI 与土壤体积含水量(SWC)之间的关系

5. 不同处理土壤水再分布变化规律及不同生育期的变化特征

停止降雨且土面水层消失后就进入了土壤水再分布过程。不同的降雨强度对各土层的湿润程度不同。各时期不同降雨条件下入渗后土壤剖面 0~20 cm、20~60 cm 和 60~100 cm 土层土壤含水量的变化见表 6-3。苗期和拔节期 P1、P2、P3 的降雨再分配后的下渗深度分别为 20 cm、40 cm、80 cm，当降雨达到暴雨以上级别时，0~100 cm 土层内土壤含水量都有较大变化，P4 再分配下渗深度可以达到 100 cm 以下；灌浆期 P3、P4 降雨再分配后的入渗深度仅为 40 cm、60 cm 和 60 cm，这可能是由于夏玉米冠层降雨截留作用。这也表明降雨级别(降雨量和降雨强度)越大，土壤水再分布影响的土层就越深。从不同深度土层土壤水分的变化过程来看，高强度、大雨量下，各土层土壤含水量波动幅度较大；低强度、小雨量下，各土层土壤水分变化最小。

表 6-3　不同处理雨后夏玉米 0~20 cm、20~60 cm 和 60~100 cm 土层土壤含水量变化　　%

降雨级别	时间/h	苗期			拔节期			灌浆期		
		0~20 cm	20~60 cm	60~100 cm	0~20 cm	20~60 cm	60~100 cm	0~20 cm	20~60 cm	60~100 cm
P1	雨前	26.5	26.5	25.1	21.8	26.0	26.8	17.0	19.3	20.8
	12	29.3	26.8	24.9	25.0	25.5	26.4	18.1	19.2	20.4
	36	28.3	26.9	25.3	23.9	26.1	26.7	19.0	19.4	20.2
	60	27.4	27.0	26.0	22.6	25.4	26.5	18.2	18.9	20.1
	84	27.2	27.0	26.0	21.2	25.3	26.4	17.8	18.1	19.4
	108	26.5	27.3	25.2	21.2	24.0	26.6	17.7	17.7	19.6
	132	26.4	27.5	25.7	20.7	24.0	26.0	17.1	17.2	19.3
	156	25.7	27.2	25.9	20.6	23.7	25.9	16.8	16.6	19.6
P2	雨前	26.0	26.9	25.9	21.0	25.0	27.4	17.1	19.4	21.2
	12	32.7	27.5	26.4	31.3	24.7	27.0	30.6	20.8	19.2
	36	30.5	27.6	25.9	29.2	24.9	27.3	31.2	20.6	19.9
	60	29.7	28.2	26.5	27.4	25.5	27.1	26.1	20.3	20.4
	84	29.1	27.8	26.5	25.3	25.8	27.0	24.8	20.0	19.9
	108	27.9	27.7	25.5	25.6	25.6	27.3	24.5	20.4	20.2
	132	27.8	27.2	26.3	24.7	25.4	26.8	23.4	19.4	20.0
	156	27.3	26.8	26.1	23.8	23.9	26.4	22.3	19.2	20.6
P3	雨前	27.2	27.3	25.8	23.6	24.5	25.8	15.9	19.9	21.9
	12	31.8	28.6	26.3	35.9	25.0	26.7	29.6	20.0	19.3
	36	31.0	28.8	26.3	35.3	26.3	26.8	32.4	22.4	20.0
	60	30.7	29.4	26.3	31.2	25.5	26.6	30.1	23.0	20.4
	84	29.6	29.0	27.6	28.6	24.7	25.9	28.9	20.5	20.3
	108	29.3	28.7	27.6	26.4	23.9	25.7	27.1	20.9	20.1
	132	27.1	29.1	26.9	26.0	24.0	25.2	25.4	20.0	19.2
	156	25.7	28.0	27.2	25.7	23.8	25.1	22.2	19.0	19.0

续表 6-3

降雨级别	时间/h	苗期			拔节期			灌浆期		
		0~20 cm	20~60 cm	60~100 cm	0~20 cm	20~60 cm	60~100 cm	0~20 cm	20~60 cm	60~100 cm
P4	雨前	25.9	26.6	26.5	21.9	25.5	26.8	17.9	19.2	20.2
	12	34.2	30.8	27.5	37.8	32.1	28.2	35.2	25.0	19.7
	36	32.3	29.5	29.1	36.3	30.5	27.5	33.5	29.8	21.0
	60	31.9	29.5	29.0	34.7	29.5	26.9	34.1	29.3	20.3
	84	30.9	28.7	29.0	32.6	29.1	26.7	31.0	29.3	19.8
	108	28.3	28.5	28.8	29.6	27.8	26.5	29.8	28.4	19.7
	132	28.3	28.4	28.7	28.7	28.2	25.8	26.8	27.6	19.6
	156	27.1	28.2	28.3	28.0	26.7	25.6	25.7	26.2	19.7

由表 6-3 还可以看出，雨后 156 h 从 P1 到 P4 处理的 0~20 cm 土层苗期土壤含水量较各自雨后 12 h 的土壤含水量分别减少 12.0%、16.6%、19.4%和 20.8%，拔节期则分别减少 17.6%、23.8%、28.4%和 25.8%，即表层土壤含水量下降幅度有随降雨量增多而增大的趋势。除 P1、P2 处理外（雨量小，降雨再分配结束后对深层未起到一定的补给作用），大雨级别以上处理 20 cm 土层以下土壤含水量在重力势、基质势和根系吸水共同作用下先增加后减少，但土壤含水量降低程度明显低于表层，雨后 156 h 从 P3 到 P4 处理 20~60 cm 土层苗期平均土壤含水量较各自峰值分别降低 4.5%和 8.3%，拔节期则分别降低 9.2%和 17.0%；60~100 cm 土层苗期平均土壤含水量较各自峰值分别降低 1.4%和 2.6%，拔节期则分别降低 6.3%和 9.3%。这表明苗期和拔节期 60 cm 土层以下的土壤含水量下降幅度随降雨级别增大而增大。另外，拔节期 60 cm 土层以上土壤含水量下降幅度明显大于苗期，这可能是由于夏玉米拔节期根系发育下扎，植株生长旺盛，叶面积快速增加，土壤水分消耗急剧增加造成的。灌浆期各处理雨后 156 h 从 P1 到 P4 处理的 0~20 cm 的土壤含水量较各自雨后 12 h 的土壤含水量分别减少 6.9%、27.2%、25.3%和 26.9%，随降雨量增多，表层土壤含水量下降的速度大且变化幅度大。同样除 P1 处理和 P2 处理，156 h 从 P3 处理到 P4 处理 20~60 cm 土层平均土壤含水量较各自峰值分别降低 17.2%和 12.2%；P3 处理 60 cm 土层以下的土壤含水量变化不明显，P4 处理 60~100 cm 土层平均土壤含水量较各自峰值分别降低 6.4%。

综上所述，不同级别降雨后各土层含水量下降的趋势均表现为：0~20 cm 土层含水量下降最大，20~60 cm 土层含水量降低较为平缓，而 60~100 cm 土层水分变化幅度最小。从不同生育期之间可以看出，相比苗期，拔节期和灌浆期各层土壤含水量减小的幅度明显要大得多。这是由于夏玉米中后期气温上升，植株发育迅速，蒸散发量较大，尤其在拔节–灌浆阶段，20～60 cm 层土壤水被作物根系大量消耗，土壤水分减少幅度最为显著。

6. 不同降雨级别下夏玉米的降雨利用情况

在土壤前期含水量和降雨历时基本一致的情况下，降雨级别不同，土壤蓄积降雨的水量也不同。由表 6-4 可以看出，苗期从小雨到暴雨（P1～P4）处理雨后 12 h 分别有 3.9 mm、10.4 mm、20.4 mm 和 37.2 mm 降雨转化为土壤水，雨后 156 h 分别损失 100.0%、72.5%、65.1%和 56.9%。拔节期 P1～P4 处理雨后 12 h 分别有 4.0 mm、11.9 mm、21.9 mm 和 46.4 mm 降雨转化为土壤水，雨后 156 h 后损失 100%、70.8%、43.5%和 34.6%。灌浆期 P1～P4 处理雨后 12 h 分别有 3.0 mm、10.0 mm、20.7 mm 和 50.3 mm 降雨转化为土壤水，雨后 156 h 分别损失 96.6%、69.8%、63.8%和 66.1%。以上分析表明，各生育期在初始土壤含水量相近时，降雨强度和降雨量越大，转化成土壤中蓄存的水量就越多；随着时间的推移，蓄积在土壤中的雨水量逐渐减少；从雨后 156 h 0～100 cm 土层的降雨土壤蓄积系数（降雨转化成土壤水的效率）上来看，小雨、中雨的土壤蓄积系数最低（0.01 和 0.24），其次是暴雨（0.34），大雨的最高（0.41），这说明雨量太小或过大，都不利于降雨的有效利用。同级别降雨转化为土壤水的数量和效率随生育期推进逐渐降低，这可能受后期气温和作物蒸散发量增加以及植株冠层截留变大的影响所致。

表 6-4　不同生育期各处理雨后不同时段降雨土壤蓄积量　单位：mm

生育期	时刻/h	降雨级别			
		P1	P2	P3	P4
苗期	12	3.9	10.4	20.4	37.2
	84	1.3	6.8	18.1	28.2
	156	0.0	2.9	7.1	16.1
拔节期	12	4.0	11.9	21.9	46.4
	84	1.9	9.0	19.4	38.0
	156	0.0	3.5	12.4	30.3
灌浆期	12	3.0	10.0	20.7	50.3
	84	1.2	7.1	18.7	34.4
	156	0.1	3.0	7.5	17.1

7. 夏玉米土壤水分动态模拟

采用土壤水动力学模型进行建模。本书中根据实际情况忽略了土壤水分的水平与侧向运动，同时忽略了气体及热量等对土壤水流运动的影响，试验区包气带中的土壤水分运

移以垂向运动为主，其数学模型为

$$\frac{\partial\theta}{\partial t}=\frac{\partial}{\partial z}\left[K\left(\frac{\partial h}{\partial z}+\cos\alpha\right)\right]-S(z,t) \tag{6-32}$$

$$K(h,z)=K_s(z)K_r(h,z) \tag{6-33}$$

式中　θ——土壤体积含水量，cm^3/cm^3；

K——土壤非饱和导水率，cm/d，在饱和土壤中，其值与渗透系数相同；

$S(z,t)$——t 时刻 z 深度处根系吸水速率，$cm^3/(cm^3\cdot d)$；

α——土壤水流方向与垂直方向上的夹角，本试验中，$\alpha=0$；

h——土壤水势，cm；

t——时间，d；

z——土壤深度，cm；

K_r——土壤相对水力传导度；

K_s——土壤饱和导水率，cm/d。

1）模型参数确定

（1）土壤水分特征曲线。

本试验模拟时选用 Van Genuchten 模型来拟合土壤水分特征曲线参数。试验地土壤分为 2 层。土壤水分特征曲线采用离心机（日立 CR21）测定，同时借助美国圭尔夫压力渗透仪（Guelph Permeameter 2800K1）对试验区土壤进行饱和导水率 K_s 测试。土壤水分特征曲线拟合和导水率采用 Van Genuchten 模型描述：

$$\theta(h)=\begin{cases}\theta_r+\dfrac{\theta_s-\theta_r}{[1+a\mid h\mid^n]^m} & (h<0)\\ \theta_s & (h\geq 0)\end{cases} \tag{6-34}$$

$$K(h)=K_sS_e^l[1-(1-S_e^{1/m})^m]^2 \tag{6-35}$$

$$S_e=(\theta-\theta_r)/(\theta_s-\theta_r) \tag{6-36}$$

$$m=1-1/n\quad(n>1) \tag{6-37}$$

式中　$\theta(h)$——以水势为变量的土壤体积含水量，cm^3/cm^3；

h——土壤压力水头，cm；

θ_r 和 θ_s——土壤的残余体积含水量和饱和体积含水量，cm^3/cm^3；

θ——土壤体积含水量，cm^3/cm^3；

a、m 和 n——经验拟合参数；

l——土壤孔隙连通性参数，通常取 0.5；

K_s——土壤饱和导水率，cm/d；

$K(h)$——土壤非饱和导水率，cm/d；

S_e——土壤有效含水量，cm^3/cm^3。

通过分析确定了 0～20 cm 和 20～100 cm 土层土壤水吸力与相应含水量的关系（见图 6-13）以及土壤水分特征曲线（Van Genuchten 方程）的拟合参数（见表 6-5）。

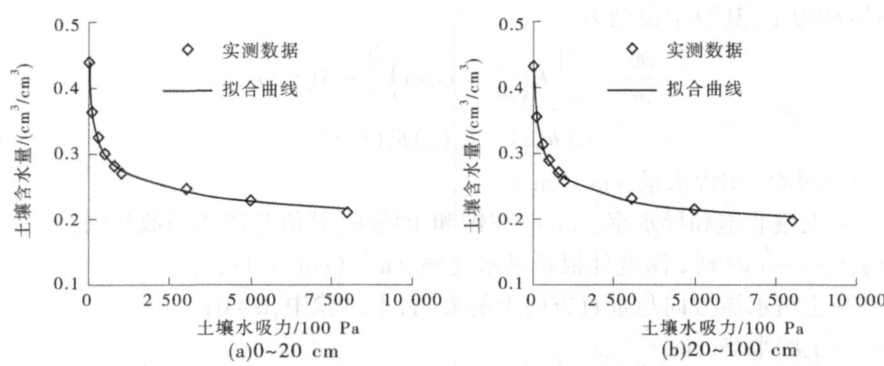

图 6-13　0~20 cm 和 20~100 cm 土层土壤水吸力与相应含水量的关系

表 6-5　土壤水分特征曲线(Van Genuchten 方程)的拟合参数

土层/cm	θ_s/(cm³/cm³)	θ_r/(cm³/cm³)	n	a	K_s/(cm/d)
0~20	0.440 1	0.032 2	1.137 7	0.042 1	33.12
20~100	0.430 1	0.116 4	1.246 5	0.021 7	21.60

(2)根系吸水模型。

Feddes 模型考虑了根系密度以及土壤水势对作物根系吸水速率的影响,且计算形式比较简单,在实际应用中比较方便。因此,本试验采用常用的作物根系吸水模型(Feddes 模型)(1978)计算,即

$$S(z,t)=\alpha(h,z)\beta(z)T_p \tag{6-38}$$

$$\alpha(h)=\begin{cases}\dfrac{h}{h_1} & (h_1<h\leqslant 0)\\ 1 & (h_2<h\leqslant h_1)\\ \dfrac{h-h_3}{h_2-h_3} & (h_3\leqslant h\leqslant h_2)\\ 0 & (h<h_3)\end{cases} \tag{6-39}$$

式中　$S(z,t)$——t 时刻 z 深度处根系吸水速率,cm³/(cm³·d);

t——时间,d;

$\alpha(h,z)$——土壤水势响应函数;

$\beta(z)$——根系吸水分布函数,1/cm;

T_p——作物潜在蒸腾率,cm/d;

h——某一土壤深度 z 处土壤水势,cm;

h_1、h_2 和 h_3——影响根系吸水的几个土壤水势阈值。

当 $h<h_3$ 时,根系不能从土壤中吸收水分,所以 h_3 通常对应着作物出现永久凋萎时的土壤水势;(h_2,h_1) 是作物根系吸水最适的土壤水势区间范围;当 $h>h_1$ 时,由于土壤湿度过高,透气性变差,根系吸水速率降低。上述土壤水势阈值一般由试验确定。

(3)作物潜在蒸散量计算及划分。

作物潜在蒸散量的计算采用作物系数法,即参考作物潜在蒸散量 ET_0 乘以作物系数即得作物潜在蒸散量 ET_p。使用试验区自动气象观测站的气象资料,采用修正 Penman-Monteith 公式计算得到每天的参考作物潜在蒸散量 ET_0,具体计算公式如下:

$$ET_0 = \frac{0.408\Delta(R_n - G) + \gamma \dfrac{900}{T + 273}u_2(e_s - e_d)}{\Delta + \gamma(1 + 0.34u_2)} \tag{6-40}$$

式中　ET_0——参考作物蒸散量,mm;

G——土壤热通量,$MJ/(m^2 \cdot d)$;

e_s——饱和水汽压,kPa;

e_d——实际水汽压,kPa;

R_n——作物表面的净辐射量,$MJ/(m^2 \cdot d)$;

Δ——饱和水汽压与温度曲线的斜率,kPa/℃;

γ——干湿表常数,kPa/℃;

u_2——2 m 高处的日平均风速,m/s。

$$ET_p = K_c \cdot ET_0 \tag{6-41}$$

式中　ET_p——作物潜在蒸散量,mm;

K_c——作物系数,主要取决于作物种类、发育期和作物生长状况,本试验采用叶面积指数和有效积温作为因子计算作物系数 K_c。

$$K_c = 0.149 \times \frac{LAI_{max}}{1 + \exp(10.5038 - 23.5066 \times DS_j + 9.5053 \times DS_j^2)} + 0.6702 \tag{6-42}$$

式中　LAI_{max}——最大叶面积指数;

DS_j——有效积温值。

在此基础上,利用实测的作物叶面积指数(LAI)将 ET_p 划分为 E_p 和 T_p,计算公式为(Simunek 等, 2008):

$$T_p = (1 - e^{-k \cdot LAI})ET_p \tag{6-43}$$

$$E_p = ET_p - T_p \tag{6-44}$$

式中　T_p——作物潜在蒸腾量,mm;

E_p——土壤潜在蒸发量,mm;

LAI——叶面积指数;

k——消光系数,取决于太阳角度、植被类型及叶片空间分布特征。

2)模型初始条件与边界条件

由于研究区地下水埋深(>5 m)较大,可忽略地下水向上补给作用的影响。模型模拟深度取地表以下 100 cm,根据土壤特性分为 2 层(0~20 cm 和 20~100 cm),按 10 cm 等间隔剖分成 10 个单元。模型上边界条件采用已知通量的第二类边界条件,在作物试验期内逐日输入通过上边界的变量值,包括降水量和棵间蒸发量。麦田比较平整且表层导水率较大,即使有强降雨发生也会很快入渗,因此地面径流暂忽略不计。下边界条件采用自由排水边界,选在土壤剖面 100 cm 土层处。模型模拟运算时间步长为 1 d。输出结果包括 0~100 cm 土体的水量平衡各项和土壤剖面中观测点的土壤水分变化。模拟时段从 2016 年 6 月 14 日至 10 月 2 日,共 110 d。

求解土壤水分运动方程的初始条件和边界条件分别为

初始条件:
$$h(z,t)=h_0(z) \quad (t=0) \tag{6-45}$$

上边界条件:
$$-K(h)\frac{\partial h}{\partial z}+K(h)=P(t)-E_s(t)-I_c(t) \quad (t>0) \tag{6-46}$$

下边界条件:
$$h(z,0)=h_0(z) \quad (0\leqslant z\leqslant Z) \tag{6-47}$$

式中　$P(t)$、$E_s(t)$和 $I_c(t)$——边界降水量,cm/d,土壤蒸发量,cm/d 和冠层截留量,cm/d;

Z——研究区域在 z 方向的伸展范围,cm。

3)模型检验

通过试验区夏玉米生育期土壤墒情日实测数据与模型模拟值比较(见图 6-14),结果表明,夏玉米生育期平均最大绝对误差 6.5%(占田间持水量百分比,下同),最小绝对误差 0.1%,整个生育期平均绝对误差 2.2%;平均最大相对误差 9.6%,最小相对误差 0.1%,整个生育期平均相对误差 2.9%。模型模拟精度基本可以满足土壤水分模拟的需要。

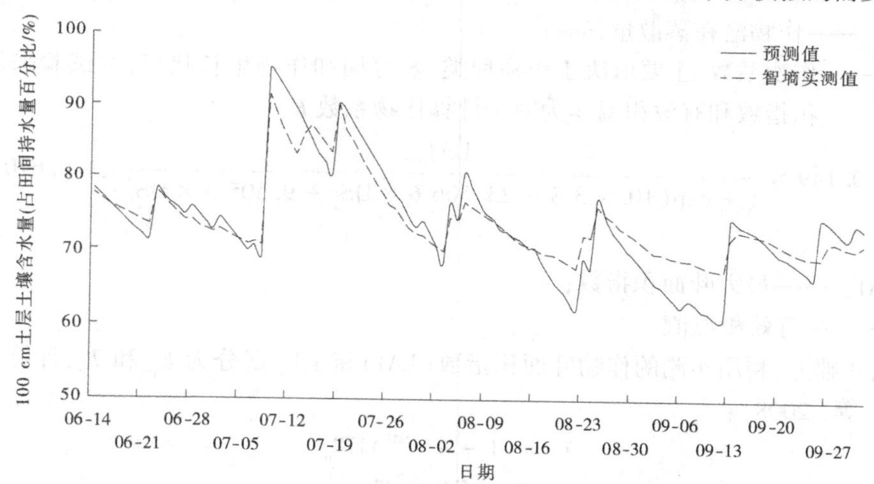

图 6-14　2016 年试验区夏玉米土壤水分实测值与模拟值比较

第二节　全膜双垄沟播春玉米雨水利用技术

全膜覆盖垄沟种植(RFP)被认为是减少土壤蒸发、收集雨水和保持土壤水分的有效途径。与传统的平面种植相比,采用 RFP 可以提高作物产量。然而,RFP 通常需要增加化肥和农药的使用,以保证产量的形成。目前,尚不清楚半干旱雨养地区垄沟种植系统中添加动物有机肥是否能最大限度地提高水资源利用率、提高作物光合速率和提高产量。与传统的种植和施肥方法相比,以前的研究集中在个体管理策略的影响上,但很少有研究比较这些不同策略的效果。为进一步提高旱作玉米的水肥资源利用率，2019 年本试验在全膜双垄沟播条件下，设置了保水剂与不同肥料类型对玉米产量与水分利用影响的试验研究，以期为该区玉米生产技术提供科学依据。

一、试验材料与方法

（一）试验设计

试验于 2020 年 4～10 月在甘肃省农业科学院定西试验站实施，采用不完全随机区组设计，共设 6 个处理，重复 3 次，18 个小区。其中，两种保水剂模式：①在播前施用土壤保水剂，用量 60 kg/hm^2；②以不施用保水剂为对照。采用三种施肥方式：①化肥分施；②缓控施肥；③有机肥替代化肥（具体施肥操作见表 6-6）。2020 年 4 月 5 日整地覆膜，4 月 20 日膜上穴播点种，10 月 10 日收获。每穴播种 2 粒，播深 3～5 cm，株距均 35 cm，种植密度 60 000 株/hm^2。玉米品种为先玉 335。玉米大田进行常规管理。

表 6-6　试验施肥设置

处理名称	处理代码	施肥方式及用量
全膜双垄沟播+分期追施	CF	化肥纯氮：168 kg/hm^2，P_2O_5：90 kg/hm^2，K_2O：75 kg/hm^2。基：追＝6∶4，吐丝期追肥（减氮 25%，分期追施）
全膜双垄沟播+缓控释肥	RF	缓控肥（N－P_2O_5－K_2O：24－10－13）纯氮：225 kg/hm^2，P_2O_5：90 kg/hm^2，K_2O：75 kg/hm^2，肥料全部基施
全膜双垄沟播+有机肥	OF	有机肥 30 000 kg/hm^2；化肥纯氮：112 kg/hm^2，P_2O_5：90 kg/hm^2，K_2O：75 kg/hm^2。基：追＝6∶4，吐丝期追肥（增施有机肥，减氮 50%，分期追施）
全膜保水剂+分期追施	WCF	在 CF 处理的基础上，播种前基施 60 kg/hm^2 的抗旱保水剂
全膜保水剂+缓控释肥	WRF	在 RF 处理的基础上，播种前基施 60 kg/hm^2 的抗旱保水剂
全膜保水剂+有机肥	WOF	在 OF 处理的基础上，播种前基施 60 kg/hm^2 的抗旱保水剂

（二）测定项目

1. 玉米生育期

玉米生育期包括播种期、出苗期、拔节期、大喇叭口期、抽雄期、吐丝期、灌浆期、成熟期。以小区 60%植株表现某生育特征作为进入该生育期的标准。

2. 干物质累积

作物地上部分的干物质累积量分别在玉米的苗期、拔节期、大喇叭口期、吐丝期、灌浆期和成熟期测定；从小区中随机取样 10 株（大喇叭口期后取 5 株），之后在 80 ℃烘箱烘 72 h 直至恒重。

3. 土壤水分

采用取土烘干称重法测定。土壤水分测定深度为 200 cm，共 10 个层次。播前测定土壤水分一次,试验期间每隔 20 d 取样测定一次,作物收获后加测一次。

4. 土壤储水量

0~200 cm 土壤储水量(SWS, mm)使用如下公式进行计算:

$$SWS = 10 \times h \times a \times \theta \tag{6-48}$$

式中 h——土壤深度,cm;

a——土壤密度,g/cm^3;

θ——土壤重量含水量(%)。

5. 耗水量

作物耗水量(ET, mm)的计算采用水分平衡方程:

$$ET = P + I + WS_s - WS_h \tag{6-49}$$

式中 P——降雨量,mm;

I——灌溉量,mm;

WS_s 和 WS_h——播种前和收获后 0~200 cm 土层的土壤储水量,mm。

6. 水分利用效率

水分利用效率[WUE, kg/(hm^2 · mm)]为单位水生产的作物籽粒产量:

$$WUE = \frac{Y_g}{ET} \tag{6-50}$$

式中 Y_g——作物产量,kg/hm^2;

ET——作物耗水量,mm。

7. 产量与考种

作物产量的计算采用小区实打实收的产量,根据生育期取样的株数折算成最终的产量,籽粒风干后进行测产,测产时籽粒水分含量为 13%左右。在玉米收获后,对玉米植株进行考种,考种的性状指标包括株高、茎粗、生物量、穗位高、果穗粗、果穗长、穗粒数、百粒重等。

二、结果分析

(一)保水剂与肥料处理的玉米干物质变化

由表 6-7 可以看出,各处理干物质的累积动态均符合 Logistic 生长模型,决定系数(R^2)在 0.977 以上($p<0.01$)。其中,无保水剂的缓控肥(RF)和有机肥(OF)处理的夏玉米最大干物质量(DM_{max})最高,达 550 g/株以上;保水剂+有机肥处理(WOF)的 DM_{max} 次之,为 525 g/株;保水剂+化肥(WCF)处理的 DM_{max} 最低,仅为 466 g/株。由 Logistic 方程可以计算出玉米最大生长速率(v_{max})及其出现的时间(DAS_{max}),从而可以反映出不同处理对玉米生长速率的影响。由表 6-7 可知,有机肥(OF)处理的最大生长速率 v_{max} 最高,为 7.92 g/(株 · d),保水剂+有机肥处理及纯化肥(CF)处理的 v_{max} 次之,在 7.71~7.76 g/(株 · d),缓控肥(RF)处理的 v_{max} 最低,为 6.08 g/(株 · d),且 v_{max} 出现的日期最晚,较 CF 处理和 OF 处理晚 8~14 d。各保水剂处理的 v_{max} 出现的时间均较早,DAS_{max} 为 88~95 d,可见保水剂促进了玉米的生长。本研究表明,施用保水剂可显著提高 v_{max},且提早

v_{max} 出现的时间，但对 DM_{max} 的提升作用不明显。综合来看，保水剂+有机肥处理的效果最好。

表 6-7　不同处理玉米生育期干物质动态变化的 Logistic 生长模型参数

处理	DM_{max}/(g/株)	B	K	v_{max}/[g/(株·d)]	DAS_{max}/d	R^2
CF	493 c	290	0.063	7.76 b	90 bc	0.996
RF	552 a	96	0.044	6.08 d	104 a	0.977
OF	556 a	232	0.057	7.92 a	96 b	0.994
WOF	525 b	165	0.054	7.71 b	95 b	0.980
WCF	466 d	358	0.067	7.11 c	88 c	0.992
WRF	489 c	196	0.059	7.21 c	89 c	0.991

注：B、K 分别为 Logistic 生长模型的系数。

(二)土壤贮水量变化

图 6-15 是 2019 年玉米生育期 0~200 cm 土壤贮水量(SWS)动态变化。由图 6-15 可知，从不同生育期各处理的 SWS 均值来看，播种到喇叭口期(4 月 19 日至 6 月 21 日)SWS 维持在(362±26) mm 水平；从喇叭口期至开花吐丝期(7 月 28 日)，SWS 逐渐升至最高，平均为(384±27) mm；从灌浆期至成熟期，SWS 水平又逐渐降低，平均为(308±19) mm，且在乳熟期后 SWS 水平趋于稳定。本试验为多年定位试验，不同处理的播前 SWS 维持在 324~370 mm，处理间的播前 SWS 差异不显著。随后化肥处理在有(WCF)或无保水剂条件(CF)的 SWS 在拔节期均最高，为 406~413 mm，其余处理的 SWS 在拔节期为 386~397 mm，处理间差异不显著($p>0.05$)。各处理的 SWS 均是在拔节期达到峰值后逐渐下降。随后各处理间的 SWS 在灌浆期降至最低，平均为(299±36) mm。其中，灌浆期化肥处理在有或无保水剂条件下的 SWS 均最高，为 323~326 mm；有机肥处理(OF)的 SWS 次之，为 302 mm；保水剂+有机肥(WOF)、保水剂+缓控肥(WRF)的 SWS 最低，为(280±10) mm。在玉米成熟期，化肥处理的 SWS 最高，为 346 mm，较保水剂+有机肥处理(291 mm)的提高 19%。缓控肥处理和保水剂+化肥的 SWS 次之，为 328~333 mm，分别比保水剂+有机肥处理提高 12%~14%。总体来看，保水剂在提高 SWS 方面的作用不明显，可能与保水剂施用量较小有关。从全生育期平均 SWS 来看，在无保水剂条件下 SWS 呈现化肥 CF(363 mm)>缓控肥 RF(351 mm)>有机肥 OF(343 mm)；在有保水剂条件下，呈现化肥(351 mm)>缓控肥=有机肥(338~339 mm)。

(三)产量性状

由表 6-8 可知，不同肥料类型对产量性状的影响较为显著，保水剂条件下不同处理的玉米产量性状中的株高、穗位高、双穗率低于不施保水剂的处理，但在穗行数和穗粒数方面影响不显著。与不施保水剂的对照相比，保水剂能显著提高玉米百粒重。有机肥处理的株高和穗位高均最高，分别为 309.7 cm 和 85.9 cm；缓释肥及保水剂+缓释肥处理的次

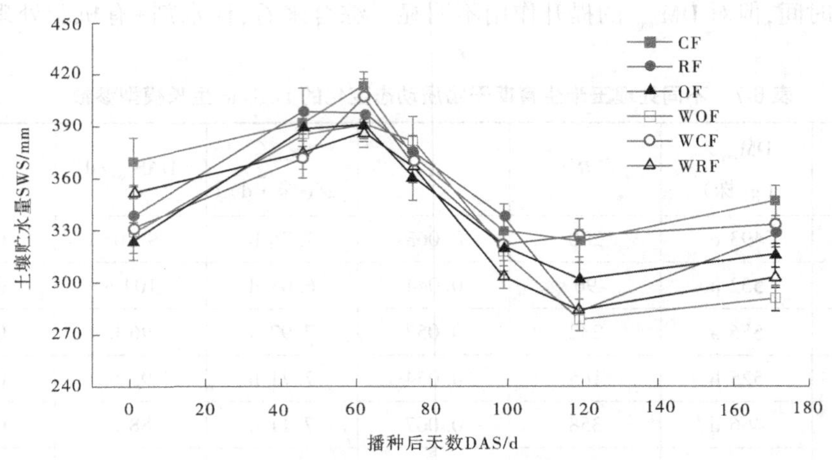

图 6-15　玉米生育期不同处理的土壤贮水量动态变化

之，分别为 306~307 cm 和 79~81 cm。有机肥和缓控肥处理的双穗率和果穗粗均最高，分别为 77%~81%和 5.1~5.2 cm。保水剂降低了双穗率和果穗粗，较对照降低了 5%~7%。有机肥在有或无保水剂条件的秃尖长均最低，为 1.4~1.8 cm，较其他处理平均降低 28%。化肥、缓控肥和有机肥处理之间的穗行数、行粒数差异不明显，但保水剂+缓控肥处理显著降低了穗行数和行粒数。保水剂处理可显著增加缓控肥和有机肥处理玉米百粒重，平均达 37.7 g，较相应的对照处理增加 17%；但保水剂在增加化肥处理玉米百粒重方面效果不明显。其中，保水剂+有机肥处理的百粒重最高，为 39.4 g；保水剂+缓控肥处理的次之，为 36.0 g；缓控肥、化肥及保水剂+化肥处理的百粒重最低，为 29.3~31.5 g。综合来看，保水剂+有机肥处理的玉米产量性状表现最好。

表 6-8　不同保水剂与施肥处理对玉米产量性状的影响

处理	株高/cm	穗位高/cm	双穗率/%	果穗粗/cm	果穗长/cm	秃尖长/cm	穗行数/行	行粒数/个	百粒重/g
CF	300.1	78.2	76.1	5.1	20.0	2.4	16.9	35.2	31.5
RF	307.7	81.4	80.7	5.1	20.3	2.2	16.9	34.5	29.3
OF	309.7	85.9	77.6	5.2	19.3	1.8	16.0	34.1	34.8
WOF	306.6	79.4	65.8	4.9	19.4	1.4	16.8	34.1	39.4
WCF	296.1	76.7	56.4	4.9	19.6	2.3	16.1	32.6	29.6
WRF	291.8	70.2	50.0	4.8	17.9	2.3	15.5	31.2	36.0

(四)产量和 WUE

由表 6-9 可知，保水剂和施肥处理对收获后的 SWS、耗水量、产量和水分利用效率(WUE)有显著影响($p<0.05$)。保水剂显著降低了玉米收获后的 SWS，平均达 309 mm，较对照(330 mm)降低了 7%。其中，化肥处理收获后的 SWS 最高，为 347 mm；缓控肥和

保水剂+化肥处理收获后的 SWS 次之,为 328~333 mm;保水剂+有机肥和保水剂+缓控肥处理收获后的 SWS 最低,为 291~302 mm。这使得保水剂+有机肥和保水剂+缓控肥处理的生育期耗水量(ET)达到最高,为 477~488 mm,较相应的施有机肥和缓释肥的 ET(平均 448 mm)高 8%。相反,保水剂+化肥处理较仅施化肥处理则显著降低了 ET,减少了 5%。保水剂在提高有机肥处理玉米产量和 WUE 方面效果显著,较相应的有机肥处理,保水剂+有机肥处理的产量提高了 12%,WUE 提高了 5%。保水剂却显著降低了化肥处理的产量和 WUE,相比化肥处理,保水剂+化肥处理的产量和 WUE 分别降低了 17%和 12%;保水剂对缓控肥处理的产量和 WUE 增长效果不明显。在所有处理中,保水剂+有机肥处理的产量和 WUE 最高,分别为 12 743 kg/hm^2 和 26.7 $kg/(hm^2 \cdot mm)$,施有机肥或化肥处理的次之,保水剂+化肥处理的产量和 WUE 最低,为 326 kg/hm^2 和 21.3 $kg/(hm^2 \cdot mm)$。本研究表明,保水剂结合有机肥处理的产量和 WUE 最高,但保水剂结合化肥使用则显著降低玉米的产量和 WUE。

表 6-9　不同保水剂与施肥处理对玉米耗水量、产量和 WUE 的影响

处理	降水量/mm	SWS/mm		ET/mm	产量/(kg/hm^2)	WUE [$kg/(hm^2 \cdot mm)$]
		播前	收获后			
CF	439	370 a	347 a	462 b	11 237 b	24. 3 bc
RF	439	339 c	328 b	449 c	10 277c	22. 9 cd
OF	439	324 d	315 c	447 c	11 417 b	25. 5 ab
WOF	439	329 cd	291 d	477 ab	12 743 a	26. 7 a
WCF	439	331 c	333 b	437 d	9 326 d	21. 3 d
WRF	439	352 b	302 cd	488 a	10 439 c	21. 4 d

第三节　垄沟种植对玉米群体水分消耗及产量的调控效应

提高种植密度是提高玉米产量的重要途径之一。如何在高密度种植条件下通过优化栽培方式提高作物光效和产量潜力是当前研究的热点。垄作和沟作均通过改变作物生长的微环境来改善土壤的水温条件和植物的光合特性,从而提高作物的粮食产量和水分利用效率。为此,在河南温县开展两年的田间试验,探讨 3 种密度条件下沟垄种植模式对玉米水、光资源利用及产量的影响。这对于确定适合高产玉米生产的栽培措施具有重要意义。

一、试验材料与方法

(一) 试验设计

试验于 2017~2018 年在河南温县平安种业试验田进行,供试玉米品种为豫安 3 号,两因素裂区设计。主区为不同种植模式，分别为平作（CK）和沟垄种植（沟植 T-F，垄植 T-R），在沟垄种植模式里，沟、垄各宽 60 cm，垄高为 15 cm，垄、沟各种植 1 行玉米（见图 6-16）；副区为不同种植密度，种植密度分别为 60 000 株/hm^2（D1）、75 000 株/m^2（D2）和 90 000 株/hm^2（D3），每处理 3 次重复。各小区面积为 35 m^2（长 7 m×宽 5 m）。三至四叶期间根据种植密度进行间苗和定苗。不同处理的施肥以及田间管理措施与当地农户的栽培管理相同。

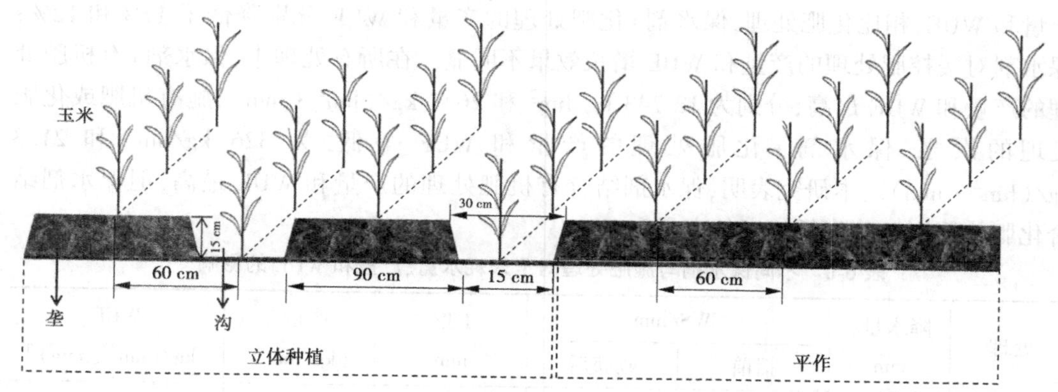

图 6-16　种植方式示意图

（二）测定内容及方法

分别于拔节期、大喇叭口期、吐丝期和成熟期测定各处理的株高、叶面积、光合速率、蒸腾速率和气孔导度、根呼吸速率和叶片含水量，成熟期测地上部生物量、穗重、穗粒重和产量指标；于吐丝期 11:00 点左右测定各处理的穗位叶和顶叶位有效光辐射，并计算透光率。

$$透光率(\%) = 所测部位的有效光辐射 / 顶叶位的有效光辐射 \times 100\% \quad (6\text{-}51)$$

在成熟期，每处理收获中间 3 行，每行连续收 20 株，自然晒干，脱粒称重测定产量指标。随机选取其中 10 个果穗进行考种，测定果穗长、果穗粗、穗行数、穗重、穗粒重、百粒重等产量性状。

二、试验结果与分析

（一）不同种植方式下土壤含水量和玉米叶片含水量

垄沟种植影响土壤水分的空间分布。在 V6 期，在 3 种种植密度条件下，垄上（T-R）的表层（0～20 cm）土壤含水量显著低于平作（CK），垄沟（T-F）的土壤含水量显著高于对照 CK（见图 6-17）。在 20～40 cm 土层，垄上（T-R）与对照的土壤含水量无显著差异，而垄沟（T-F）的土壤含水量高于对照。40～60 cm 土层土壤含水量各处理间差异不显著。在 R1 阶段，与 3 种密度条件下的对照相比，垄上（T-R）的表层（0～30 cm）土壤水分含量也显著降低，而垄沟（T-F）的土壤水分含量更高。在 30～60 cm 土层，D1 和 D2 条件下垄沟土壤含水量均显著高于对照。D3 条件下，垄沟种植对 30～60 cm 土层土壤含水量无影响，但 60～100 cm 土层土壤含水量增加。显然，垄沟种植改变了土壤水分的空间分布。

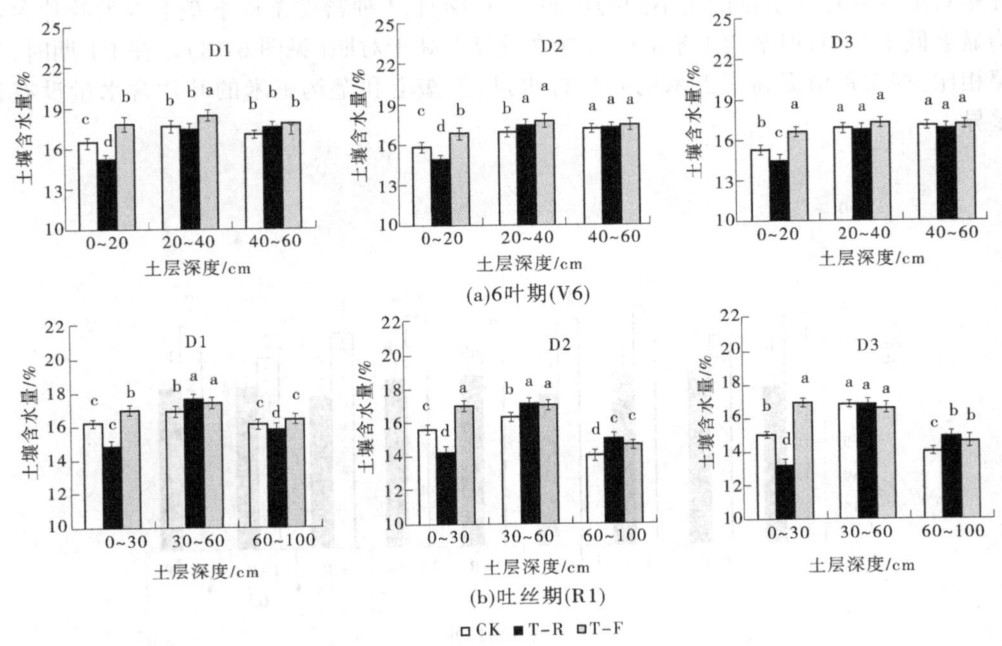

图 6-17　不同种植方式下的土壤含水量

在试验中，发现种植模式和种植密度对玉米叶片含水量有极显着的影响($p<0.01$)，种植模式和种植密度二者间无显著影响(见表 6-10)。垄沟种植通过改变土壤水分的空

表 6-10　不同处理下不同性状的统计分析 F 值

因素	叶片含水量		株高	叶面积	透光率	光合速率 P_n		蒸腾速率 T_r		单株地上部干物重	
	2017 年	2018 年	2018 年	2018 年	2018 年	2017 年	2018 年	2017 年	2018 年	2017 年	2018 年
种植模式(P)	33.21**	44.88**	1 896.4**	492.94**	226.44**	129.70**	106.13**	32.68**	29.61**	81.52**	68.37**
密度(D)	28.68**	52.08**	141.20**	168.38**	133.83**	250.51**	67.06**	3.11 ns	3.59*	377.96**	230.78**
生育期(S)	1 480.0**	1 873.96**	362 703.55**	19 202.05**	1 685.97**	528.29**	505.19**	50.204**	49.15**	42 251.1**	28 596.45**
P×D	0.79 ns	0.68 ns	19.15**	1.517 ns	30.07**	11.15**	3.24*	0.82 ns	0.91 ns	2.608*	4.353**
P×S	71.14**	57.12**	44.12**	32.04**	27.84**	1.08 ns	3.27*	2.21 ns	0.29 ns	10.614**	12.163**
D×S	1.42 ns	2.96 ns	10.28**	39.68**	30.33**	5.30**	18.50**	1.02 ns	0.50 ns	89.41**	76.92**
P×D×S	0.55 ns	1.57 ns	18.72**	3.58**	24.48**	0.65 ns	0.39 ns	0.13 ns	0.56 ns	1.91 ns	1.36 ns

间分布对玉米叶片含水量产生不同的影响。V6 期时,3 种密度条件下垄上玉米叶片含水量均显著低于对照,但垄沟玉米的叶片含水量显著高于对照(见图 6-18)。在 R1 期时,与对照相比,垄沟种植提高了玉米的叶片含水量,但垄上和垄沟玉米的叶片含水量没有显著差异。

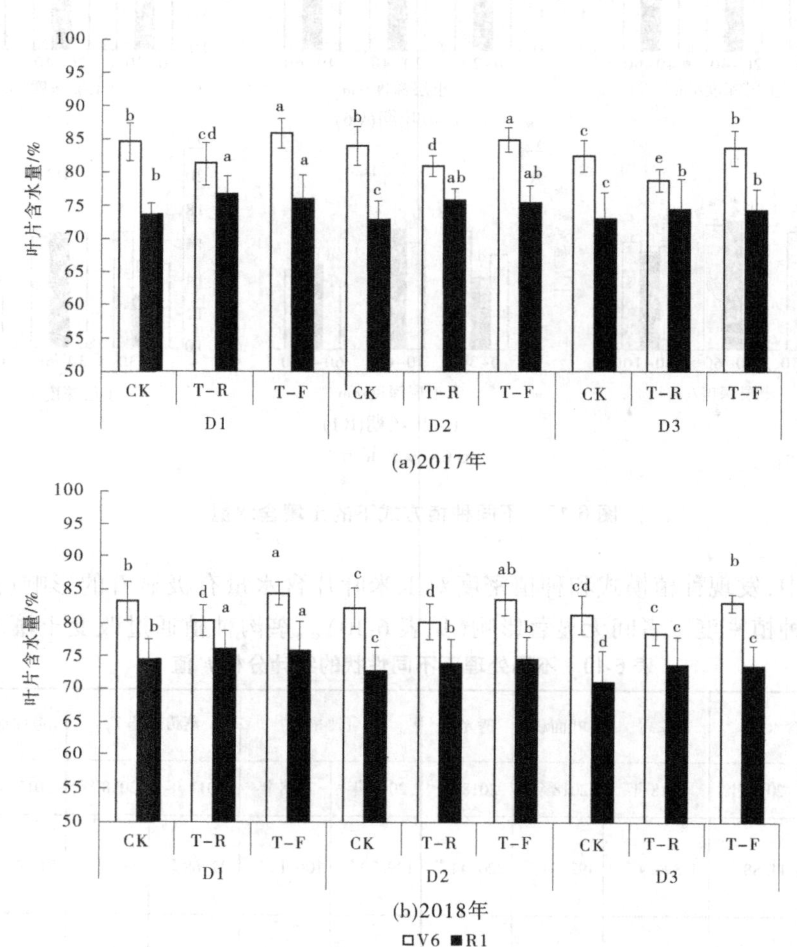

图 6-18　不同种植方式下玉米叶片含水量

(二)群体特征和透光率

种植模式和密度对玉米的株高、叶面积和透光率有极显著的影响($p<0.01$),种植模式和密度之间的互作(P×D)对株高和透光率也有显著影响(见表 6-10)。垄沟种植对不同生育阶段玉米种群特征的影响不同。在 V6 期,垄上玉米(T-R)的株高和叶面积显著低于对照,而垄沟玉米(T-F)的株高和叶面积显著高于对照。从 V12 期到 R6 期,垄上玉米(T-R)的株高和叶面积显著低于对照,而垄沟玉米(T-F)的株高和叶面积与对照相似(见图 6-19)。此外,垄沟种植通过降低株高和叶面积显著改善了玉米种群的光照条件。

垄沟种植模式玉米穗叶层(EL)和底叶层(BL)透光率在3种密度条件下均显著高于对照(见图6-20)。

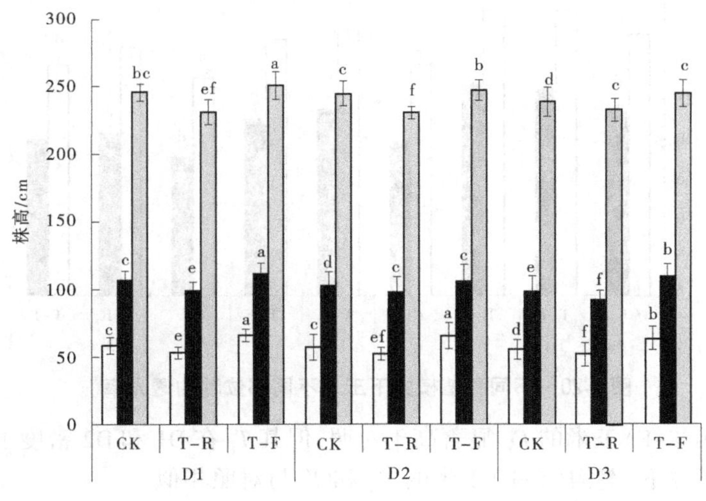

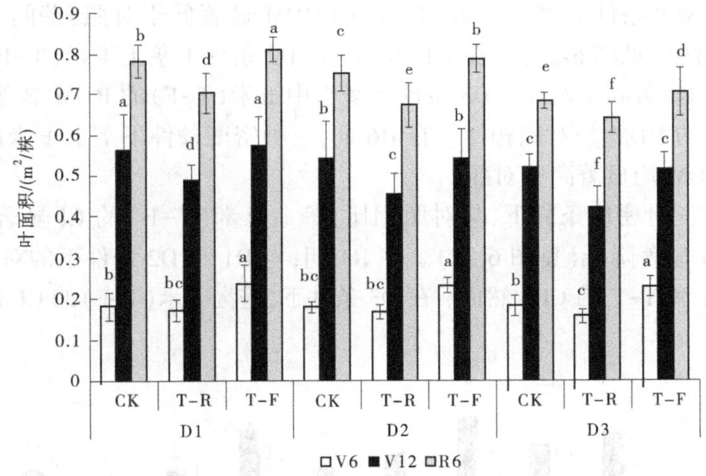

图6-19　不同处理下夏玉米不同生育期的株高和叶面积

(三)不同种植模式下夏玉米净光合速率(P_n)和蒸腾速率(T_r)

种植模式和种植密度对两年内玉米净光合速率 P_n 的影响极为显著($p<0.01$)。种植模式和密度之间的互作对2017年的 P_n 有极显著的影响($p<0.01$),而在2018年有显著影响($p<0.05$)。种植模式对两年中玉米的蒸腾速率 T_r 也有极显著的影响($p<0.01$)。种植密度对2018年的 T_r 有显著影响($p<0.05$),发现种植模式和密度之间的互作在两年中无显著影响(见表6-10)。

立体种植对不同生育期玉米 P_n 和 T_r 的影响不同。在V6期,三种密度条件下垄上(T-R)玉米的 P_n 和 T_r 均显著低于对照。垄沟(T-F)玉米的 P_n 显著高于对照,但其 T_r 与对照相似(见图6-21)。在R1期,垄作(T-R)对玉米 P_n 没有显著影响,但与对照相比降

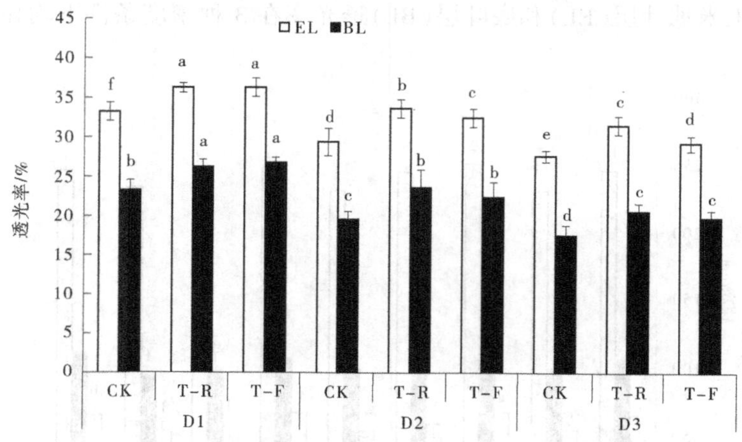

图 6-20　不同种植模式下玉米不同部位叶的透光率

低了其 T_r。垄沟(T-F)玉米的 P_n 显著高于对照,但其 T_r 在 D1 和 D2 密度下与对照相似。在高密度(D3)条件下,垄沟(T-F)玉米的 P_n 和 T_r 与对照相似。

(四)不同种植模式下的相对干物质量(RDM)和竞争强度(CI)

V6 期,三种密度条件下垄上玉米(T-R)的 RDM 显著低于对照,垄间玉米(T-F)的 RDM 显著高于对照(见图 6-22)。在 R1 期,D1 和 D2 条件下垄上玉米(T-R)和垄沟玉米(T-F)的 RDM 均显著高于对照。D3 条件下垄沟中玉米(T-F)的 RDM 显著高于对照,但垄上玉米(T-R)的 RDM 与对照相似。在 R6 期,三种密度条件下垄上玉米(T-R)和垄沟玉米(T-F)的 RDM 均显著高于对照。

在 V6 期,在三种密度条件下,与对照相比,垄上玉米(T-R)的 CI 显著较高,而垄沟玉米(T-F)的 CI 显著降低(见图 6-22)。在 R1 期,与 D1 和 D2 条件下的对照相比,垄沟种植降低了 T-R 和 T-F 的 CI。然而,在 D3 条件下,垄沟玉米(T-F)的 CI 显著低于对照;

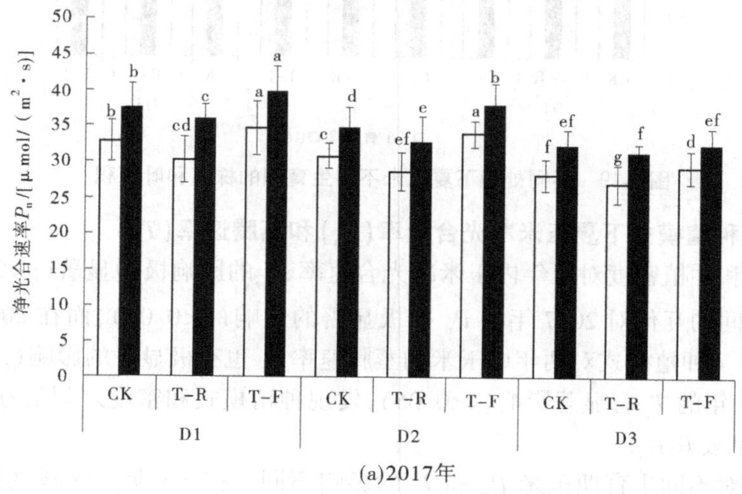

(a)2017年

图 6-21　不同种植模式下玉米净光合速率和蒸腾速率

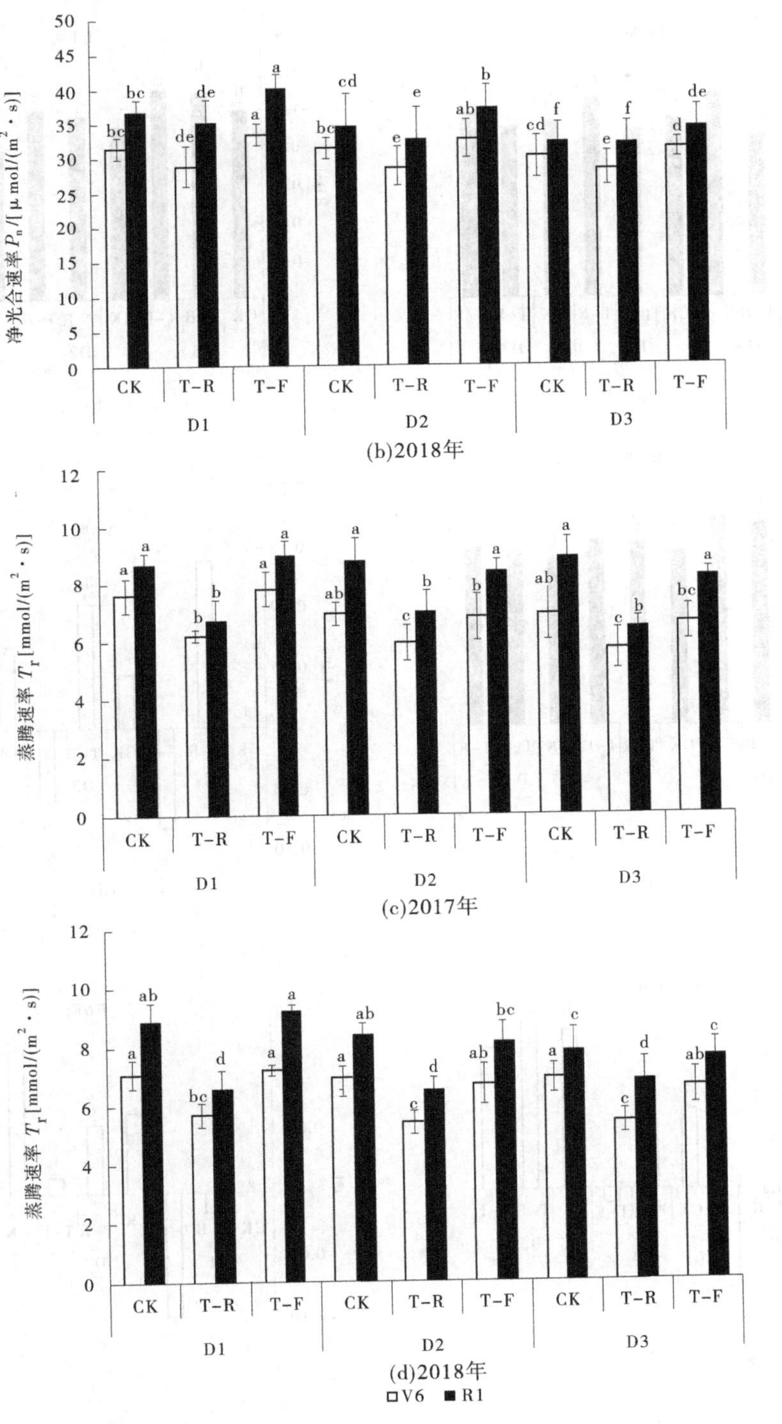
净光合速率 P_n/[μmol/(m²·s)]
CK
T-R
T-F
D1
D2
D3
(b)2018年
蒸腾速率 T_r[mmol/(m²·s)]
(c)2017年
蒸腾速率 T_r[mmol/(m²·s)]
(d)2018年
□V6 ■R1

续图 6-21

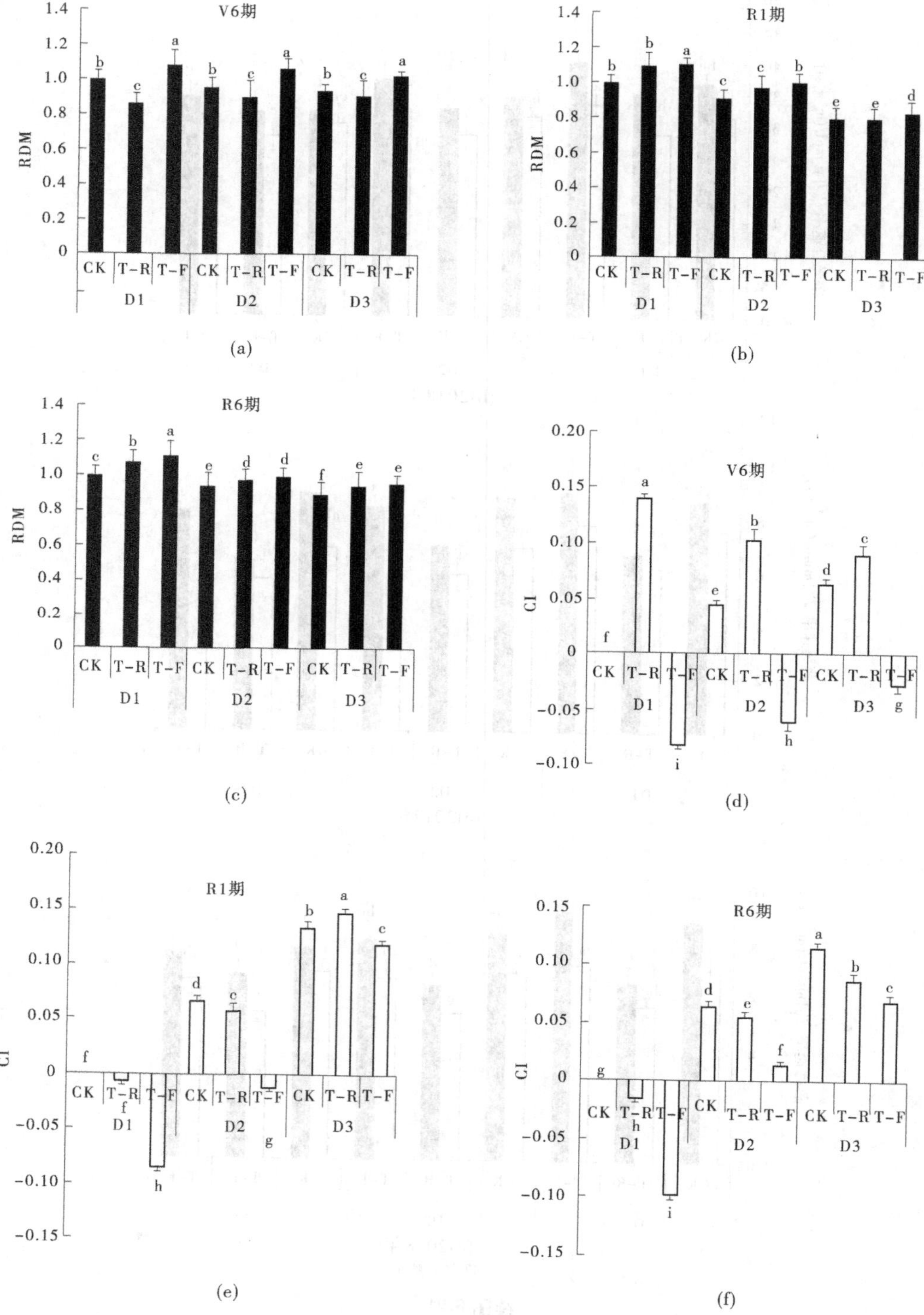

图 6-22　不同种植方式下夏玉米相对干物质量和竞争强度

垄上玉米(T-R)的CI高于对照。在R6期,与三种密度条件下的对照相比,垄沟种植降低了T-R和T-F处理的CI。这些竞争指标表明,垄沟种植通过优化土壤水分的空间分布,提高冠层内的透光率,影响相邻个体之间对水光的相互竞争。

(五)不同种植模式下夏玉米干物质量和产量及其构成

种植模式、种植密度和两者之间的相互作用对玉米单株干物质重具有极其显著的影响($p<0.01$)(见表6-10)。立体种植显著影响干物质累积和粮食产量。三种密度条件下,全生育期垄沟(T-F)玉米的单株干物质重显著高于对照。在V6期,在三种密度条件下,垄上(T-R)玉米的单株干物质重显著低于对照(见图6-23)。在R1期,垄上(T-R)玉米

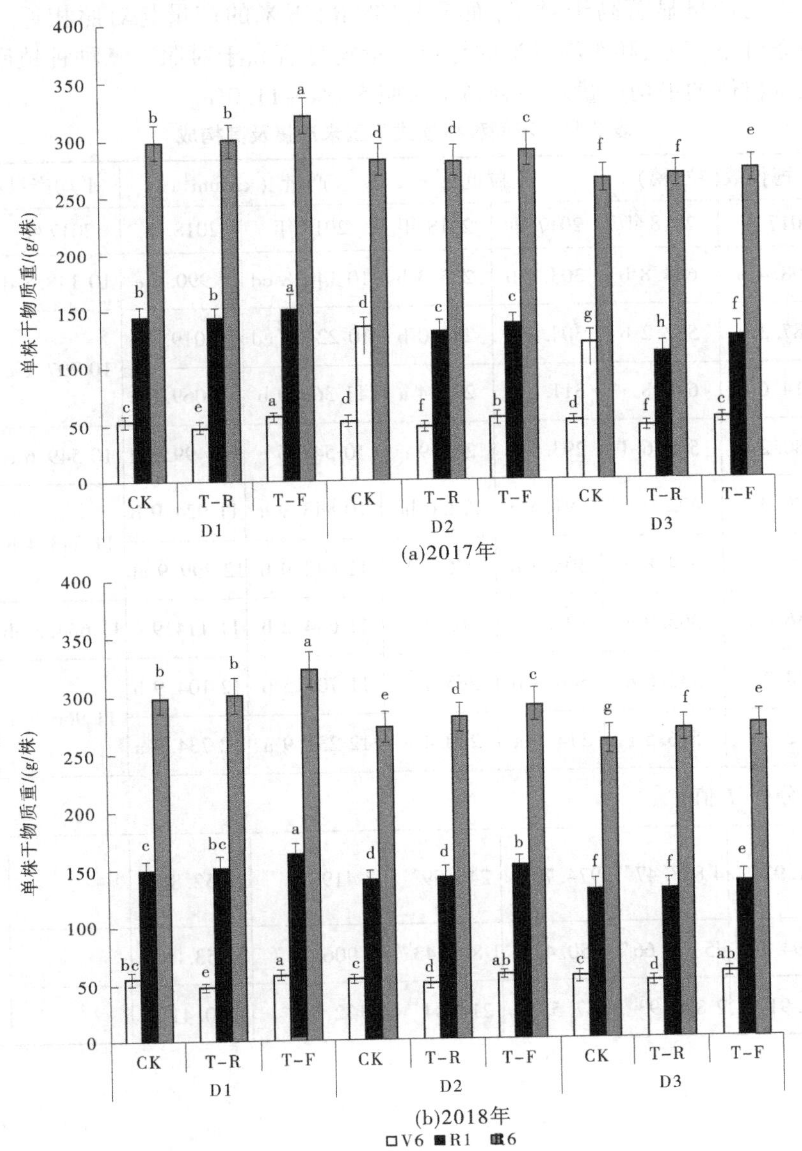

图6-23　不同种植模式下玉米单株干物质重

单株干物质重与 D1 和 D2 条件下的对照相似,低于 D3 条件下的对照。在 R6 期,三种密度条件下,垄上(T-R)玉米的单株干物质重量与对照相似。

种植模式和种植密度,以及两者的交互作用对穗粒数、千粒重和产量有极显著的影响($p<0.01$)(见表 6-11)。低密度(D1)条件下,垄沟(T-F)玉米穗粒数和千粒重显著高于对照,而垄上(T-R)玉米穗粒数和千粒重与对照相似。在中密度(D2)条件下,垄沟(T-F)玉米穗粒数与对照相似,但千粒重高于对照(见表 6-11)。垄上(T-R)玉米穗粒数显著高于对照,但千粒重与对照相近。高密度(D3)条件下,2018 年垄上(T-R)和垄沟(T-F)玉米穗粒数均显著高于对照,但千粒重与对照相近。在低密度(D1)条件下,垄沟(T-F)玉米的产量显著高于对照,而垄上(T-R)玉米的产量与对照相近。在高密度(D2 和 D3)条件下,垄上和垄沟玉米的籽粒产量均显著高于对照。三种种植密度下垄沟种植模式玉米群体的平均产量均显著高于对照 5.0%~11.0%。

表 6-11 不同种植模式下玉米产量及其构成

处理		穗粒数(粒/穗)		千粒重/g		产量/(kg/hm^2)		平均产量/(kg/hm^2)	
		2017 年	2018 年	2017 年	2018 年	2017 年	2018 年	2017 年	2018 年
D1	CK	598.4 b	604.8 b	303.4 b	275.3 b	10 148.8 cd	9 990.5 e	10 148.8 d	9 990.5 d
	T-R	587.3 b	592.2 b	304.2 b	282.0 b	10 224.3 cd	10 019.4 e	10 797.1 c	10 544.7 c
	T-F	614.6 a	628.8 a	311.1 a	293.4 a	11 369.9 b	11 069.9 c		
D2	CK	480.2 b	562.6 d	293.1 c	267.9 c	10 549.6 c	10 499.5 d	10 549.6 c	10 499.5 c
	T-R	496.3 a	602.9 b	291.5 c	272.0 bc	10 843.9 c	11 924.9 b	11 243.4 b	12 112.4 a
	T-F	485.7 ab	574.8 c	306.3 b	276.6 b	11 642.9 b	12 299.9 ab		
D3	CK	436.6 c	465.9 g	297.8 c	265.1 c	11 684.2 b	11 114.9 c	11 684.2 ab	11 114.9 b
	T-R	438.7 c	532.6 e	306.8 b	265.7 c	11 701.5 b	12 104.9 b	11 966.7 a	12 419.9 a
	T-F	432.4 c	516.5 f	314.6 a	260.4 c	12 231.9 a	12 734.9 a		
双因素方差分析(F 值)									
种植类型(P)		111.92**	4 863.47**	974.70**	247.59**	2 419.75**	2 252.80**		
密度(D)		91 694.21**	45 579.66**	650.41**	1 807.43**	3 906.70**	2 853.07**		
P×D		519.91**	2 830.93**	87.52**	214.04**	122.55**	170.41**		

第七章　主要结论与展望

第一节　主要结论

一、玉米需水特征与适宜水分控制指标

（一）春玉米需水特征与适宜水分控制指标

（1）春玉米需水量从东南往西北呈增加趋势，最高需水量分布在银川以西至新疆的乌鲁木齐之间，为670~800 mm；从乌鲁木齐往西北方向，春玉米需水量又呈降低趋势，从650 mm降至500 mm左右；在东北三省，春玉米需水量的高值在西部，为450~550 mm；其中黑龙江春玉米需水量的高值在中部一带，为420~480 mm，从中部往东北和西北均呈降低趋势，低值为350~400 mm；吉林和辽宁春玉米需水量的变化趋势相同，从东南往西北呈增加趋势，即从300 mm左右增加到约500 mm。内蒙古春玉米的需水量从东北往西南呈增加趋势，跨度较大，从450 mm增至800 mm；甘肃的春玉米需水量从东南往西北呈增加趋势，由420 mm增至600 mm；陕西春玉米需水量从西南往东北和往东南呈增加趋势，从350 mm增至420 mm；山西一带春玉米需水量由东南往西北亦呈增加趋势，从350 mm增至500 mm左右。

（2）在空间尺度上，不同水文年型下春玉米需水量变化趋势基本一致，整体来说，75%水文年的需水量>50%水文年的需水量>25%水文年的需水量；北方春玉米需水量空间变化差异较大（400~750 mm），中部和南方春玉米需水量的空间差异小（300~450 mm）。北方需水量较大区集中在河套平原阴山南麓山地半干旱区、陇中宁南海东黄土丘陵半干旱极缺水区、松嫩平原西部半干旱缺水区和辽河平原半干旱极缺水区，75%、50%和25%水文年型最高需水量分别可达750 mm、650 mm、550 mm；最低需水量区主要集中在大小兴安岭山地湿润丰水区、长白山丘湿润丰水区和辽东低山丘陵湿润缺水区，75%、50%、25%水文年型最低需水量分别为400 mm、350 mm、300 mm。北方春播玉米区，春玉米需水量整体具有一定规律性，不同水文年型各区域春玉米需水量变化趋势基本一致，从东往西呈增加趋势，高值出现在甘肃河西走廊至乌鲁木齐一带，而乌鲁木齐往西，春玉米的需水量又呈降低趋势。

（3）不同供水量对春玉米的生长发育、产量及耗水量会产生显著影响。在春玉米的生长过程中，对土壤水分比较敏感，任一生育时期不灌水都会使其株高、叶面积指数（LAI）均低于充分灌水处理，其株高、叶面积指数随着灌水次数的减少而呈降低的趋势。随着灌水次数的减少，果穗性状逐渐变差，产量大幅度降低。与T1处理（适宜水分）相比，苗期、拔节期和灌浆期不灌水的处理（T2、T3、T5）对产量的影响较小，有的年份减产显著。在足墒播种的条件下，不灌水处理T10的产量最低，减产47.44%~60.35%，仅在抽

雄期灌 1 次水的处理 T9 减产 27. 61% ~ 44. 38%；灌 2 次水的处理 T6、T7、T8 分别减产 14. 33% ~ 14. 69%、13. 92% ~ 20. 23%、18. 47% ~ 24. 45%；灌 3 次水的处理 T2、T3、T4、T5 处理分别减产 5. 86% ~ 7. 51%、9. 00% ~ 11. 82%、12. 99% ~ 15. 50%、7. 94% ~ 8. 76%，可见不同生育期灌水的增产作用排序为：抽雄期(T4)＞拔节期(T3)＞灌浆期(T5)＞苗期(T2)，抽雄期为玉米的需水敏感期。应避免在玉米生育期中出现一次以上或连续干旱，否则会造成严重的减产。在春玉米的任一生育阶段不灌水，其阶段耗水量和日耗水量均减少，受旱越重减少越多，全生育期耗水量也随着灌水次数的减少而减少，充分供水处理 T1 的耗水量最大，为 552. 48 ~ 653. 31 mm，灌 3 次水处理(T2、T3、T4、T5)的次之，为 463. 25 ~ 603. 76 mm；不灌水的 T10 处理的耗水量最低，为 236. 41 ~ 347. 34 mm。基于产量和 WUE 综合考虑，对于灌 3 次水的处理，在春玉米的苗期或灌浆期适当控水，在减产 5. 86% ~ 8. 76% 的情况下可以使耗水量减少 7. 58% ~ 14. 75%、WUE 提高 1. 6% ~ 7. 0%，而最佳的控水时期是苗期，其次是灌浆期。因此，在甘肃武威地区的春玉米产区，在足墒播种的条件下，采用灌 3 次水模式(灌拔节水、抽雄水、灌浆水)，在底墒不足的条件下采用灌 4 次水模式(灌保苗水、拔节水、抽雄水、灌浆水)可达到高产，并实现水分的高效利用。

(4)在春玉米产区布置土壤墒情原位监测结果表明，哈尔滨站玉米生育期间雨量和降雨分布较好，一般不需要灌溉，土壤水分波动最小，土壤水分较适宜，一直维持在田间持水量的 70% ~ 90%；齐齐哈尔、公主岭和沈阳土壤水分波动较大，因降雨分布不均，在玉米苗期、抽雄期或灌浆期易出现轻度或中度干旱，没有灌溉条件的公主岭和沈阳的玉米产量易受季节性干旱的影响；赤峰的春玉米采用畦灌(灌底墒水)+膜下滴灌的补灌措施创造了玉米正常生长的适宜水分条件，保证了玉米高产的需水要求。甘肃定西采用雨养方式生产，在玉米苗期、拔节期、抽雄前后会出现轻中度干旱，年际间产量差异较大，而缺水的新疆乌鲁木齐和奇台采用膜下滴灌方式，全生育期滴灌 9 ~ 12 次，土壤水分可维持在田间持水量的 70% 以上，保证了玉米正常生长的水分环境。各监测点玉米的日耗水动态变化规律基本相似，呈单峰型变化，东北、西北春玉米播种-拔节、拔节-抽雄、抽雄-灌浆、灌浆-成熟的日耗水量分别为 1. 79 ~ 2. 69 mm/d、3. 25 ~ 4. 69 mm/d、3. 84 ~ 5. 83 mm/d、1. 67 ~ 3. 52 mm/d 和 1. 97 ~ 3. 07 mm/d、2. 63 ~ 5. 90 mm/d、3. 57 ~ 7. 74 mm/d、2. 39 ~ 5. 03 mm/d；各监测点玉米抽雄-灌浆阶段的日耗水量最高，拔节-抽雄阶段的次之，苗期日耗水量最小。东北区的耗水量、产量和 WUE 分别为 437. 5 ~ 530. 2 mm、11 005. 5 ~ 14 658. 0 kg/hm^2、2. 32 ~ 3. 29 kg/m^3；西北区的耗水量、产量和 WUE 分别为 413. 5 ~ 693. 8 mm、9 570. 0 ~ 22 408. 5 kg/hm^2、2. 28 ~ 3. 24 kg/m^3。根据各监测点的田间持水量(体积%)及土壤水分动态规律，初步确定了东北、西北各监测点春玉米不同生育期计划湿润层土壤水分控制下限指标以及高产灌溉制度。在实际应用中，应基于某监测点实时采集的土壤墒情信息，根据玉米不同生育阶段的土壤水分控制下限指标及近日天气预报，确定灌水时间，然后依据采用的灌溉方式确定灌水定额，畦灌、喷灌(或管喷带)、膜下滴灌方式推荐的灌水定额分别为 75 ~ 90 mm、40 ~ 50 mm、30 ~ 40 mm。

(二)夏玉米需水特征与适宜水分控制指标

(1)黄淮海夏玉米全生育期需水量为 300 ~ 450 mm，其高值区(400 mm 左右)主要分布在中部从东北至西南(从济南、安阳、阳城到运城)一狭长地带，需水量由此一带往北和往南呈降低趋势；受地形的影响，西南安康以及东南的亳州、宿州（原为宿县）、蚌埠、阜阳形成为圆圈的两个次高值区（360~380 mm），由此点往外围辐射需水量呈降低趋势。此外，在河南栾川、河北石家庄、山东日照为三个低值区（300~320 mm），由此点向外需水量呈增加趋势。各水文年夏玉米需水量表现趋势为丰水年（25%降水保证率）需水量小于平水年（50%降水保证率）需水量，平水年需水量小于干旱年需水量（75%降水保证率）。新疆夏玉米的需水量最高，为450~600 mm，黄淮海的次之（350~450 mm），南方夏玉米的需水量最小，为250~350 mm，且各点不同水文年之间夏玉米的需水量差异较小（0~50 mm）。在新疆，夏玉米的需水量由东向西呈降低的趋势，而在黄淮海，夏玉米需水量由东南向西北呈增加的趋势；在南方，夏玉米的需水量从东向西呈降低趋势。

（2）任一生育时期不灌水都会对株高产生明显的影响，从8月10日测定的结果来看，在灌3次水的处理中（T2、T3、T4、T5）仅拔节期不灌水的处理（T3）的株高显著低于CK，可见拔节期是影响玉米株高生长的关键期；随着灌水次数的减少，株高呈降低趋势，全生育期只灌1次水的T10处理的株高最低。与充分供水处理T1（每个生育阶段均灌1次水）相比，任一生育阶段不灌水都会造成LAI的降低，随着玉米生育进程的推进以及灌水次数的减少，其LAI亦呈递减趋势。灌水次数组合，即灌水量在玉米生育期内的分配对夏玉米果穗性状及产量具有显著的影响。在灌3次水的条件下（T2、T3、T4、T5），苗期不灌水（T2）对果穗性状影响较小，减产最少，为6.74%，而抽雄期不灌水处理（T4）的果穗最短、穗粒数最少，行粒数也很少，但百粒重最大，减产最多，为14.19%，其次是拔节期不灌水（T3）的处理，T3的秃尖最长，出籽率最低，减产也很多；灌浆期不灌水的处理T5对果穗长、果穗粗、行粒数无显著影响，但穗粒数、百粒重和产量显著降低，减产8.12%。随着灌水次数的减少，果穗性状逐渐变差，产量大幅度降低。

在灌蒙头水的条件下，灌1次水的处理（T10）的产量最低，减产39.49%；灌2次水的处理（T6、T7、T8和T9）分别减产17.95%、16.31%、25.93%和21.70%，在抽雄期灌水的处理（T6）的减产率相对低些；灌3次水的处理（T2、T3、T4和T5）分别减产6.74%、11.65%、14.19%和8.12%，可见不同生育期灌水的增产作用排序为：抽雄期（T4）>拔节期（T3）>灌浆期（T5）>苗期（T2），抽雄期为玉米的需水敏感期，其次是拔节期。

（3）夏玉米全生育期耗水量和日耗水量随着灌水次数的减少而减少，充分供水处理T1的耗水量最大，T2处理的次之，T10处理的耗水量最低；在同样灌3次水的条件下，耗水量T2>T5>T4>T3。任一生育阶段不灌水，其阶段耗水量和日耗水量均减少，且灌水次数越少（或受旱越重），减少越多。在夏玉米的苗期和灌浆期适当控水，产量降低较少（低于9%），可以使耗水量减少16.91%~19.86%、WUE提高12.22%~14.63%，因此夏玉米最佳的控水时期是苗期，其次是灌浆期。

（4）在夏玉米产区布置土壤墒情原位监测结果表明，黄淮海夏玉米播种时往往底墒不足，年年都需要灌蒙头水才能保证玉米种子萌发和出苗，同时由于降雨分布不均，在拔节期、抽雄期或灌浆期经常出现季节性干旱，通过及时补灌，基本保证了夏玉米生长发育的水分需求，获得了较高的产量。黄淮海夏玉米的日耗水量动态变化也是遵循“低-高-低”的变化规律，夏玉米播种-拔节、拔节-抽雄、抽雄-灌浆及灌浆-成熟的日耗水量分别为1.53~3.74 mm/d、3.45~5.37 mm/d、4.32~5.68 mm/d和2.26~3.44 mm/d，夏玉米抽雄-灌浆阶段的日耗水量最大，拔节期的次之，苗期的最小。黄淮海夏玉米的耗水量、产量和 WUE 分别为 347.7～461.3 mm、7 210.5～13 591.5 kg/hm^2 和 1.80～3.16 kg/m^3，鹤壁的产量和 WUE 最高，其耗水量也相对较高，土质较差(砂姜黑土)的宿州夏玉米耗水量、产量和 WUE 均最低。根据各监测点的田间持水量(体积%)及土壤水分动态规律，初步确定了黄淮海各监测点夏玉米不同生育期计划湿润层土壤水分控制下限指标及高产灌溉制度。

(三) 西南玉米需水特征与适宜水分控制指标

(1) 西南玉米的需水量在 300～450 mm，其需水量的大小主要与播种时间、玉米的生育期长短以及生育期内降雨量有关，春玉米的生育期比夏玉米长，因此春玉米的需水量高于夏玉米。各水文年不论是春玉米需水量还是夏玉米需水量均表现为丰水年(25%降水保证率)需水量小于平水年(50%降水保证率)需水量，平水年需水量小于干旱年需水量(75%降水保证率)，但不同水文年之间的玉米需水量差异较小。一般来说，西南春玉米的需水量比夏玉米的高，春玉米的需水量为 300～500 mm，夏玉米的需水量为 250～400 mm。春玉米和夏玉米需水量等值线的走向不一致；春玉米需水量由东南向西北呈增加趋势，而夏玉米需水量由东向西呈降低趋势。

(2) 西南玉米区在夏玉米生长期间降雨较多，以雨养栽培为主，往往不需要灌溉，但因降雨分布不均，玉米生长季时常发生季节性干旱，绵阳、曲靖、长沙在玉米苗期出现轻度干旱，曲靖站的玉米在灌浆期还出现了短暂的轻旱；各监测点玉米生长过程中绝大部分时间的土壤水分均适宜于玉米的生长发育。玉米播种-拔节、拔节-抽雄、抽雄-灌浆及灌浆-成熟的日耗水量分别为 1.53～3.47 mm/d、2.54～4.15 mm/d、2.92～5.34 mm/d 及 2.25～3.87 mm/d，各监测点玉米抽雄-灌浆阶段的日耗水量最高，拔节-抽雄阶段的次之，苗期的最小。西南区收籽粒玉米耗水量、产量和 WUE 分别为 362.9～402.5 mm、5 433.0～12 817.5 kg/hm^2 和 1.50～3.22 kg/m^3。

(3) 根据各监测点土壤的田间持水量(体积%)，初步确定了各试验站玉米不同生育期的土壤水分控制下限指标及灌溉制度。往年各站点土壤墒情的实时监测结果分析表明，西南地区玉米生产以雨养栽培为主，降雨虽然较多，但因季节性干旱也需要灌 1～2 次水。各站点需要根据实时监测的墒情状况，确定灌水时间和灌水量，每次灌水量的多少往往根据灌溉方式决定，畦灌、喷灌、膜下滴灌方式推荐的灌水定额分别为 75～90 mm、40～50 mm 和 30～40 mm。

二、玉米植株水分监测与诊断技术

(一) 基于水分胁迫指数的玉米植株水分诊断

冬小麦在成熟时耗尽了土壤含水量，导致夏玉米营养期土壤含水量明显较低。这解释了为什么小麦季节的作物水分胁迫指数(CWSI)阈值也对雨养条件下的玉米植株产生影响。研究表明，作物水分胁迫指数(CWSI)与冠层温度 T_c 呈显著的线性关系，本研究确定了实现高产和高水分利用效率双重目标的 CWSI 阈值。在冬小麦-夏玉米连作的黄淮海平原，冬小麦、夏玉米 CWSI 阈值分别为 0.329 和 0.299。农民可以利用该阈值指导灌溉，实现冬小麦-夏玉米种植系统的最佳产量和高水分利用效率双重目标。

(二)基于光谱特征的玉米植株水分诊断

首先,利用不同水分梯度下的夏玉米干物质和含水量的变化规律,构建了基于冠层干物质和叶面积指数的夏玉米临界含水量模型,分别为冠层干物质:$W_c = 87.15\text{LDM}^{-0.17}$;叶面积指数:$W_c = 85.09\text{LAI}^{-0.24}$。将两个模型进行比较,发现异速生长曲线可以比较好地拟合临界含水量模型,但基于冠层干物质的模型参数 a 要高于基于叶面积指数的模型参数,而基于冠层干物质的模型参数 b 要低于基于叶面积指数的模型参数。其次,利用已有的临界含水量模型构建了夏玉米水分诊断指数模型($\text{WDI} = W_a/W_c$)。WDI 可以定量地反映作物体内水分状况,若 WDI=1,表明作物体内水分状况处于最佳状态,高于 1 为水分过剩,低于 1 则水分不足。在本研究条件下,WDI 值的变化范围为 0.49~1.16,利用独立试验数据进行验证,发现此指数可以比较好地诊断夏玉米生长过程中的水分状况。通过系统分析冠层高光谱反射率在不同水分处理下的变化趋势,采用减量精细法构建了基于冠层高光谱的夏玉米水分诊断指数定量估算模型 $\text{WDI} = 0.95\text{NDSI}(R_{710}, R_{512}) + 0.14$,利用此模型可以较好地快速无损评估夏玉米的水分状况。此外,利用水分诊断指数定量评估了夏玉米的光合作用,结果表明在不同水分梯度下水分诊断指数与光合速率、蒸腾速率和气孔导度都呈显著的正相关关系。

三、玉米生理对水分胁迫的响应

(一)玉米生理对干旱胁迫的响应

(1)不同生育时期发生不同程度的干旱胁迫(轻旱、中旱、重旱)均造成株高和叶面积指数显著降低,在玉米的生育前期和中期出现干旱对株高影响最大,同时对叶面积的影响也很大,抽雄期干旱的影响次之,灌浆期干旱对株高影响最小,但对叶面积的影响最大,干旱会加速叶片的衰老。在夏玉米苗期、拔节期、抽雄期、灌浆期遭遇干旱,其株高平均分别比适宜水分处理降低 9.4%~24.1%、7.9%~19.4%、3.1%~15.8%、2.0%~4.5%,其叶面积指数平均分别降低 13.0%~31.6%、5.7%~22.8%、6.3%~21.8%、13.7%~40.9%;在同一生育期干旱越重株高越低,叶面积越小。

(2)干旱造成气孔导度 G_s、叶绿素相对含量 SPAD 和净光合速率 P_n 显著降低,干旱越重,降低越多,且不同的生理指标受到的影响程度存在一定的差异。在夏玉米苗期、拔节期、抽雄期、灌浆期遭遇干旱,其气孔导度 G_s、叶绿素相对含量 SPAD 和净光合速率 P_n 平均分别比适宜水分处理降低 23.4%~65.9%、34.9%~65.1%、29.1%~71.7%、13.3%~51.1%,5.3%~13.8%、5.5%~12.3%、3.4%~12.9%、3.2%~14.2%和 16.9%~48.0%、23.9%~52.9%、22.2%~53.9%、14.5%~44.7%;干旱越重,各指标降低越多。

(3)不同生育期干旱使夏玉米果穗变短、秃尖变长、果穗变细、穗行数减少,出籽率、百粒重及产量显著降低,受旱越重,受到的影响越大。苗期、拔节期、抽雄吐丝期和灌浆期干旱产量平均分别降低 12.9%~42.2%、20.4%~51.1%、26.1%~61.1%、21.0%~49.2%;干旱对产量的影响程度依次为:抽雄吐丝期干旱>拔节期干旱>灌浆期干旱>苗期干旱,且各生育期干旱越重,减产越多。

(二)玉米生理对淹涝胁迫的响应

(1)淹涝对夏玉米株高和叶面积的影响随着淹涝时期的后移呈减小趋势,苗期淹涝的影响最大，拔节期淹涝次之，灌浆期淹涝的影响最小。夏玉米苗期、拔节期、抽雄期、灌浆期淹涝的株高平均分别比适宜水分处理 CK 降低 6.3%～32.3%、4.2%～27.9%、0.5%～6.3%、0.5%～3.7%，单株叶面积平均分别降低 10.6%～49.2%、4.6%～67.3%、5.4%～18.4%、2.7%～16.1%，淹涝时间越长，株高和叶面积降低越多。

（2）不同时间淹涝造成夏玉米叶片气孔导度 G_s、叶绿素相对含量 SPAD 和 P_n 显著下降，其影响程度均随淹涝时期的后移呈减小趋势，苗期和拔节期淹涝的影响最大，抽雄期次之，灌浆期淹涝的影响最小，且随着淹涝历时的增加，G_s、SPAD 和 P_n 呈降低趋势；苗期、拔节期、抽雄期、灌浆期淹涝的玉米叶片 G_s、叶绿素相对含量 SPAD 和 P_n 平均分别比 CK 降低 5.0%～37.9%、15.8%～71.5%、9.9%～46.4%、3.8%～22.8%，9.1%～29.4%、5.2%～58.4%、2.6%～7.2%、1.4%～3.5% 和 3.4%～44.4%、2.6%～34.5%、2.7%～25.3%、2.2%～19.0%；淹涝解除后，不同生育期淹涝各生理特性的恢复能力亦存在差异，苗期的恢复能力最强，拔节期次之，灌浆期最小。

（3）苗期和拔节期淹涝对穗部性状及产量影响最大，抽雄期次之，灌浆期影响最小；苗期、拔节期、抽雄吐丝期和灌浆期淹涝平均分别减产 5.0%～50.0%、7.8%～87.8%、5.0%～32.8%、1.7%～16.8%，淹涝时间越长减产越多。基于建立的玉米减产率与不同生育期淹涝历时的数学关系，苗期、拔节期、抽雄期、灌浆期的淹涝天数只要分别不超过 2 d、2.5 d、4 d、7 d，就可以把减产率控制在 10%以内，如果淹涝历时分别超过 4 d、5 d、6.5 d、10 d，玉米的减产率可达 20%以上。

四、玉米高效节水灌溉技术

（一）滴灌水肥一体化技术

1. 西北春玉米膜下滴灌技术

以实现春玉米高产和高效利用水资源为目标，研究提出奇台春玉米灌溉量应当为 500 mm，这样就可以实现春玉米高产与高水分利用效率的协同。该结果可以作为西北干旱灌溉区春玉米灌溉制度的制定依据。本研究明确了膜下滴灌密植栽培春玉米产量为 15 000 kg/hm^2 时，玉米生育期蒸散量为 491～615 mm，水分利用效率为 3.36 kg/m^3。玉米生育期日耗水强度均呈先增加后降低的变化趋势，水分敏感期为抽雄-乳熟阶段，最大耗水量阶段分别在拔节-抽雄、乳熟-成熟阶段，需要在玉米关键需水时期进行充分灌溉。而在玉米非需水关键期，膜下滴灌春玉米后期控水水平可以维系在 60%的实际灌水量。在玉米生育后期控水且灌水量满足实际需求的 60%时，较前期控水时的玉米产量和 WUE 均有显著提高，其产量和 WUE 分别提高 19%和 12%。

2. 新疆绿洲区春玉米全程机械化密植高产膜下滴灌节水技术

春玉米日耗水量随着灌水量的增加而增加；在相同灌水量条件下，露地滴灌的耗水量最高，膜下滴灌次之，覆膜沟灌最低。覆膜处理的产量高于露地处理，滴灌处理的产量高于沟灌处理。膜下滴灌 SDI-600 处理的 WUE 最高，为 3.03 kg/m^3；露地滴灌 DI-600 的次之；膜下滴灌 SDI-900 的 WUE 最低，为 2.06 kg/m^3。因此，在新疆奇台绿洲灌区表现较优异的试验处理为膜下滴灌+ 600 mm 灌水量的灌水处理方案，该灌水方式可显著降低玉米生育耗水量，提高产量和 WUE，是一种适于机械化密植高产玉米推广应用的节水高效灌水技术模式。

3. 浅埋滴灌节水技术

传统灌溉的耗水量最高,浅埋滴灌的次之,膜下滴灌的最低;膜下滴灌的产量最高,浅埋滴灌的次之,传统灌溉的最低。浅埋滴灌比传统灌溉增产 9.72%~11.76%,膜下滴灌比传统灌溉增产 20.39%~24.05%,比浅埋滴灌增产 8.6%~13.7%;浅埋滴灌的 WUE 比传统灌溉的高 10.0%~16.3%,膜下滴灌的 WUE 比传统灌溉的高 33.73%~35.31%,比浅埋滴灌的高 17.4%~19.5%。浅埋滴灌的灌溉制度为:种完毕后,及时滴 20 mm 出苗水;苗期和拔节期共灌水 2~4 次,单次灌水定额 20 mm,并随着苗的生长而逐渐增多;在大喇叭口期和授粉前的关键需水期,单次灌水定额 25 mm,灌水周期 7~10 d,共灌水 3 次;在授粉完毕后,再适当灌 2 次水,单次灌水定额 25 mm。全生育期共灌水 8~10 次,灌水定额 185~225 mm。

4. 夏玉米滴灌水肥一体化技术

研究结果均表明灌水处理对玉米耗水量有显著影响,氮肥和水氮互作对玉米耗水量影响不显著。夏玉米产量与施氮量的拟合分析表明,在 3 种灌水水平下,产量与施氮量呈抛物线关系,在 W1、W2 和 W3 灌水条件下,2018 年获得最高产量的施氮量分别为 252 kg/hm^2、255 kg/hm^2 和 262 kg/hm^2,2019 年获得最高产量的施氮量分别为 241 kg/hm^2、283 kg/hm^2 和 271 kg/hm^2,3 种灌水水平下的产量差异不大。滴灌的灌水处理和氮肥施用量显著影响氮肥农学利用率,随着施氮量增加,氮肥农学利用率呈显著降低趋势,且各氮肥处理间差异显著,而水氮互作对氮肥农学利用率没有显著影响。

夏玉米采用滴灌水肥一体化(一条滴灌带控制 1 行玉米,行间距 50~60 cm)模式,在玉米生长关键期根据根层土壤墒情来调整灌水量,较常规灌溉降低 20%~40%的灌水量,且对玉米产量没有明显影响。推荐施氮量为 150~180 kg/hm^2,在玉米拔节期、大喇叭口期以及开花期分别追施氮肥总用量的 20%、30%、10%,即可实现较高的产量和肥料利用效率。

(二)喷灌水肥一体化技术

1. 喷灌对夏玉米耗水量及水分利用效率的影响

固定喷灌处理的籽粒产量最低,耗水量较高,相应地其 WUE 最低,仅为 1.71 kg/m^3,较常规畦灌处理降低了约 10.53%;相反,中心支轴喷灌处理的籽粒产量最高,耗水量最低,其 WUE 表现最优,较常规畦灌处理提高约 30.53%。

2. 黄淮海夏玉米全程机械化密植高产地埋伸缩式喷灌节水技术

结果表明,喷灌具有很好的节水增产增效效果,单产平均达到 9 000~10 500 kg/hm^2,与常规畦灌相比,增产 12.5%~14.8%,耗水量降低 5.5%~8.5%,水分利用效率 WUE 提高 20.3%~25.5%。地埋伸缩式喷灌的人工田间管理成本低,与常规畦灌相比,灌溉、施肥的人工成本节约 70%以上;同时,与传统管灌、喷灌相比,节约土地面积 10%左右,每公顷增收 1 500~2 250 元,实现了节本增收。

3. 氮肥减量后移对喷灌玉米产量和水氮利用效率的影响

(1)高氮传统施肥 LAI 比减氮后移喷施降幅较高,减氮后移喷施模式可维持夏玉米茎和叶片中较高氮素累积,促进生育后期对氮素的吸收利用,延缓叶片过早衰老,保持其较长生理活性。增加施肥频次和施肥时间后移可提高玉米 LAI 和延缓叶片衰老,增加玉米干物质累积量以及最大生长速率。

(2)喷灌水肥一体化,肥料减量分次追施可降低作物耗水量,提高玉米产量和百粒质量,降低秃尖长,并可有效提高 WUE、籽粒产量氮肥偏生产力(PFP_Y)和生物量氮肥偏生产力(PFP_B)。

(3)综合高产、高效和节水节肥等因素,F2 处理为最佳施肥模式,即 N、P_2O_5、K_2O 总施量为 225 kg/hm^2、75 kg/hm^2、75 kg/hm^2、氮肥分施比例为 30%三叶期、30%拔节期、40%大喇叭口期。该施肥模式可作为黄淮海平原南部井灌区推荐的喷灌施肥模式。

五、玉米雨水高效利用技术

(一)夏玉米降雨利用过程及其模拟

1. 夏玉米冠层降雨截留过程及其模拟

夏玉米生育期内平均冠层截留率为 10.4%,茎秆流率为 33.2%,穿透雨率为 56.4%。随玉米生长发育,穿透雨率先降低后增大,茎秆流率和冠层截留率则先增加后减少。茎秆流量(率)、冠层截留量(率)分别与 LAI 之间呈极显著线性正相关;而穿透雨量(率)与 LAI 之间呈极显著线性负相关。茎秆流量、穿透雨量分别与雨强之间呈显著的线性正相关,而冠层截留量与雨强之间呈显著的幂函数关系。茎秆流量、穿透雨量分别与次降雨量之间呈显著的线性正相关,而冠层截留量与次降雨量之间呈显著的幂函数关系。单位雨强和 LAI 下茎秆流量、穿透雨量、冠层截留量均随降雨历时的增大而增大,且三者分别与降雨历时之间呈显著的幂函数关系。进一步分析表明,茎秆流率、冠层截留率随雨强增大而略有下降,而穿透雨率则随雨强增大而略有增大;三者分别与降雨量、降雨历时无显著相关关系。通过多元线性回归分析,建立了基于叶面积指数、降雨强度和降雨历时三个参数的夏玉米次降雨冠层截留各分量估算方程,相关性均达到极显著水平。该研究揭示了夏玉米冠层对降雨的再分配作用特征,可为农田降水有效利用和耕地水土保持提供理论依据。

2. 夏玉米降雨入渗特征及其计算模型

采用人工模拟降雨的试验方法,对不同降雨强度(RI)、叶面积指数(LAI)和主要根系层 0~60 cm 土壤初始含水量(θ)条件下夏玉米降雨入渗过程进行了分析,得出以下结论:在其他影响因素一定的条件下,夏玉米降雨入渗率随降雨历时的变化可用幂函数进行描述,即随降雨历时的增加,入渗率逐渐减小,之后趋于稳定;累积入渗量随降雨历时变化过程可用对数函数描述。降雨强度分别与平均土壤入渗率、稳定入渗率及入渗量间呈显著线性正相关关系;平均入渗率、稳定入渗率及入渗量均随着 LAI 的增大而增大,入渗率趋于稳定的时间提前;土壤初始含水量越大,平均入渗率和入渗量越小,入渗率趋于稳定的时间越提前,稳定入渗率受土壤初始含水量影响不明显,变化基本一致。通过对夏玉米入渗过程进行统计分析，入渗率、累积入渗量、降雨蓄积系数可最终表示为 t、RI、LAI 和 θ 的四因素函数关系，回归方程到达显著水平。通过分析表明，降雨强度是影响入渗特征的关键因素。

3. 降雨级别对夏玉米棵间蒸发和土壤水再分布的影响模拟

土壤日蒸发量随降雨级别的增加均呈对数函数方式增长。夏玉米各生育期日均土壤蒸发量及阶段蒸发量由大到小依次为苗期、拔节期和灌浆期。不同降雨级别夏玉米土壤蒸发占降雨量的比例(E/P)，在三个生育期大小排序相同，均为 P1>P2>P3>P4，且 E/P 与降雨量均呈显著幂函数关系。降雨级别(降雨量和降雨强度)越大，土壤水再分布影响的土层就越深，土壤含水量变化幅度也越大，同时土壤水再分配过程所需的时间越长。在同一降雨级别下，土壤水再分布过程随着土壤初始含水量的增加而加快。受作物根系生长发育的影响，苗期 0~100 cm 土层的土壤水分变化幅度不如拔节期、灌浆期明显。降雨级别越大，降水转化为土壤水的量也越多，但从转化效率上看，中等级别降雨最高。基于土壤水动力学模型建立了夏玉米生育期土壤水分动态模拟模型，通过 2016 年度试验区夏玉米土壤墒情日模拟值与实测值的比较，结果表明，模型模拟具有较好的模拟精度，可以满足该地区夏玉米雨后土壤水分动态模拟的要求。

(二)全膜双垄沟播春玉米雨水利用技术

综合分析不同处理下玉米田间贮水量、耗水量、产量和 WUE，在黄土高原半干旱区表现较优异的试验处理为保水剂+有机肥处理，可显著提高玉米产量和 WUE。在所有处理中，保水剂+有机肥处理的产量和 WUE 最高，分别为 12 743 kg/hm^2 和 26.7 kg/(hm^2·mm)，施有机肥或化肥处理的次之，保水剂在提高缓控肥处理玉米的产量和 WUE 方面效果不显著，而保水剂+化肥处理则显著降低了玉米产量和 WUE，其产量和 WUE 最低，分别为 326 kg/hm^2 和 21.3 kg/(hm^2·mm)。

(三)垄沟种植对玉米群体水分消耗及产量的调控效应

垄沟立体种植通过改变土壤水分的空间分布影响作物的生物学及生理特性。垄沟种植对不同生育阶段垄上和垄沟玉米群体间竞争强度的影响不同。在拔节期，垄上玉米的株高和叶面积均显著低于平作对照，垄沟玉米的株高和叶面积均显著高于对照；从大喇叭口期到成熟期，垄上玉米的株高和叶面积均显著低于对照，垄沟玉米的株高和叶面积与对照差异不显著。在六叶期(V6)，垄沟种植增加了垄上玉米的竞争强度，但通过影响土壤水分的空间分布降低了垄沟玉米的竞争强度。在 R1 期，垄沟种植通过降低 3 种密度条件下玉米的株高和叶面积，提高了冠层内的透光率，缓解了作物对光的竞争。垄沟种植对垄作玉米生育后期的籽粒产量没有影响，但由于光环境和群体光合特性的改善，垄沟种植玉米的籽粒产量增加。在 3 个种植密度条件下，与平作对照相比，垄沟种植使玉米的平均产量提高了 5.0%~11.0%。这些结果表明垄沟种植可以通过优化土壤水分的空间分布和作物冠层结构，减少作物对光和水资源的竞争，改善作物的生理性状，有利于作物的生长发育，从而进一步提高高密度种植条件下玉米的籽粒产量。

第二节　展　望

一、玉米需水特征与适宜水分控制指标

在春玉米和夏玉米需水量的研究方面,利用中国不同气象站点长系列历史气象数据,采用FAO推荐的Penman-Monteith公式计算各站点参考作物需水量ET_0,结合全国灌溉试验资料数据库中作物系数K_c等数据计算了不同站点玉米的需水量,并利用地统计学原理,绘制了春玉米、夏玉米多年平均需水量空间分布图以及不同水文年需水量等值线,并列举了部分典型站点不同水文年的玉米需水量值。本研究存在以下不足:作物系数K_c受多种因素(品种、土壤、气候、作物生长状况和管理方式等)的影响,本研究利用的是以前的作物系数来估算作物需水量,随着品种的更替、气象条件以及栽培管理措施的变化,各站点的作物系数应通过试验研究来进行更新,这样才能提高作物需水量的估算精度;本研究采用的是单作物系数法估算作物需水量,而采用单作物系数法估算作物需水量的精度不如双作物系数法;在插值方法方面没有通过研究选取适合的插值方法;大部分站点缺乏实测的作物需水量数据,这对获得当地真实的作物系数不利。今后应根据品种、灌水方式以及田间栽培管理措施的变化,系统研究不同地点的玉米需水量,对已取得的玉米需水量空间分布图进行修正。随着计算机技术、地理信息系统、遥控技术的发展,应结合地面气象信息和作物生长状况,利用不同的遥感数据获取地表、气象、作物参数,以此估算作物需水量,并获得区域的作物需水量。同时因作物需水量的影响因素较多,且机制相当复杂,特别是目前区域水资源供需矛盾十分突出,在变化环境下对区域需水量的影响研究方面将面临新的挑战。

在玉米适宜水分控制指标方面,在不同区域选用的土壤墒情监测点不够;土壤田间持水量是确定土壤水分适宜控制指标的重要参数,本研究对不同地区不同类型土壤的田间持水量测定不多;采用一个点的数据来代表确定整个区域的玉米水分适宜控制指标,其代表性差;不同的土壤墒情监测设备的精度存在差异,应通过试验筛选适宜的土壤墒情监测系统。作物的适宜水分控制下限指标因农作物不同及不同的发育时期而有所差异,不同的品种对干旱的抗性也存在差异,需要通过系统的试验研究确定不同灌水方式下相应品种的适宜土壤水分控制指标。此外,应通过遥感或无人机多光谱传感器来监测估算作物旱情的发展状况,结合作物适宜土壤水分控制指标进行田间灌溉管理,确定灌水的时间与灌水量。

二、玉米植株水分监测与诊断技术

利用水分胁迫指数进行玉米植株水分状况诊断往往受当地环境条件(如气温、风速、辐射等)影响较大,也受估算方法或建模方法的影响,且精度低、变异性大等。本研究只进行了一年的试验,获得的指导作物灌溉的水分胁迫指数阈值指标还需要深入研究进行验证。此外,水分胁迫指数通常因区域而变化,并受各种因素的影响,包括灌溉技术、作物种类和品种等,因此需要在各地进行详细的试验研究来确定不同作物不同生育期的水分

胁迫指数阈值指标,为当地的作物灌溉提供适宜的作物水分胁迫指数阈值指标。

本试验研究结果为夏玉米水分状况的实时精确诊断提供一条操作性较强的新途径,有助于推动夏玉米水分管理向数字化和定量化方向发展。然而本次仅研究了灌溉水平对夏玉米干物质和叶面积指数的动态变化特征的影响,各品种不同试验小区除灌溉水平不同外,其他环境条件均一致,所得结论仅是灌溉单因子的影响,而夏玉米的生长发育受其综合环境如养分(氮、磷、钾)及环境气象因子等的共同影响。因此,灌溉与养分,土壤以及气象因子对夏玉米的耦合作用,还有待于进一步研究。

三、玉米生理对水分胁迫的响应

本试验对旱涝胁迫下玉米的生长发育及生理特性进行了多年的研究,取得了较一致的试验结果,较多地考虑了旱涝对玉米生长性状(株高、叶面积)及产量构成因素的影响。但是,对玉米生理生化的指标研究不够,缺乏玉米应对旱涝胁迫响应机制方面的深入研究,特别是没有考虑不同品种、土壤、气象因素的影响。在变化环境条件下,应选用不同的品种进行深入系统的研究,探索玉米适应旱涝胁迫的生理生化及分子生物学机制,为玉米旱涝抗性品种的筛选以及玉米高产的田间水分管理提供理论依据。

四、玉米高效节水灌溉技术

在滴灌的水肥一体化技术研究方面存在研究时间短、肥料种类单一,在作物品种、土壤类型、施肥时间以及施肥用量的影响方面研究不足,缺乏从不同施肥模式下玉米的生理生态性状变化、土壤水氮分布特征及碳氮循环来探索不同滴灌方式下的水肥精准管理方案。同时,也要注重氮肥与其他养分结合,比如磷钾肥、有机肥、微肥等,综合考虑地点、气候、作物品种、土壤、肥料类型、滴灌方式、农艺耕作措施及产量水平,通过深入研究提出适合当地的滴灌水肥一体化实施要点及以产定水、定肥的水肥优化管理模式。

本试验在喷灌水肥一体化方面同样存在研究时间短、喷灌类型少等问题,没有考虑变量灌溉条件下的水肥一体化施用问题,仅对微喷灌条件下的水肥调配施用进行了初步研究,对其研究结果也未进行示范验证,对其他形式的喷灌水肥一体化施用模式方面也没进行过研究,对于喷灌条件下水肥施用的均匀性、作物长势以及产量是否在地块不同位置存在差异也未进行测试。在喷灌水肥一体化条件下作物的生长发育状况及生理特性以及水分、养分在土壤中的分布特征,水肥利用效率等方面还需要开展深入研究,并建立作物产量与水、肥投入之间的模拟模型,为玉米密植高产栽培的定量化水肥管理提供依据。

五、玉米雨水高效利用技术

在降雨利用过程及其模拟方面,虽然对降雨的植株截留规律以及降雨的入渗过程及再分布规律进行了模式研究,但对下垫面因素考虑不够,如土壤类型、土壤质地、覆盖条件(地膜或秸秆)、地面坡度等,研究的结果缺乏验证。

在耕作模式对降雨有效利用方面,虽然对黄土高原旱作农业区的全膜双垄沟播春玉米有机肥高效集雨进行了研究,但研究仅限于单一耕作模式不同施肥处理的土壤贮水量变化、玉米地上部干物质、产量性状及 WUE,重点分析不同施肥处理产生的效果,没有对降雨的入渗量和利用量进行分析，对不同处理下玉米植株的生长发育规律及生理生态指标观测分析不够。今后需设置其他耕作模式进行对比分析研究降雨的有效利用，从而筛选适宜于本地的集雨耕作种植模式。

在河南进行的垄沟种植对玉米群体水分消耗及产量的调控效应研究方面，仅考虑了不同种植密度在垄沟种植下的玉米生长发育、光合生理及群体内的光分布特征，忽略了不同种植带（平作、垄上及垄沟中）降雨入渗规律的研究，没有分析不同试验处理的耗水量与耗水规律，究竟玉米种植密度及地面状况（垄、沟）对玉米耗水量有何影响无从回答。以后在不同耕作模式下作物对降雨和灌溉水的有效利用与模拟研究方面需要加强。

参 考 文 献

[1] 董树亭,张吉旺．建立玉米现代产业技术体系,加快玉米生产发展[J]．玉米科学,2008(4):18-20.

[2] 徐昆,朱秀芳,刘莹,等．气候变化下干旱对中国玉米产量的影响[J]．农业工程学报,2020,36(11):149-158.

[3] 曹永强,刘明阳,张路方．河北省夏玉米需水量变化特征及未来可能趋势[J]．水利经济,2019, 37(2):46-87.

[4] 马婉棣．山东省主要农作物灌溉需水量时空分布规律研究[D]．泰安:山东农业大学,2019.

[5] 慕臣英,梁红,纪瑞鹏,等. 沈阳春玉米不同生育阶段需水量及缺水量变化特征[J]. 干旱气象,2019,37(1):127-133.

[6] 曹永强,李维佳,赵博雅．气候变化下辽西北春玉米生育期需水量研究[J]．资源科学,2018,40(1):150-160.

[7] 聂堂哲,张忠学,林彦宇,等．1959—2015 年黑龙江省玉米需水量时空分布特征[J]．农业机械学报,2018, 49(7):217-227.

[8] 张华,王浩,徐存刚. 1967—2017 年甘肃省玉米需水量与缺水量时空分布特征[J]. 生态学报,2020,40(5):1718-1730.

[9] 刘钰,汪林,倪广恒,等．中国主要作物灌溉需水量空间分布特征[J]．农业工程学报,2009,25(12):6-12.

[10] 王振龙,顾南,吕海深,等. 基于温度效应的作物系数及蒸散量计算方法[J]. 水利学报,2019,50(2): 242-251.

[11] 肖俊夫,刘战东,陈玉民. 中国玉米需水量与需水规律研究[J]. 玉米科学,2008,16(4):21-25.

[12] 卢晓鹏,段顺琼,马显莹,等. 单双作物系数法计算玉米需水量的对比研究[J]．节水灌溉,2012(11):18-21.

[13] 刘浏,商崇菊,蔡长举,等. 黔中地区玉米作物系数及作物需水量研究[J]. 安徽农业科学,2010,38(19):10121-10123.

[14] 侯琼,李建军,王海梅,等．春玉米适宜土壤水分下限动态指标的确定[J]. 灌溉排水学报,2015,34(6):1-5,34.

[15] 康绍忠, 史文娟, 胡笑涛, 等．调亏灌溉对于玉米生理指标及水分利用效率的影响[J]．农业工程学报,1998,14(4):82-87.

[16] Zhang Tibin, Zou Yufeng, Kisekka Isaya, et al. Comparison of different irrigation methods to synergistically improve maize's yield, water productivity and economic benefits in an arid irrigation area[J]. Agricultural Water Management, 2021(243):106497.

[17] 王子申, 蔡焕杰, 虞连玉, 等．基于 SIMDualKc 模型估算西北旱区冬小麦蒸散量及土壤蒸发量[J]．农业工程学报, 2016,32(5):126-136.

[18] 袁小环, 杨学军, 陈超, 等．基于蒸渗仪实测的参考作物蒸散发模型北京地区适用性评价[J]．农业工程学报, 2014, 30(13): 104-110.

[19] 赵龙．区域土地利用-高时空分辨率蒸散发与土壤含水量分布遥感反演[D]．咸阳:西北农林科技大学, 2018.

[20] 方彦杰, 秦安振, 雍蓓蓓．种植模式和补灌对玉米生长发育及产量的影响[J]．节水灌溉, 2019

(6):30-34,42.

[21] 郑建华. 西北内陆旱区经济作物节水响应机理及灌溉制度优化模拟研究[D]. 北京:中国农业大学, 2014.

[22] Tang J, Han W, Zhang L. UAV multispectral imagery combined with the FAO-56 dual approach for maize evapotranspiration mapping in the North China Plain [J]. Remote Sens. ,2019,11,2519.

[23]王敏政, 周广胜. 基于地面遥感信息与气温的夏玉米土壤水分估算方法[J]. 应用生态学报, 2016,27(6):1804-1810.

[24] Allen R,Pereira L,Raes D,et al. Crop evapotranspiration:guidelines for computing crop water requirement[M]. Rome: FAO Irrigation and Drainage Paper 56, 1998:300.

[25] 汤鹏程, 徐冰,高占义,等. 西藏高海拔地区气象数据缺失条件下的 ET_0 计算研究[J]. 水利学报, 2017, 48(9): 1055-1063.

[26] 蔡甲冰, 刘钰, 雷廷武, 等. 根据天气预报估算参照腾发量[J]. 农业工程学报, 2005, 21(11): 11-15.

[27] Qin A, Ning D, Liu Z, et al. Determining threshold values for a crop water stress index-based center pivot irrigation with optimum grain yield [J]. Agriculture, 2021, 11: 958.

[28] Moran M, Scott R, Keefer T, et al. Partitioning evapotranspiration in semiarid grassland and shrub land ecosystems using time series of soil surface temperature[J]. Agricultural and Forest Meteorology, 2009, 149(1):59-72.

[29] 王玉娜,李粉玲,王伟东,等. 基于无人机高光谱的冬小麦氮素营养监测[J]. 农业工程学报, 2020,36(22):31-39.

[30] Zhao Ben, Duan Aiwang, Ata-Ul-Karim S T, et al. Exploring new spectral bands and vegetation indices for estimating nitrogen nutrition index of summer maize [J]. European Journal of Agronomy, 2018, 93: 113-125.

[31] 梁惠平,刘湘南. 玉米氮营养指数的高光谱计算模型[J]. 农业工程学报, 2010, 26(1): 250-255.

[32] 杨宁,崔文轩,张智韬,等. 无人机多光谱遥感反演不同深度土壤盐分[J]. 农业工程学报, 2020, 36(22):13-21.

[33] 邵国敏. 基于无人机多光谱遥感的大田玉米作物系数估算方法研究[D].咸阳:西北农林科技大学,2018.

[34] 宁娟, 丁建丽, 杨爱霞,等. 基于可见光/近红外技术的干旱区绿洲土壤盐分空间分布识别[J]. 中国农村水利水电,2017(1):43-48.

[35] 白莉萍,隋方功,孙朝晖,等.土壤水分胁迫对玉米形态发育及产量的影响[J].生态学报,2004(7): 1556-1560.

[36] 谭国波, 赵立群, 张丽华, 等. 玉米拔节期水分胁迫对植株性状、光合生理及产量的影响[J]. 玉米科学, 2010, 18(1):96-98.

[37] 白向历, 孙世贤, 杨国航, 等. 不同生育时期水分胁迫对玉米产量及生长发育的影响[J]. 玉米科学, 2009, 17(2): 60-63.

[38] 于文颖,纪瑞鹏,冯锐,等.不同生育期玉米叶片光合特性及水分利用效率对水分胁迫的响应[J]. 生态学报,2015,35(9): 2902-2909.

[39] 徐英,李曼华,李辉,等.不同发育期的干旱对华北地区夏玉米生长发育及产量的影响[J].气象与环境学报,2017,33(1): 108-112.

[40] 李婷. 水分胁迫对玉米生长发育和生理指标的影响研究[D]. 沈阳:沈阳农业大学,2016.

[41] 刘永辉. 夏玉米不同生育期对水分胁迫的生理反应与适应[J]. 干旱区资源与环境,2013, 27(2):

171-174.

[42] 张淑勇,国静,刘炜,等. 玉米苗期叶片主要生理生化指标对土壤水分的响应[J]. 玉米科学,2011,19(5): 68-72,77.

[43] 张淑杰,张玉书,纪瑞鹏,等. 水分胁迫对玉米生长发育及产量形成的影响研究[J]. 中国农学通报, 2011, 27(12): 68-72.

[44] 朱敏,史振声,李凤海. 玉米耐涝机理研究进展[J]. 玉米科学,2015,23(1):122-127, 133.

[45] 房稳静,武建华,陈松,等. 不同生育期积水对夏玉米生长和产量的影响试验[J]. 中国农业气象,2009,30(4):616-618.

[46] Ren B Z,Zhang J W,Dong S T,et al. Effects of duration of waterlogging at different growth stages on grain growth of summer maize (Zea mays L.) under field conditions [J]. Journal of Agronomy and Crop Science,2016,202(6):564-575.

[47] 梁哲军,陶洪斌,王璞. 淹水解除后玉米幼苗形态及光合生理特征恢复[J]. 生态学报,2009,29(7):3977-3986.

[48] 周新国,韩会玲,李彩霞,等. 拔节期淹水玉米的生理性状和产量形成[J]. 农业工程学报,2014,30(9):119-125.

[49] 刘祖贵,刘战东,肖俊夫,等. 苗期与拔节期淹涝抑制夏玉米生长发育、降低产量[J]. 农业工程学报,2013,29(5):44-52.

[50] 余卫东,冯利平,胡程达. 涝渍胁迫下玉米苗期不同叶龄叶片光合特性[J]. 玉米科学,2018,26(6):1-11.

[51] Ren B,Dong S,Zhao B,et al. Responses of nitrogen metabolism, uptake and translocation of maize to waterlogging at different growth stages [J]. Frontiers in Plant Science,2017,8:1216.

[52] 田礼欣. 涝渍胁迫对玉米农艺性状、生理特性及产量的影响[D]. 哈尔滨:东北农业大学,2019.

[53] Liu H J, Wang X M, Zhang X, et al. Evaluation on the responses of maize (Zea mays L.) growth, yield and water use efficiency to drip irrigation water under mulch condition in the Hetao irrigation District of China [J]. Agricultural Water Management, 2016: 147-157.

[54] Qin S, Li S, Kang S, et al. Can the drip irrigation under film mulch reduce crop evapotranspiration and save water under the sufficient irrigation condition? [J]. Agricultural Water Management, 2016, 177: 128-137.

[55] 李毅, 王文焰, 王全九. 论膜下滴灌技术在干旱-半干旱地区节水抑盐灌溉中的应用[J]. 灌溉排水, 2001(2): 42-46.

[56] Bandy B. Response to planting density for corn hybrids grown under narrow and conventional row spacing [J]. 2014.

[57] Liu H J, Wang X M, Zhang X, et al. Evaluation on the responses of maize (Zea mays L.) growth, yield and water use efficiency to drip irrigation water under mulch condition in the Hetao irrigation District of China [J]. Agricultural Water Management,2016: 147-157.

[58] Rafiei M, Shakarami G H. Water use efficiency of corn as affected by every other furrow irrigation and plant density [J]. World Applied Sci J., 2010,11:826-829.

[59] Zhang G Q, Liu C W, Xiao C H, et al. Optimizing water use efficiency and economic return of super high yield spring maize under drip irrigation and plastic mulching in arid areas of China [J]. Field Crops Research, 2017, 211: 137-146.

[60] Trimmer W L. Sprinkler evaporation loss equation [J]. Journal of Irrigation and Drainage Engineering, 1987, 113(4): 616-620.

[61] Man J G, Yu J S, White P J, et al. Effects of supplemental irrigation with micro-sprinkling hoses on water distribution in soil and grain yield of winter wheat [J]. Field Crops Research, 2014, 161: 26-37.
[62] 韩文霆. 变量喷洒可控域精确灌溉喷头及喷灌技术研究[D]. 咸阳:西北农林科技大学,2003.
[63] Renato Prata de Moraes Frasson, Witold F. Krajewski. Rainfall interception by maize canopy: Development and application of a process-based model [J]. Journal of Hydrology, 2013, 489: 246-255.
[64] Mathias Herbst, John M Roberts, Paul T W Rosier, et al. Measuring and modelling the rainfall interception loss by hedgerows in southern England [J]. Agricultural and Forest Meteorology, 2006, 141(4): 244-256.
[65] 佘冬立, 刘营营, 邵明安, 等. 黄土坡面不同植被冠层降雨截留模型模拟效果及适用性评价[J]. 农业工程学报, 2012, 28(16): 115-120.
[66] 马波, 李占斌, 马璠, 等. 模拟降雨条件下玉米植株对降雨再分配过程的影响[J]. 生态学报, 2015, 35(2): 1-17.
[67] 郝芝建, 范兴科, 吴普特, 等. 喷灌条件下夏玉米冠层对水量截留试验研究[J]. 灌溉排水学报, 2008, 27(1): 25-27.
[68] 刘战东,刘祖贵,张寄阳,等. 夏玉米降雨冠层截留过程及其模拟[J]. 灌溉排水学报, 2015,34(7):13-17.
[69] 陈力, 刘青泉, 李家春. 坡面降雨入渗产流规律的数值模拟研究[J]. 泥沙研究, 2001(4):61-67.
[70] 王晓燕,高焕文,杜兵,等. 保护性耕作的不同因素对降雨入渗的影响[J]. 中国农业大学学报, 2001,6(6):42-47.
[71] 吴发启,赵西宁,佘雕. 坡耕地土壤水分入渗影响因素分析[J]. 水土保持通报, 2003,23(1): 16-72.
[72] 陈洪松, 邵明安, 王克林. 土壤初始含水量对坡面降雨入渗及土壤水分再分布的影响[J]. 农业工程学报,2006,22(1): 44-47.
[73] 包含,侯立柱,刘江涛,等. 室内模拟降雨条件下土壤水分入渗及再分布试验[J]. 农业工程学报, 2011,27(7):70-75.
[74] 王占礼, 黄新会, 张振国, 等. 黄土裸坡降雨产流过程试验研究[J]. 水土保持通报,2005,25(4): 1-4.
[75] Adel Z T, Anyoji H, Yasuda H. Fixed and variable light extinction coefficients for estimating plant transpiration and soil evaporation under irrigated maize [J]. Agricultural water management, 2006, 84: 186-192.
[76] 龙桃, 熊黑钢, 张建兵, 等. 不同降雨强度下的草地土壤蒸发试验[J]. 水土保持学报,2010,24(6):240-245.
[77] 刘新平, 张铜会, 赵哈林, 等. 流动沙丘降雨入渗和再分配过程[J]. 水利学报, 2006,37(2):166-171.
[78] 陈洪松, 邵明安. 黄土区坡地土壤水分运动与转化机理研究进展[J]. 水科学进展, 2003,14(4): 513-520.
[79] Timlin D, Pachepsky Y. Infiltration measurement using a vertical time-domain reflectometry probe and a reflection simulation model [J]. Soil Science, 2002, 167: 1-8.
[80] 刘战东, 高阳, 刘祖贵, 等. 降雨特性和覆盖方式对麦田土壤水分的影响[J]. 农业工程学报, 2012,28(13):113-120.
[81] 刘战东, 高阳, 巩文军, 等. 冬小麦冠层降雨截留过程及其模拟研究[J]. 水土保持研究, 2012,19(4):53-58.

[82] 刘战东, 刘祖贵, 秦安振, 等. 麦田降雨入渗特征及其计算模型[J]. 水土保持学报,2014,28(3):7-13.

[83] 邓浩亮, 张恒嘉, 肖让, 等. 陇中旱塬不同覆盖集雨种植方式对春玉米生长特性和产量的影响[J]. 玉米科学,2020,28(3):135-141.

[84] 战秀梅,宋涛,冯小杰,等. 耕作及秸秆还田对辽南地区土壤水分及春玉米水分利用效率影响[J]. 沈阳农业大学学报,2017,48(6):666-672.

[85] 安俊朋,李从锋,齐华,等. 秸秆条带还田对东北春玉米产量、土壤水氮及根系分布的影响[J]. 作物学报,2018,44(5):774-782.

[86] 李磊,张强,冯悦晨,等. 全膜双垄沟播改善干旱冷凉区盐渍土水盐状况提高玉米产量[J]. 农业工程学报,2016,32(5):96-103.

[87] Ren X, Chen X, Jia Z. Effect of rainfall collecting with ridge and furrow on soil moisture and root growth of corn in semiarid northwest China [J]. Agron. Crop Sci. 2010,196,109-122.

[88] Li R,Hou X,Jia Z,et al. Effects on soil temperature, moisture, and maize yield of cultivation with ridge and furrow mulching in the rainfed area of the Loess Plateau, China [J]. Agric. Water Manag. ,2013, 116:101-109.

[89] Gosal S K, Gill G K,Sharma S, et al. Soil nutrient status and yield of rice as affected by long-term integrated use of organic and inorganic fertilizers [J]. Plant Nutr. ,2018,41:539-544.

[90] Jia Q M, Sun L F, Mou H Y,et al. Effects of planting patterns and sowing densities on grain-filling, radiation use efficiency and yield of maize (Zea mays L.) in semiarid regions [J]. Agric. Water Manag. 2018,201:287-298.

[91] He H,Hu Q, Li R, et al. Regional gap in maize production, climate and resource utilization in China [J]. Field Crop. Res. 2020, 254, 107830.

[92] Niu L,Yan Y,Hou P,et al. Influence of plastic film mulching and planting density on yield, leaf anatomy, and root characteristics of maize on the Loess Plateau [J]. Crop J. ,2020,8:548-564.

[93] Liu T N, Chen J Z, Wang Z Y, et al. Ridge and furrow planting pattern optimizes canopy structure of summer maize and obtains higher grain yield [J]. Field Crop. Res. ,2018,219:242-249.

[94] Zhao H,Wang R Y, Ma B L,et al. Ridge-furrow with full plastic film mulching improves water use efficiency and tuber yields of potato in a semiarid rainfed ecosystem[J]. Field Crop. Res. 2014, 161: 137-148.

[95] Wu Y,Jia Z K,Ren X L,et al. Effects of ridge and furrow rainwater harvesting system combined with irrigation on improving water use efficiency of maize (Zea mays L) in semi-humid area of China [J]. Agric · Water Manag. ,2015,158: 1-9.

